5G 工业系统信息安全脆弱性评估理论及方法

胡晓娅　李欣格　周纯杰　著

机 械 工 业 出 版 社

工业互联网背景下，工业系统信息安全已上升为国家级信息安全战略，工业领域急需系统化的脆弱性评估理论和方法作为信息安全防护理论的依据。本书围绕5G和工业系统融合带来的安全挑战，提供5G工业系统脆弱性评估解决方案，并针对5G工业系统特点给出漏洞挖掘、攻击路径预测和跨域评估等多种创新方法。本书内容主要包括三部分，共7章。第1部分（第1、2章）介绍5G工业系统、信息安全、脆弱性及脆弱性评估等的背景知识和基础概念；第2部分（第3章）介绍信息安全评估常用的理论模型和方法；第3部分（第4~7章）针对5G工业系统的特点，给出面向全生命周期的5G工业系统脆弱性评估解决方案，包括整体框架和具体的技术方法。

本书适合工业系统领域的从业者和工业信息安全相关专业高校师生，包括从事工业系统开发和维护相关工作的工程技术人员、研究人员、安全专家、工业企业管理人员以及高校网络安全、系统工程、人工智能和工业自动化等相关专业的教师、研究生等阅读学习。

图书在版编目（CIP）数据

5G工业系统信息安全脆弱性评估理论及方法/胡晓娅，李欣格，周纯杰著. —北京：机械工业出版社，2023.12（2025.1重印）

ISBN 978-7-111-74282-1

Ⅰ.①5… Ⅱ.①胡… ②李… ③周… Ⅲ.①第五代移动通信系统-应用-工业控制系统-信息安全-研究 Ⅳ.①TP273

中国国家版本馆CIP数据核字（2023）第223212号

机械工业出版社（北京市百万庄大街22号 邮政编码100037）
策划编辑：吉 玲　　责任编辑：吉 玲
责任校对：贾海霞 李 杉 闫 焱　　封面设计：张 静
责任印制：刘 媛
北京中科印刷有限公司印刷
2025年1月第1版第2次印刷
184mm×260mm · 9.75印张 · 237千字
标准书号：ISBN 978-7-111-74282-1
定价：49.00元

电话服务　　网络服务
客服电话：010-88361066　　机 工 官 网：www.cmpbook.com
010-88379833　　机 工 官 博：weibo.com/cmp1952
010-68326294　　金 书 网：www.golden-book.com
封底无防伪标均为盗版　　机工教育服务网：www.cmpedu.com

前言

工业系统作为国家关键基础设施的重要支撑，其信息安全的重要性不言而喻。随着工业互联网的发展，由5G通信网络为代表的新一代信息通信技术逐步进入并应用于工业生产中，使得工业系统信息化和功能化深度融合，体系架构趋于扁平化，安全边界模糊。在5G工业系统中，除传统工业系统自身的安全风险外，5G通信网络的引入也可能带来新的安全风险。对于具有新型通信特征和结构特点的5G工业系统，揭示其信息安全脆弱性机理，掌握系统的安全缺陷和潜在危害影响，是实现系统基于风险的信息安全防护的前提。但是，揭示一个新系统的脆弱性机理，涉及漏洞挖掘、漏洞利用、漏洞影响评估等任务，同时和5G网络在工业系统中的部署方式和5G的通信模式紧密相关。目前，在工业信息安全研究领域，工业系统脆弱性研究仍处于初步探索阶段，体系性的理论、技术和应用方法尚未达成共识，如信息安全脆弱性的含义，系统信息安全脆弱性分析的需求和目标，如何揭示系统的信息安全脆弱性等问题在学术界也没有明确定论，更缺乏系统化的可参考研究理论。

在此背景下，笔者根据主持的国家重点研发计划（“网络协同制造和智能工厂”重点专项，“基于5G的工业互联网信息安全关键技术研究”项目）项目子课题“基于5G工业互联网制造系统脆弱性机理及安全威胁来源研究”的成果，结合研究团队多年来在工业控制系统信息安全领域的深入探索撰写本书。书中针对5G工业系统的特点建立一套系统性的脆弱性评估理论和方法体系。全书从5G工业系统概念和脆弱性原始定义出发，讨论和辨析工业控制系统信息安全中漏洞、弹性、风险、脆弱性等相关概念，在此基础上分析和定义脆弱性评估内涵，进而给出脆弱性评估的完整解决方案；在介绍具体技术方法时，以科学问题为导向，按照“问题提出—常见解决思路—技术挑战—具体解决方案和路径”思路组织内容，并配合案例研究。

全书分为7章。第1章介绍工业系统、5G通信网络等基本概念，阐述工业信息安全需求，分析工业信息安全现状，并进一步总结5G工业系统中存在的信息安全问题。第2章结合工业信息安全态势，明确开展信息安全脆弱性评估的重要性。同时，通过梳理不同领域关于脆弱性的评估研究，总结共性特征，深入探讨工业信息安全脆弱性的基本含义，并对工业信息安全相关概念间的区别和联系进行了分析。第3章介绍工业信息安全评估常见的一些理论模型和方法，对比不同方法的特征以及适用性，为后期揭示系统脆弱性机理提供必要的分析手段。第4章围绕工业信息安全脆弱性的含义，分析5G工业系统体系架构和潜在安全威胁，明确5G工业系统脆弱性评估需求和挑战，并给出面向5G工业系统的脆弱性评估体系架构。第5章采用模型构建和动态渗透方式探究5G通信网络引入系统的未知漏洞，分析漏洞的危害，提出一种基于模型驱动的未知安全漏洞挖掘方法。第6章基于5G工业系统的潜在安全漏洞，探究和预测面向5G工业系统的攻击传播路径，给出一种结合攻击图和强化学习的攻击路径预测方法，为5G网络或基于混合通信的工业系统的安全分析研究提供参考。

第7章主要讨论5G工业系统中不同的漏洞和攻击传播路径对系统运行破坏的影响。本书结合5G工业系统的多域融合特征和安全风险，从静态至动态，由结构到功能，实现5G工业系统脆弱性的全面分析和量化。

本书涉及的研究成果得到了众多科研机构的支持，在此特别感谢国家重点研发计划(2020YFB1708600)、国家自然科学基金（No. 62173153）等项目的资助。本书作者长期从事工业控制系统信息安全相关研究，在系统风险评估、入侵检测、安全决策等研究方向进行了大量深入研究，为本书的编写奠定了基础。本书提供的系统化脆弱性评估解决方案可应用于大多数类似工业系统。

本书涉及的内容具有初步探索的性质，相关理论和方法仍有进一步研究的空间。由于作者学识水平和能力有限，书中难免存在一些错误，恳请广大读者批评指正。

编　者

目 录

第1章 5G工业系统信息安全基础

工业互联网是“中国制造”向“中国智造”转型的重要引擎。在大力发展工业互联网的背景下，具有高带宽、低时延、海量连接等特性的5G网络将成为工业数字化转型的关键基础设施。5G技术从移动互联网向工业互联网领域的大力扩展，将满足前所未有的工业连接和通信需求。同时5G与工业的深度融合势必将大量的信息与通信技术（Information and Communication Technology，ICT）系统威胁和挑战带入工业运营技术（OT）网络，使得5G+工业控制系统（简称5G工业系统）面临更艰巨的安全挑战。对5G工业系统进行信息安全脆弱性评估，目的是发现5G工业系统潜在安全威胁和漏洞，预测漏洞被利用的可能路径，进而找出系统脆弱环节，设计和量化脆弱性指标，为5G工业系统的安全防护提供必要和有针对性的理论依据，以保障5G工业系统的安全稳定运行。本章通过以下主题的讨论为后续脆弱性评估打好基础。

- 5G工业系统。
- 工业信息安全。
- 5G工业系统信息安全。

1.1 5G工业系统

1.1.1 工业系统定义及功能

工业控制系统（Industrial Control System，ICS）是工业生产的“大脑”。随着计算机技术、通信技术和控制技术的发展，ICS经历了从集中控制（CCS）、分散控制（DCS）、现场总线控制（FCS），发展到开放互联控制（工业互联网）的重要变革。在第四次工业革命中，ICS的可靠运行是制造业向智能化、服务化转型的前提条件[1,2]。

1. 工业系统定义及功能

本书将工业控制系统简称为工业系统，它是由各种自动化控制组件和对实时数据进行采集、监控的过程控制组件共同构成的确保工业基础设施自动化运行、过程控制与监控的业务流程管控系统[3]。典型工业系统核心组件包括数据采集与监控系统（Supervisory Control and Data Acquisition，SCADA）、分布式控制系统（Distributed Control Systems，DCS）、可编程逻辑控制器（Programmable Logic Controller，PLC）、远程终端单元（Remote Terminal Unit，RTU）、人机交互界面（Human Machine Interface，HMI）设备以及确保各组件通信的接口技术。这些基本组件被部署在工业系统内部，实现对工业现场的安全控制[3]。

典型工业系统的逻辑层次结构主要包括企业层、监控层、控制层和物理层，如图1-1所示。工业系统相邻层次之间由专有通信网络相互连接。同时，由于各层级的功能作用不同，系统不同层设备组件、通信网络以及业务数据等存在差异[4,5]。

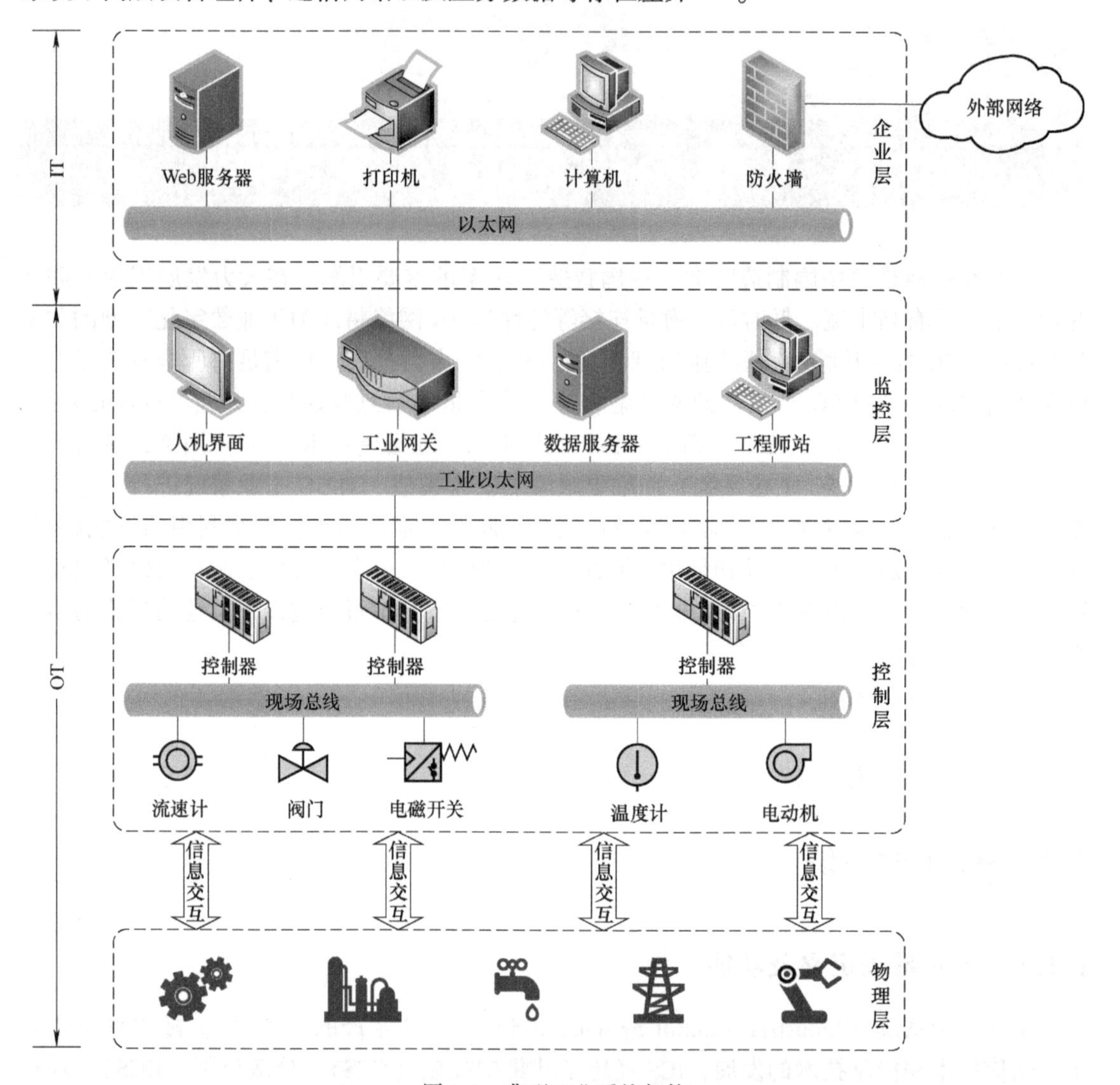

图 1-1　典型工业系统架构

(1) 企业层：主要负责整个企业的管理、决策、生产、调度、运行。与传统的信息技术（IT）系统类似，一般通过防火墙、安全网关等与互联网（Internet）相连。该层多使用商用 IT 设备，包括 Web 服务器、数据库服务器、办公主机等设备，其通信网络大多是基于传输控制协议/互联协议（TCP/IP）的以太网连接。

(2) 监控层：主要负责采集和监控生产过程参数，并利用 HMI 系统实现人机交互，实现对工业生产过程的在线监控和管理。一般通过工业级网关与企业层相连。该层采用的典型设备包括工程师站、操作员站、工业人机界面、历史数据服务器等，其通信协议通常采用工业以太网，如 Modbus TCP、PROFINET、EPA、POWERLINK 等。

(3) 控制层：与监控层相连，主要负责根据现场设备采集的传感数据和监控层下发的控制目标，通过闭环或开环控制，检测与调节物理过程，实现预期的控制目标。在控制层，通常采用资源受限的工业嵌入式设备，如可编程逻辑控制器（PLC）、远程终端单元（RTU）、智能电子设备（IED）等，其通信网络常采用工业现场总线、专用通信接口等实现现场层设备的信息交互。

（4）物理层：完成具体的生产过程，一般由众多的过程单元设备等构成，如化工反应中的反应釜、管道等。

需要注意的是，随着工业互联网概念的提出和云计算、边缘计算等新型计算模式的日益成熟，工业系统的逻辑层次结构和物理拓扑架构将发生很大改变。一方面，包括物理层、控制层、监控层在内的工厂运营技术（OT）系统将逐渐打破分层次的组网模式，智能设备之间将逐渐实现直接的横向互联。另一方面，工厂IT和OT隔离现状将通过以太网、IPv6技术被打破，整个工业系统架构将呈现扁平化趋势，包括IT系统和OT系统功能融合或通过工业方平台方式实现与互联网的无缝对接。

2. 工业系统特征

工业系统是一个具有较长生命周期的生产运行系统，其系统结构、功能相对固定，这决定了其诸多属性与传统的IT系统有非常大的不同[6]。同时，随着工业4.0时代的到来，工业系统架构逐渐呈现扁平化趋势，信息域和物理域耦合，工业互联网背景下的工业系统和传统相对封闭的工业系统也有很大不同。其中，工业系统的信息域代表传统计算机及网络通信等所组成的信息系统，包括图1-1中企业层、监控层以及控制层中控制器的信息化的计算过程、逻辑的通信网络、来自系统现场层的反馈等。物理域表示图1-1中物理层的物理设备及其控制过程。表1-1就IT系统、传统工业系统和工业互联网下的工业系统进行了对比。

表1-1　IT系统、传统工业系统和工业互联网下的工业系统的主要区别

对比项	系统		
	IT系统	传统工业系统	工业互联网下的工业系统
工作特点	非实时性，工作时间较短	实时性，24/7/365连续运行	实时性，24/7/365连续运行
系统功能	提供办公、通信、计算等服务	满足生产目标，维持生产过程完整性	柔性生产制造，业务信息共享等应用服务
系统结构	基于IP的互连结构	OT系统和IT系统通过网关设备互联和安全隔离	信息域和物理域耦合的扁平化结构
通信协议	标准通信协议，如TCP/IP等通用协议	专用工业通信协议、以太网	时间敏感网络、5G、工业以太网等
信息安全内容	关注数据安全和内容安全	关注数据安全和内容安全基础上，注重运行安全和物理安全	注重设备、控制、网络、应用和数据安全

从表1-1可见，工业互联网背景下的工业系统架构中，信息域和物理域紧密耦合，这将给工业系统的信息安全防护带来极大挑战。信息-物理的紧密耦合本质使得信息域的异常事件可引起物理域的异常事件，并且随后物理域的异常事件又可引发新的信息域异常。因此，针对工业控制系统的信息攻击可导致物理域的异常，引发物理危害性事故，造成人员伤亡、财产破坏、环境污染等损失。

3. 工业系统的通信网络

工业系统的通信网络是指直接连接工厂各生产要素以及与IT系统互联的网络。传统工业通信技术主要有三种：现场总线技术、工业以太网技术以及工业无线技术[7,8]。

（1）现场总线技术兴起于20世纪90年代，主要应用于工业系统的底层控制网络，实现工业现场仪表、控制设备等现场设备间的数字通信以及与上层信息传递。常见的现场总线包括PROFIBUS、Modbus、Foundation Fieldbus、CC-Link、CAN等。现场总线具备简单、可靠、经济实用等优点，能够有效支持不同设备间的相互通信，但是不同现场总线之间无法互通。

（2）工业以太网技术是指技术上兼容标准以太网，同时采取改进措施使其更加适应工业应用场景的通信技术。常见的工业以太网协议包括Modbus TCP、EtherNet/IP、PROFINET和EtherCAT等。工业以太网有两个发展方向，一是不断提高实时性；二是更好地兼容标准以太网和IP。工业以太网协议以其低成本和高带宽通信能力广泛应用于各类工业系统，但依然存在不同工业以太网设备之间难以互通的问题。

（3）现场总线和工业以太网都是采用有线介质实现网络连接，而工业无线技术通常用于连接工业现场的移动设备，可有效解决无法布线或布线困难场景下的网络连接问题，具有低成本、易部署和灵活调整等优点。传统的工业无线通信技术包括以HART通信基金会为代表的WirelessHART技术、以美国仪器仪表协会为代表的ISA100技术和以中国为代表的WIA-PA技术[9]。这些工业无线通信技术都属于短距离无线通信，无线信号覆盖范围有限。

在工业互联网和工业4.0背景下，时间敏感网络和5G正分别成为工业有线和无线通信技术新的研究热点。2020年8月，我国工业互联网产业联盟发布的《时间敏感网络（TSN）产业白皮书》中明确“时间敏感网络（Time Sensitive Networking，TSN）技术作为下一代工业网络演进方向，在工业领域内已形成广泛共识”。时间敏感网络是一系列部署在标准以太网的数据链路层，旨在增强标准以太网实时性和确定性的协议标准。该标准通过同步、调度和流量整形等机制，实现不同特征数据能够共网传输。目前，工业界和学术界在推进TSN在工业系统中的应用过程中，还存在成本高昂、可靠性等问题需要攻克，实现TSN在工业系统的全面落地仍需较长时间的探索。和有线TSN相比，5G移动通信技术在工业系统的应用实践发展迅猛，与工业发展需求紧密契合。5G特性能够满足现有工业系统连接多样性、性能差异化、通信多样化的需求，并为不同业务提供高速率、稳定可靠的数据传输服务。2018年，美国工业贸易组织“5G美洲”发布了垂直行业内用于自动化领域的《5G通信白皮书》和《5G高可靠低时延通信支持的新业务和应用》白皮书，逐步推进5G向多个应用领域的渗透；2019年，我国工业互联网产业联盟先后发布了《工业互联网体系架构2.0》和《5G与工业互联网融合应用发展白皮书》，指明5G与工业融合是工业深化改革的核心驱动力量[10,11]。

1.1.2 5G和工业系统的融合

随着工业生产逐步向数字化、网络化和智能化转型，以远程监控、机器视觉、个性化定制等为代表的工业系统新业务应运而生。新的业务形态和模式对于通信性能有着差异化的要求。例如，远程控制类业务对于通信传输时延有十分严格的可靠性和确定性要求，以保证工业系统的生产监控的实时性。随着工业智能应用的不断创新，工业现场采集的数据从一维感知发展到多维全景感知，系统中结构化数据和非结构化数据、实时数据和非实时数据等大量异构数据共存，通信网络需要提供保证不同业务需求的传输服务。再例如，工厂的个性化定制智能业务要求生产线具有足够的灵活性以实现生产线快速重构，这就要求现场网络具备灵活且可重构组网能力。以上异构业务的差异化以及高质量通信要求难以通过传统有线网络和无线网络通信实现。

5G 标准在设计之初就考虑了工业高实时、高可靠、大带宽和广连接等通信要求。为了满足灵活组网和动态按需分配网络资源需求，5G 采用网络虚拟化技术和软件定义网络技术支持通信网络的灵活配置和资源部署。为了支持多业务共网传输，在网络虚拟化和软件定义网络技术基础上，5G 应用网络切片技术实现不同业务之间的差异化服务。考虑到工业系统严格的实时性通信要求，5G 与多接入边缘计算技术充分结合，保证工业实时数据传输的确定性时延。

1. 5G 关键技术

下面简要介绍 5G 通信的网络虚拟化技术、软件定义网络技术、网络切片技术和多接入边缘计算等关键技术[12-14]。

(1) 网络虚拟化技术

网络功能虚拟化（Network Functions Virtualization，NFV）是对网络功能进行虚拟抽象。其中，网络功能是指移动通信网络设备的功能；虚拟化是云计算技术（将计算资源从本地迁移到云端，实现“云化”）。网络虚拟化技术就是在物理服务器基础上，通过部署虚拟化软件平台，把计算资源、存储资源和网络资源等进行统一管理和按需分配。在虚拟化平台管理下，若干物理服务器变成统一庞大的资源池。在这些资源池之上，划分出若干个虚拟服务器，安装软件服务实现各自功能，如图 1-2 所示[15]。

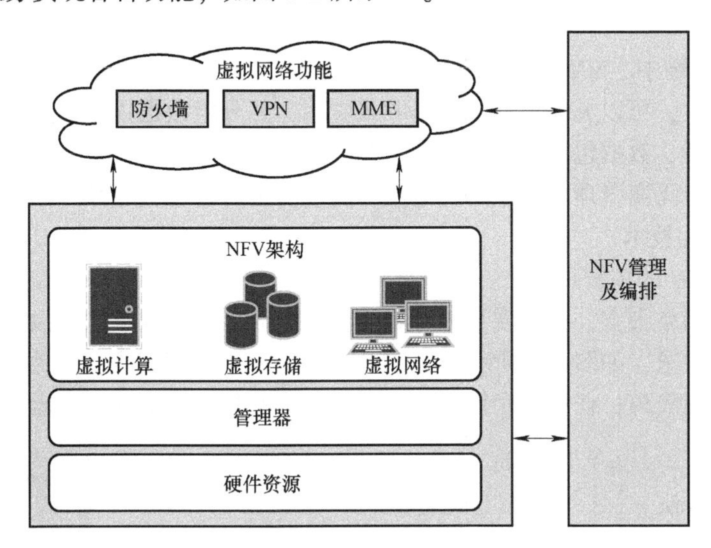

图 1-2 NFV 架构示意图

在 5G 通信网络中，核心网由多个网元设备组成。这些网元本身就可以理解为一台定制化服务器，网元上运行的软件服务确保功能得以实现。也就是说，NFV 技术将核心网中网元进行解耦和重构，然后生成用户所需的功能网元，并能够根据需求对核心网的功能网元进行动态修改、增加、更新和释放。这种虚拟化的特点直接改变了传统通信网络网元部署模式，依据多场景个性化需求为不同场景配置功能网元，有助于为行业应用提供定制化服务。但是，5G 网络中需要考虑基础设施安全，从而保障业务在虚拟化环境下的安全运行。

(2) 软件定义网络技术

软件定义网络（Software Defined Network，SDN）通常可以被理解为软件定义的网络、软件控制的网络、可编程的网络。在传统网络架构中，要实现不同的数据转发策略需要对各种设备进行重新配置，耗费人力和资源成本。在网络虚拟化技术基础上，软件定义网络技术通过标准通信接口将控制面和数据面进行分离。SDN控制器作为控制面的关键模块，通过南向接口与数据面相连，便于网络宏观管控以及数据的灵活转发。同时，应用面和控制面之间由北向接口连通，增加了网络按需部署能力，具体体系架构如图1-3所示。

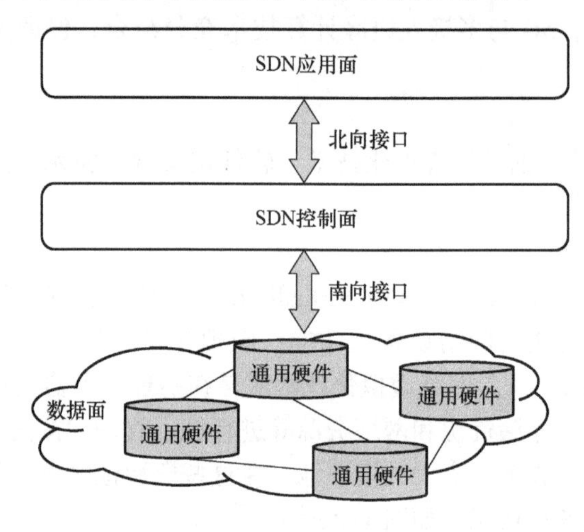

图1-3　SDN体系架构

在5G通信网络中，SDN通常用于承载网，实现控制层面和转发（数据）层面的解耦分离，使网络更开放，可以灵活支撑上层业务或应用，如分组数据连接、可变的QoS、下行链路缓冲、在线计费、数据包转换和选择性链接等。然而，在5G环境中SDN控制面网元和转发平面节点的安全隔离管理，以及转发策略和流表安全部署等问题都应深入研究。

(3) 网络切片技术

网络切片是5G的关键特性之一，该技术是指通过网络资源编排技术，在硬件设施上编排虚拟服务器、网络带宽、服务质量等专属资源，形成多个端到端的虚拟网络，以满足不同场景的业务通信需求，如图1-4所示。通常，对于每一个端到端虚拟网络（切分单元），各切片在逻辑上相互隔离，任意一个切片异常将不会影响其他切片的正常运行。

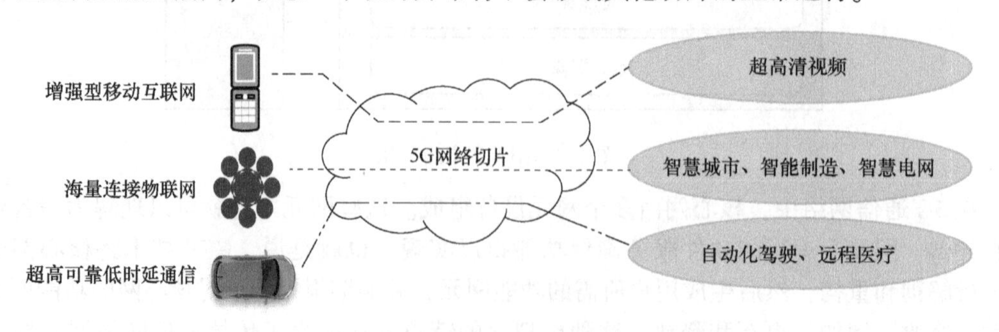

图1-4　网络切片应用

(4) 多接入边缘计算

多接入边缘计算（Multi-access Edge Computing，MEC）是一种利用无线接入网就近为用户提供信息服务和云计算服务的计算模型架构，致力于提供高性能、低时延和高带宽的服务环境，如图 1-5 所示。欧洲电信标准协会（ETSI）于 2014 年成立边缘计算规范工作组，正式宣布推动边缘计算标准化。其基本思想是把云计算平台从移动核心网络内部迁移到移动接入网边缘，实现计算及存储资源的弹性利用。2016 年，ETSI 把 MEC 的概念扩展为多接入边缘计算，将边缘计算从电信蜂窝网络进一步延伸至其他无线接入网络（如 WiFi）。至此，MEC 可以看作是一个运行在移动网络边缘的、运行特定任务的云服务器[16]。

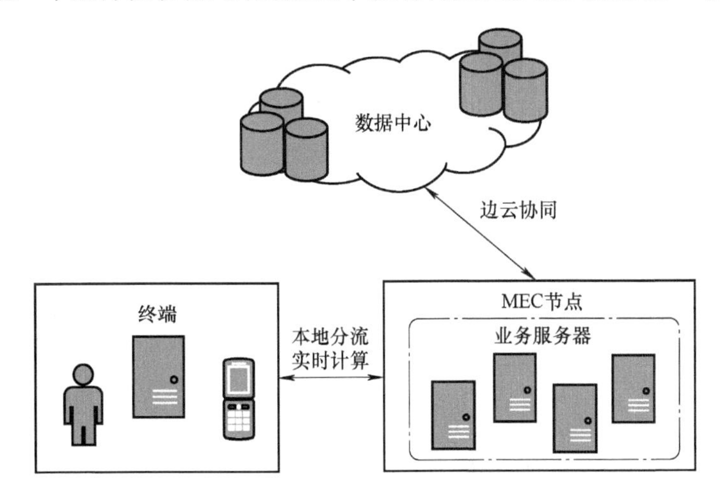

图 1-5　MEC 的基本应用架构

在某些有特定通信需求的 5G 网络应用场景中，如超低时延需求，可以将 MEC 主机的数据平面与 5G 网络的用户面进行映射，从而实现一些低时延通信需求场景的业务功能下沉，以大幅减小业务通信时延。在将该场景下的网络流量定向到 MEC 的用户面功能（UPF）中，并与相关应用对接处理时，则需要进行流量控制。

2. 5G 三大应用场景

目前，国际电信联盟（International Telecommunication Union，ITU）在 ITU-R WP5D 第 22 次会议上，确定了未来 5G 的三大应用场景（见图 1-6），即增强移动宽带（enhanced Mobile Broadband，eMBB）、超高可靠低时延通信（ultra-Reliable Low Latency Communication，uRLLC）和海量机器类通信（massive Machine Type Commnuication，mMTC）[17]。

1）增强移动宽带（eMBB）主要面向移动互联网流量爆炸式增长，为移动互联网用户提供更加极致的应用体验。传统设备接入技术以单设备、高性能为主，不能满足大规模接入的需求。在 eMBB 场景下，网络接入数量、体验速率增长在 10 倍以上。对于这种大规模数据传输需求的场景，安全处理能力提升及数据访问等安全措施部署是保障业务安全传输的重点。

2）超高可靠低时延通信（uRLLC）主要面向工业控制、远程医疗、自动驾驶等对时延和可靠性具有极高要求的垂直行业应用需求。从安全角度来看，uRLLC 场景具有超低时延通信性能需求，因此不仅要求高级别的安全保护措施，还不能额外增加通信时延。

3）海量机器类通信（mMTC）主要面向智慧城市、智能家居、环境监测等以传感和数据采集为目标的应用需求。该场景中存在海量异构的联网设备，因此mMTC场景需要满足不同设备的多样化安全需求；同时，实现多种多样设备的身份认证，保证设备的安全接入也是关键挑战之一。

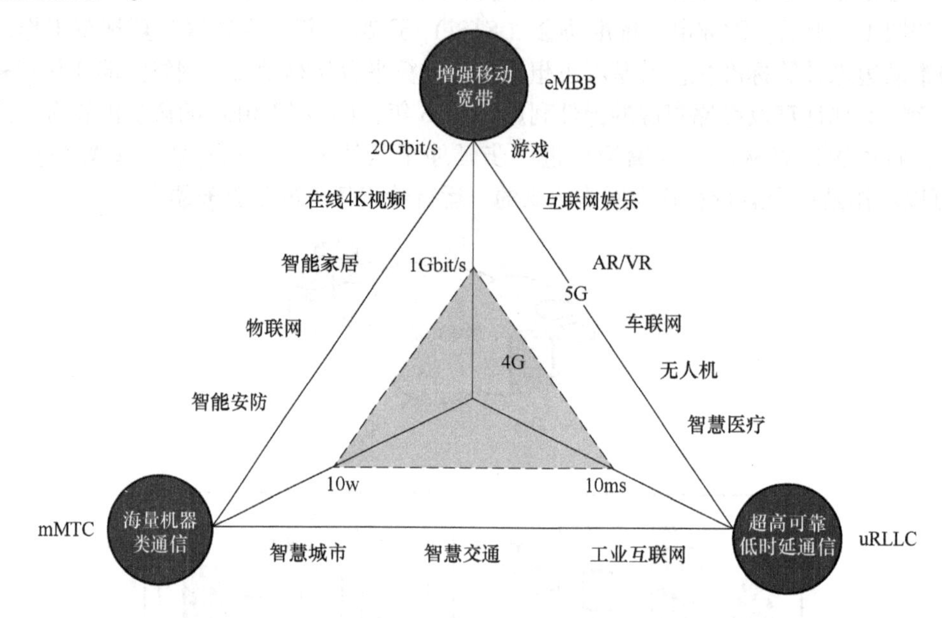

图1-6 5G三大应用场景

表1-2所示为5G三大应用场景示例及要求。

表1-2 5G三大应用场景示例及要求

5G应用场景	实际应用示例	要求
增强移动宽带（eMBB）	每秒千兆字节、云计算、虚拟现实、3D视频传输	以人为中心，业务服务需要更高的数据速率、更高的用户密度和高容量等需求。广域覆盖强调移动性和无缝用户体验，对数据速率和用户密度要求较低
海量机器类通信（mMTC）	智能家居、智慧城市、智能交通和无人汽车、环境监测	处理以大量连接设备为特征的纯以机器为中心的用例。通常，mMTC应用程序的数据速率要求较低。然而，用例要求本地高连接密度、低成本和长电池寿命
超高可靠低时延通信（uRLLC）	智能医疗服务、工业自动化、关键应用程序	以人为中心的通信，且适用于低延迟、可靠性和高可用性的关键机器类型通信（C-MTC）

3. 5G应用于工业系统

在工业互联网和工业4.0背景下，工业系统的通信互联需求对通信网络性能提出了新的要求。5G组网技术特征和三大应用场景的差异化服务可以满足工业系统对工业数据、灵活组网和无线通信的各类通信需求。通常，工业系统通信业务主要分为三类：设备类、控制类和管理类别。其中，设备类业务主要是工业现场大量设备的实时状态数据，这些数据需要周期性上传至系统的控制中心。控制类业务是控制中心向现场下发相关控制指令信息。管理类业务主要是工业系统信息空间中信息组件间的交互数据。针对这三类业务的差异化服务目标，其对传输通信的要求也有所差异。具体见表1-3。

表 1-3　工业系统业务通信需求

工业系统主要业务类型	通信需求	具体的 5G 应用场景
设备类业务	大连接：百万级别/km^2 低功耗：生命周期较长	海量机器类通信（mMTC）
控制类业务	低时延：端到端时延 ms 级别 高可靠：数据传输率高于 99%	超高可靠低时延（uRLLC）
管理类业务	高传输速率：传输速率为 Gbit/s 级	增强移动宽带（eMBB）

在此，以智慧港口、钢铁制造和智能电网实际应用场景为例，简要说明 5G 通信对工业系统带来的质变影响。

（1）智慧港口。当前全球港口面临劳动力成本攀升、工作环境恶劣、人力资源不足等难题。新一轮技术改革，如大数据、物联网和 5G 等，将加快港口自动化的推进发展。智慧港口对通信技术有低时延、高可靠和大带宽需求。5G 的赋能将促进智慧港口的全面自动化改造，可应用于龙门吊远程控制、桥吊远程控制、AGV 集卡跨运车控制和视频监控、AI 识别等港口主要应用。目前国内典型的智慧港口应用实例有中国联通在青岛建立的智慧港口和中国移动在宁波舟山港建立的智慧港口[18]。

（2）钢铁制造。钢铁制造是典型的长流程工业，生产工序众多，工艺流程复杂，且工业参数繁多。由于数据架构、技术平台和数据采集等技术的局限性，传统钢铁制造工业系统或工厂存在“信息孤岛”问题。将 5G 技术应用于炼钢生产过程中，通过在工厂内部部署 5G 专网，建立云边端的工厂架构，有望最终实现转炉氧枪、副枪、投料、终点全自动控制的智慧炼钢。目前，鞍钢集团自动化有限公司和中国移动合作，实现了 5G+智慧炼钢系统的落地应用[19]。

（3）智能电网。电力通信网作为支撑智能电网发展的重要基础设施，需保证各类电力业务数据传输的安全性、实时性、准确性和可靠性。随着大规模配电网自动化、低压集抄、分布式能源接入、用户双向互动等业务快速发展，各类电网设备、电力终端、用电客户的通信需求爆发式增长，迫切需要构建安全可信、接入灵活、双向实时互动的“泛在化、全覆盖”配电通信接入网，实现智能电网业务接入、承载、安全及端到端的自主管控。5G 网络利用自身特性能够改变传统业务运营方式和作业模式，为电力行业用户打造定制化的“行业专网”服务，有望更好地满足电网业务的安全性、可靠性和灵活性需求，实现差异化传输服务保障，进一步提升电网企业对自身业务的自主可控能力[20]。

1.2　工业信息安全

1.2.1　工业信息安全需求

国际标准化组织（ISO）定义信息安全是指对信息网络的硬件、软件及其系统中的数据进行保护，不受偶然的或者恶意的原因而遭到破坏、更改、泄露，从而保证系统连续可靠正常地运行，信息服务不中断。传统的信息安全强调信息（数据）本身的安全属性，认为信息安全包含三个要素，通常称为 CIA[21]。

1. 机密性

机密性（Confidentiality，C）是指信息不泄露给未授权的个人、实体或过程。一旦敏感或隐私信息泄露，极易被网络攻击者分析和利用，从而实现对系统、实体或过程的非法控制。目前，保护数据机密性的措施分为物理保密、信息加密和防窃听机制等。

2. 完整性

完整性（Integrity，I）是保证信息不被修改或破坏。信息完整性破坏等问题通常以物理侵犯、病毒、木马、授权侵犯及其漏洞等方式发生。大量的加密、签名或认证等安全机制用于保护数据或信息的完整性。

3. 可用性

可用性（Availability，A）是指允许已授权的用户按需、及时和可靠地访问和使用信息的特征。信息系统的可用性遭到破坏将大大降低系统效率，造成无法估量的损失。为了保护系统信息可用，往往会采取多种冗余备份机制或类似的安全措施。

与传统信息系统相比，工业系统对信息安全三要素的需求在优先级上有所区别，具体如图 1-7 所示。工业系统的信息安全首先需要保证系统信息域和物理域所有组件功能和运行正常。和信息系统的信息组件不同，工业系统的物理域（现场层）设备或组件一旦遭到中断将造成不可恢复的损失，影响系统的稳定运行。因此，保证工业系统的可用性是工业系统信息安全的首要前提。除此之外，工业信息的信息安全应进一步保证系统数据信息不被篡改和损坏，以及避免系统被非法操纵。同时，工业系统信息机密性也应得到保障，即在工业系统中配置必要的授权访问，防止工业系统的关键或敏感数据被窃取。

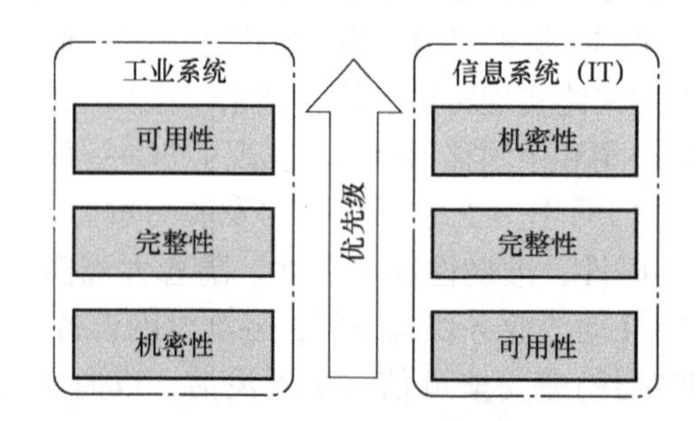

图 1-7　工业系统与信息系统信息安全需求对比

工业信息化方面的国际标准 IEC 62443 对工业系统信息安全有如下定义：

1）保护系统所采取的措施。

2）由建立和维护保护系统的措施所得到的系统状态。

3）能够避免对系统资源的非授权访问和非授权或意外的变更、破坏或损失。

4）基于计算机系统的能力，能够保证非授权人员和系统既无法修改软件及其数据，也无法访问系统功能，却保证授权人员和系统不被阻止。

5）防止对工业控制系统的非法或有害入侵，或者干扰其正确和计划的操作。

1.2.2　工业信息安全状况分析

1. 工业系统信息安全威胁来源

工业系统是一个涵盖计算机技术、控制技术、网络技术等多种技术的复杂系统。随着网络信息技术的发展，越来越多的信息化设备在工业系统中应用，并和外网连接，使得工业系统面临多种安全威胁。目前，面向工业系统的信息安全威胁有多种来源，主要包括敌对威胁、天然威胁和系统自身威胁三种[21,22]。

（1）敌对威胁

敌对威胁通常是指来自内部或外部的个体和组织，如恐怖组织、黑客、工业间谍等，通过一些恶意行为对工业系统发起攻击。

这些个体或组织一般以黑客身份对工业系统实施非破坏性和破坏性两类攻击。其中非破坏性攻击通常是为了扰乱系统正常运行，但不窃取工业系统的敏感数据或信息。相反，破坏性攻击则以入侵工业系统内部为目标，收集和窃取工业信息，威胁系统数据的机密性和完整性，破坏安全运行。近年来，高级可持续威胁（Advanced Persistent Threat，APT）不断涌现，通过信息收集、外部渗透、命令控制、内部扩散和数据泄露等多个阶段形成长期攻击链，造成工业系统不可估量的损失。

（2）天然威胁

天然威胁是具有偶然因素的攻击行为，如自然或人为灾害、非正常的自然事件、人为事件、意外事故、设备突发故障等。这些天然威胁可能致使工业系统关键基础设施遭受破坏，影响系统稳定的安全运行。

（3）系统自身威胁

工业系统的自身威胁主要来自于系统软件、硬件设备、运行环境等。由于设备老化、资源不足或其他情况造成系统设备故障、运行环境失控或软件出现异常，都必将对工业系统信息安全产生较大影响。

结合工业信息安全需求，表1-4列出了工业系统三种信息安全威胁的常见表现形式。

表1-4　工业系统信息安全威胁常见表现形式

威胁类型	威胁表现形式	威胁描述
敌对威胁	心怀不满的员工的恶意行为	了解工业运行机理，能接触到各种设备，但是计算能力一般，攻击行为隐蔽
	黑客的恶意行为	对工业系统背景和运行机理等了解不够深入，但计算能力较强，对破坏行为和过程不一定进行掩饰
	恐怖分子的恶意行为	目标明确，希望劫持工业系统后造成重大社会影响
	敌对实力的恶意行为	目标明确，资源丰富，可以执行各种攻击
天然威胁	自然灾害	雷击、电击、震动等原因导致工业系统设备的物理损坏，此类灾害随机性大、目标不明确、后果难预料
系统自身威胁	硬件缺陷	硬件设备自身信息安全能力较弱，或被敌对势力预先植入后门
	软件开发缺陷	软件开发不严谨造成的问题
	员工误操作	对工业系统进行控制操作或功能操作出现错误

2. 工业系统信息安全现状

当前，针对工业系统信息安全攻击事件日益增多，所覆盖的行业也越来越广。暴露在互联网的工业系统和设备数目与日俱增，高危漏洞数目也高居不下。国内外工业系统安全形势非常严峻。

(1) 工业系统信息安全事件频发

近几年全世界范围内针对工业系统的信息攻击事件层出不穷，不仅严重影响人民群众生活，也威胁着国家和社会的安全。2021 年 5 月，美国最大燃油管道运输商科洛尼尔（Colonial Pipeline）公司受网络攻击而被迫暂停输送业务，对美国东海岸燃油供应造成了严重影响，并在次日美国联邦汽车运输安全管理局宣布多州进入紧急状态。这也是美国首次因网络攻击而宣布多州进入国家紧急状态[23]。2021 年 3 月，能源巨头壳牌公司（Shell）遭遇黑客攻击，一些企业内部的敏感数据被访问和窃取[24]。2019 年，委内瑞拉古里水电站遭到网络攻击，影响了委内瑞拉 23 个州中的 21 个州的医院和诊所、工业、运输和供水服务[25]。这些安全事件的发生绝不是偶然事件，再次为全球敲响警钟。表 1-5 列举了近年来工业系统典型的信息安全事故案例。

表 1-5　工业系统典型的信息安全事故案例

安全事件	危害影响
2021 年美国燃油管道运输中断	美国东海岸近 45% 供油量的输油干线被迫关闭，多州和地区燃油供应商面临危机
2021 年壳牌公司遭遇 Accelion 黑客攻击	攻击者通过安全厂商 Accellion 的文件传输程序（FTA）的零日漏洞，访问企业内部数据
2019 年委内瑞拉电网攻击事件	利用古里水电站漏洞植入恶意软件，导致委内瑞拉全国大范围停电
2018 年 WannaCry 勒索病毒入侵某芯片制造工厂	该蠕虫式勒索病毒快速感染所有未安装相应补丁的主机，造成生产线瘫痪、工厂全部停工，经济损失上亿元
2015 年乌克兰电网事件[26]	恶意软件 BlackEnergy 通过 SCADA 系统直接下达断电指令，使得近 200 万人受到影响

(2) 工业系统高危漏洞数目高居不下

根据国家信息安全漏洞共享平台（CNVD）统计，2010—2020 年收录的工业系统漏洞数目分布统计图如图 1-8 所示[27]。同时，2020 年工业系统新增漏洞涉及厂商统计图如图 1-9 所示[27]。从统计图可以看出，工业系统近十年的漏洞数目呈现倍数增长趋势，而存在安全漏洞的产品涉及的主流厂商包括但不限于施耐德、西门子和研华等。

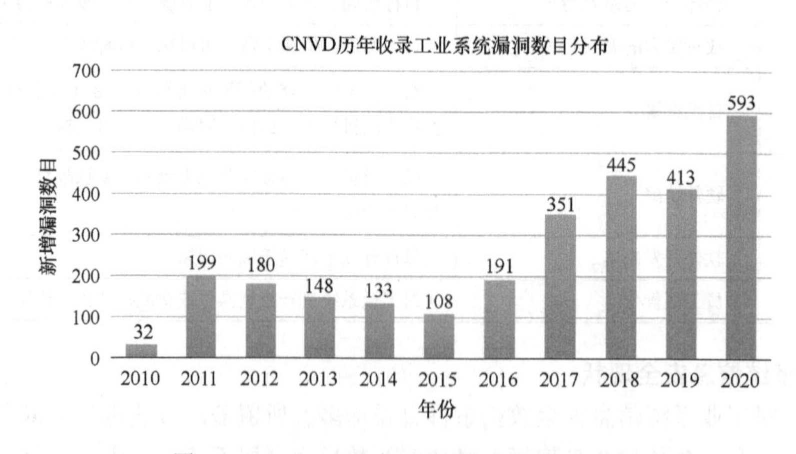

图 1-8　2010—2020 年工业系统漏洞数目分布

另据国家工业信息安全发展研究中心发布的《2021 年工业信息安全态势报告》显示，2021 年全国工业信息安全态势仍处于“中危”水平。更严重的是，2021 年全年工信安全中心针对我国工业控制系统捕获扫描探测、信息读取等恶意行为超过 600 万次。2021 年，新收录的高危及以上漏洞共计 964 个，合计占比高达 64.1%[28]。2022 年上半年，中国信息安全测评中心发布《2022 上半年网络安全漏洞态势观察》报告并指出，网络安全漏洞总量环比增长到 12%，其中超高危漏洞占比超过 50%[29]。在网络信息安全风险凸显的严峻形势下，工业系统的信息安全漏洞态势具有数量居高不下、类型多样、危害等级不均、行业分布广泛等特征。

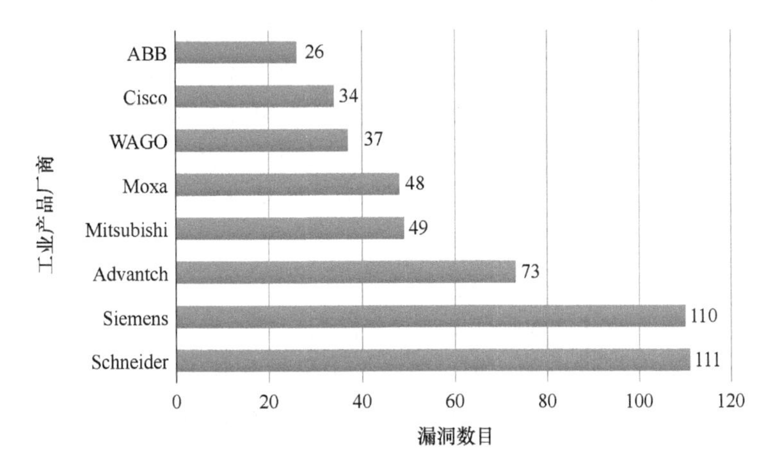

图 1-9　2020 年工业系统新增漏洞涉及主流厂商

从以上统计数据可以看出，工业系统的安全现状不容乐观。通过分析，造成工业系统安全问题的原因可以归纳为以下三方面。

1）随着企业信息化、网络化发展，越来越多的工业系统及设备暴露在互联网中。计算机、通信等信息技术在工业中的深入应用使系统内部设备间逐步互联、互通和互操作，甚至和外部互联网连接。在这种日益开放的生产运行环境下，工业系统中更多设备暴露在互联网中，而攻击者可以从管理层、控制层和现场层等任意层级进行入侵。

2）传统工业系统及其设备大多数缺乏可靠的安全机制。传统工业系统的工作环境相对封闭，因此工业系统在设计之初主要考虑系统的实时性、可靠性和稳定性，并没有考虑安全性。同时，控制设备、编程软件、组态软件以及工业协议等也普遍缺乏身份认证、授权、加密等安全机制。

3）面向工业系统的攻击手段不断升级。一方面随着互联网的普及，获取工业系统大量安全漏洞和和攻击方法等信息越来越容易，在一定程度上降低了工业系统的攻击门槛；另一方面，针对工业系统的攻击手段不断提升，高级可持续威胁攻击呈指数增长，使工业系统安全运行面临严峻的信息安全威胁。

3. 我国工业系统应对策略

国家长期以来十分重视工业系统的信息安全防护，发布了一系列信息安全标准或指南，取得了积极的成效。但是，工业系统信息安全领域仍存在大量亟待解决的问题，如人员安全意识不足、防护措施不到位不及时、技术人才匮乏、运维管理强度和能力不足等。目前，针对我国工业系统信息安全的应对策略，在以下三方面已形成共识。

（1）不断加强安全防护意识

加强工业系统安全防护意识是实施各种信息安全应对策略的前提。加强安全防护意识主要包括按需增大安全防护成本投入，开展管理人员安全培训等。增加信息安全防护成本是开展和实施应对策略的基本保障。当前我国工业企业在工业控制系统信息安全预算方面普遍不足。同时，人是保证信息安全的核心要素，工业企业需针对企业人员普遍安全意识淡薄的问题，定期开设安全教育和培训讲座，强调工业系统信息安全的重要性[30]。

（2）持续提高安全防护水平

传统工业系统的软件和硬件通常在设计阶段未考虑安全性，普遍存在恶意代码防范能力弱、安全配置未加固、数据存储无管控等情况。在工业互联网背景下，传统工业系统所依赖的相对封闭的环境被网络化和信息化彻底打破，越来越多的攻击面暴露于外，使得系统面临复杂多变的安全风险。为了抵御工业系统中的未知安全风险，学术界和产业界相继提出纵深防御、分区隔离等信息安全防护框架。同时，入侵检测、容忍入侵等有针对性的安全防护策略也得到应用，在一定程度上提升了工业系统的安全防护水平，未来需要更多更有效的防护方法和手段来进一步提高信息安全防护水平。

（3）快速提升工业核心设备自主可控能力

由于我国工业系统基础软件或硬件发展比较滞后、核心竞争力比较弱，现有的工业安全产品仍较大程度地依赖国外进口和运维，核心技术仍然受制于国外公司，自主创新能力较弱。目前，为了加强工业系统设备安全可控能力，一些标准规范相继发布。2021 年 12 月 9 日，在工业和信息化部网络安全管理局指导下，工业互联网产业联盟、工业信息安全产业发展联盟、工业和信息化部商用密码应用推进标准工作组编制形成并共同发布《工业互联网安全标准体系（2021 年）》。该标准体系细分垂直行业领域的不同安全分类分级要求，对工业软件、平台或微服务等方面的安全防护要求都进行了规范。我国工业核心设备需按照国家规范要求，快速提升其安全自主可控能力[31]。

1.2.3 工业信息安全风险评估

对于工业系统来说，信息安全防护的本质是进行信息安全风险控制。要控制风险，首先应了解风险大小。国际工业控制系统信息安全标准 IEC 62443-3-2 提出了基于安全保障等级（Security Assurance Level，SAL）的风险评估框架[32,33]，认为风险评估中包含三个关键要素，即资产、威胁和脆弱性（这里的脆弱性一般是指工业系统组件内部缺陷或漏洞，第 2 章将对脆弱性相关概念进行讨论）。其中，工业系统的资产价值越大，则风险越大；风险由威胁引起的，威胁越大，则风险越大，并极有可能演变为安全事件。另外，威胁都要利用脆弱性，脆弱性越大，则风险越大[34]。工业系统信息安全风险评估的计算模型如图 1-10 所示。

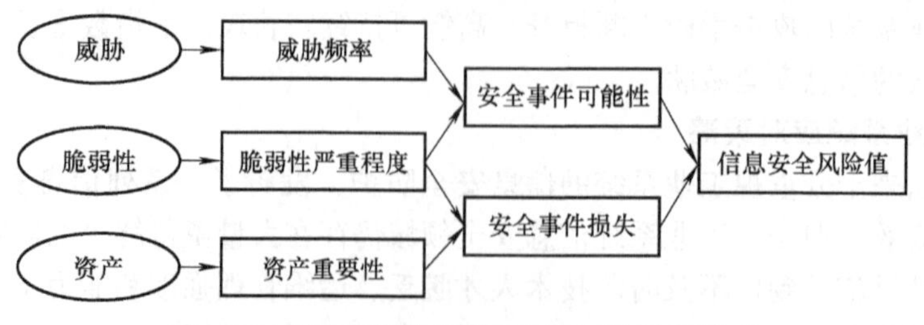

图 1-10　工业系统信息安全风险评估计算模型

基于风险评估的计算模型，即可制定风险评估流程，并完成风险评估实施。一般来说，工业系统信息安全风险评估流程主要包括以下步骤：1）风险评估准备；2）资产识别；3）威胁识别；4）脆弱性识别；5）已有安全措施的确认；6）风险识别；7）文档记录。目前，评估工业系统信息安全风险的方法可以分为定性和定量评估两类。定性风险评估一般是结合专家经验知识和安全知识等，对工业系统的风险状况进行整体性的评估。在信息系统中，常用的信息安全定性风险评估方法包括因素分析法、层次分析法、德尔菲法和故障树方法等。面向工业系统的定量风险评估是一种对系统安全风险的精确描述，其主要是通过概率分析等数学工具量化系统风险值。

工业系统的信息安全风险评估更多从攻击威胁角度考虑其攻击可行性以及危害程度，关注系统可能的危害结果。

1.3 5G 工业系统信息安全

万物互联是 5G 应用于工业系统的终极愿景。然而，在工业系统中部署 5G 网络使信息技术（IT）和运营技术（OT）深度融合，这势必将更多信息安全威胁引入工业 OT 网络。当工业系统的信息组件和物理设备等通过 5G 通信网络全面连接，甚至和外部互联网相连时，攻击者将可以从多个角度实施网络攻击。因此，和传统工业系统相比，5G 工业系统的信息安全问题更加严峻。目前，5G 工业系统面临一系列新兴和固有的安全问题亟待解决。

5G 工业系统是工业互联网背景下新兴的工业场景。《工业互联网安全框架》白皮书提出了围绕防护对象、防护措施和防护管理三个视角的工业互联网安全保障体系[35]。其中，基于防护对象视角包括设备、控制、网络、应用和数据五个方面，具体如图 1-11 所示。

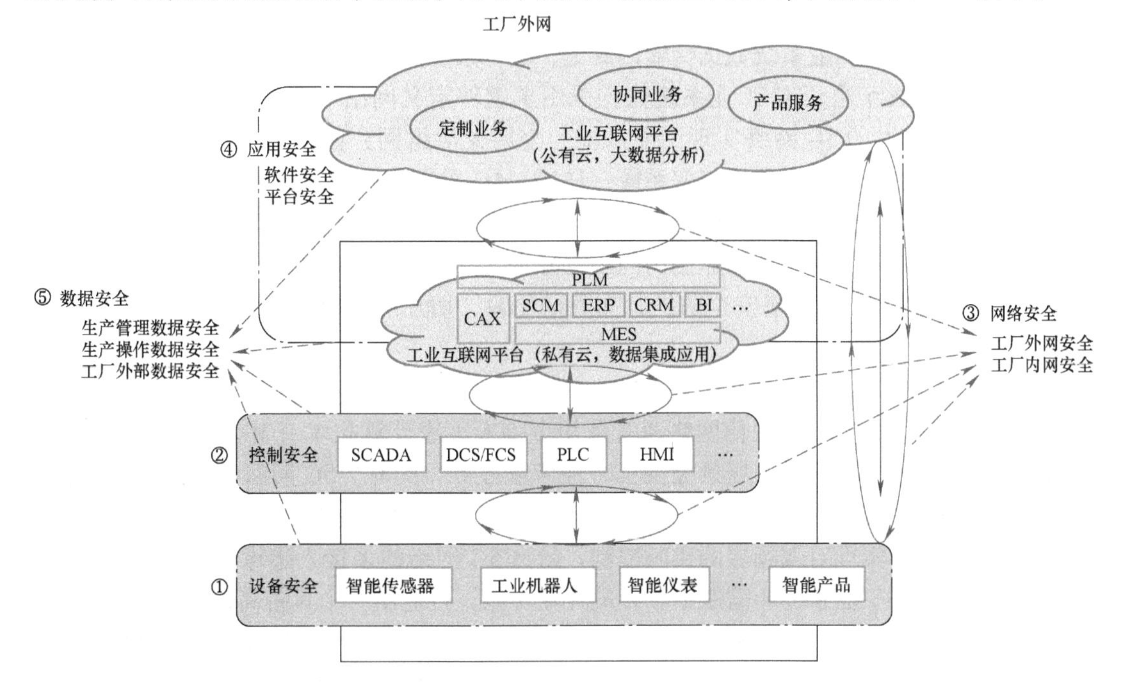

图 1-11　基于防护对象视角的工业互联网安全防护框架

5G 工业系统信息安全问题与这五个防护对象紧密关联。下面，结合 5G 工业系统的特征与需求，针对设备、控制、网络、应用和数据五大防护对象，讨论 5G 工业系统存在的信息安全问题。

1. 设备安全

长期以来，由各种自动化控制组件、执行设备以及大量传感器构成的工业系统，运行环境相对封闭，资源受限的工业终端信息化程度也相对较低。5G 和工业系统的融合使海量工业终端接入成为可能，但同时大大增加攻击风险点，终端设备本身的芯片、嵌入式操作系统或第三方应用软件中的漏洞将暴露在相对开放的 5G 网络中，被攻击利用的风险明显加大。同时，多种类的工业终端一旦被入侵利用，极有可能形成规模化的设备僵尸网络，从而成为新型分布式拒绝服务攻击源，对工业后台系统及上层工业应用发起攻击，对系统危害影响进一步增大。因此，保障 5G 工业系统的设备安全是信息安全防护的首要问题。

2. 控制安全

传统工业系统遵循由现场层、控制层、管理层到企业层构成的分层体系架构，控制环境相对封闭。对于这种分层体系系统的安全控制可以基于“分区隔离”和“纵深防御”理念实现。然而，5G 网络在工业系统的应用使得系统结构从“分层封闭局部”向“扁平开放全局”演变，这种 IT 与 OT 融合的控制环境使得系统安全边界变得模糊。越来越多未考虑完整性、身份校验等安全需求的工业控制协议、控制平台和控制软件漏洞暴露于开放环境中，致使传统安全控制机制难以应对。更具挑战的是，5G 网络三大应用场景中对控制安全的需求不同。其中，eMBB 需要大带宽通信保障；uRLLC 要求超低的安全通信时延；mMTC 对设备的安全接入提出严格要求。如何满足 5G 工业系统多应用场景的安全需求，并应对新的控制安全挑战，是工业系统安全防护的难点。

3. 网络安全

工业控制网络是工业系统数据传输的管道，负责系统内部各组件间的各类数据通信，实现系统设备的互联互通。5G 工业系统依托采用了软件定义网络（SDN）、网络功能虚拟化（NFV）等信息技术的 5G 网络实现工业系统的全局灵活组网，但 5G 网络传输链路上的软件、硬件安全威胁也将随之带入工业系统。同时，5G 采用网络切片方式为不同工业数据业务提供差异化服务，这不仅要求网络提供安全通信保障，也对不同切片间的安全隔离能力提出了更高要求。针对不同切片的非法访问、资源争夺、非法攻击、数据窃听等都可能成为威胁。因此，加强系统 5G 网络安全防护，如通信传输、切片隔离等安全性，对 5G 工业系统稳定运行十分重要。

4. 应用安全

在 5G 工业系统中，5G 通信网络通常采用多接入边缘计算技术（MEC）将网络用户面下沉，为工业系统的超低时延场景提供实时性传输服务。同时，5G 网络利用边缘计算优势和网络功能虚拟化等技术，将传统工业系统信息域的各类软件虚拟化为第三方应用，并部署在边缘云服务器，实现对现场层的实时控制。虽然 5G 网络的多接入边缘计算技术利用无线接入网络就近提供工业系统所需服务和云端计算功能，打造出一个具备高性能、低时延与高带宽的通信服务环境，但是这些工业系统虚拟化的信息组件，对接 MEC 主机提供的服务，将面临虚拟化中常见的违规接入、内部入侵等安全挑战。MEC 平台上的第三方应用（APP）也存在被非法利用、互相非法访问等安全风险。为此，5G 工业系统需要对 MEC 平台和应用进行安全监测、认证授权、安全隔离等防护措施，阻止异常行为发生。

5. 数据安全

5G 通信网络在工业系统的应用，使得系统内部生产管理数据、生产操作数据、工厂外部数据等多类异构数据共网无线传输成为可能。同时由于 5G 网络采用 SDN、NFV 和云计算技术，系统安全边界模糊，流量不可见，5G 工业系统存在严峻的数据泄露风险，数据保护难度增大。系统中的 MEC 节点位于互联网边缘，数据窃取、泄露的风险相对较高，且系统通过应用程序接口（API）开放给第三方应用，也使得系统行业数据安全传输与存储的风险大大增加。因此，需要关注 5G 工业系统中数据收集、数据传输、数据存储和数据处理等多个环节的信息安全问题，设计并部署安全防护机制，以保证系统业务数据的安全可信。

设备、控制、网络、应用和数据都是 5G 工业系统不可或缺的对象。基于工业互联网安全防护框架（见图 1-11）可知，5G 工业系统的防护对象在功能和需求上相较于其在传统工业系统更加丰富和多样化，但这些改变也致使 5G 工业系统面临更加严峻的信息安全问题。例如，高度信息化的 5G 终端设备存在未知的安全漏洞，5G 不同应用场景需求对安全控制提出新的要求，5G 网络和现有工业网络的混合模式可能造成通信冲突，多元化的工业应用软件增加了系统安全管理的难度以及异构数据共网传输引发的敏感信息泄露等问题。这些问题的发生将间接或直接影响 5G 工业系统的脆弱程度。

1.4 小结

本章首先从工业系统定义、功能、特征等方面对工业系统进行了概述，简要介绍 5G 通信关键技术和应用场景等，并讨论了 5G 在工业系统中的应用。接着，概述了工业信息安全相关概念和知识。在此基础上，结合 5G 网络和工业系统特征，讨论了 5G 工业系统的信息安全问题。

第2章 工业信息安全脆弱性及评估概述

随着经济和科技的快速发展，脆弱性问题已成为当今世界各个领域普遍关注的问题之一。脆弱性评估作为综合评估系统安全状况的重要工具，其评估结果也成为系统进行安全策略决策的主要依据。脆弱性本身是一个普适性很强的概念，几乎所有的研究对象都可能存在不同程度的脆弱性，但是脆弱性和不同的研究对象结合后，脆弱性所关注的重点、脆弱性评估的指标等都会有很大的不同。对于工业信息安全而言，其脆弱性应该关注系统的哪些属性？脆弱性的评估又该如何进行？脆弱性指标如何定义？这些问题都是进行5G工业系统脆弱性评估首先需要考虑的问题。本章从脆弱性本身含义出发，探究脆弱性及其评估的本质，并结合工业系统中和脆弱性相关的漏洞、风险、弹性等概念，重新定义了工业信息安全脆弱性的概念，并通过三个核心要素的确定分析了脆弱性评估的具体内容和途径。本章内容是后续5G工业系统脆弱性评估的理论依据，具体包括：

- 工业信息安全脆弱性评估重要性。
- 脆弱性及评估基本含义。
- 工业脆弱性及评估相关概念。
- 工业信息安全脆弱性定义及评估。

2.1 工业信息安全脆弱性评估的重要性

工业系统作为国家关键基础设施的重要基石，广泛应用于制造业、船舶海航、石油化工、电力等核心领域。基于先进的计算技术和通信技术的融合与应用，具有灵活资源配置和多业务数据共网传输服务的5G工业系统，被认为是工业互联网背景下的新一代智能化、数字化工业系统。5G通信网络作为5G工业系统中物理域和信息域融合的重要支撑，加速了系统体系结构向开放化和互联互通方向演变，有助于实现异构业务数据共网无线传输和灵活的资源优化配置等。然而，这也会暴露出更多攻击面，增加系统安全稳定运行的难度。工业互联网背景下，工业系统面临着严峻的信息安全挑战，5G通信网络的集成也必将增加潜在未知的网络威胁和受攻击的可能性。因此，新一代的5G工业系统对系统安全性和可靠性有更高的要求，保护5G工业系统的信息安全具有极其重要的经济价值和社会意义。

长期以来，我国工业系统信息安全研究致力于明确防护对象、安全防护措施部署和安全防护管理等方面。一方面，国内外各种组织机构相继提出了信息安全标准和规范。2014年，美国国家标准技术研究院针对关键基础设施网络提出了“识别-保护”静态防护和“检测-响应-恢复”动态防护体系[36]。2016年，我国工业和信息化部发布《工业控制系统信息安全防护指南》，充分依据系统信息安全严峻形势，从多角度提出了工控系统安全防护要求[37]。2018年，我国工业互联网产业联盟发布《工业互联网安全框架》，并从防护措施视角提出了“威胁防护、检测感知、处置恢复”的动态防御框架[35]。另一方面，大量研究工作者基于这些信息安全防护框架，提出工控系统安全防护方法，希望通过实施具体可行的安全措施，有效阻止外来入侵。

然而，随着网络安全攻击的智能化、复杂化和多样化发展，攻击逐渐具备逃避系统入侵检测的能力。传统的隔离、访问控制等安全防护技术无法应对新的安全威胁形式。面向工业系统的安全防护包括静态防护和动态防护两种方式，采用分区分域隔离、实时监控预警、检测响应恢复等手段来保障系统信息安全。一方面，工业系统中存在高危漏洞的组件和一些关键脆弱环节通常需通过分区分域隔离这种静态方式进行保护。识别系统漏洞和脆弱环节是实现静态防护的必要条件。另一方面，实时监控预警和检测响应恢复的动态防护手段中，只有明确脆弱环节并评估系统攻防对抗下的抵御能力，才能准确识别系统安全边界，实现安全策略的精准决策。因此，要解决工业系统的信息安全问题，加强系统自身安全防护能力，提升安全防护效果，需要为安全防护提供更丰富的指导信息，如未知漏洞、关键脆弱环节以及系统抵御能力等。

开展工业系统脆弱性评估，有助于掌握系统信息安全威胁来源，分析系统更易被入侵的攻击路径，明确系统抵御能力和危害影响。也就是说，脆弱性评估结合系统特征，对一定安全事件或风险造成的后果进行了完整描述，有利于为安全风险评估提供更加准确的风险后果表征。一方面，信息安全威胁是引发工业系统信息安全问题的根本，也是导致工业系统信息安全脆弱的来源。在脆弱性评估过程中，应首先挖掘工业系统可能的威胁源头，如漏洞等具体信息，有利于及时进行漏洞修复，从根本上减少或杜绝安全威胁的发生。另一方面，信息安全威胁发生使得系统某一区域或单点遭受入侵，系统内部形成攻击传播链。随着攻击传播的不断扩散，工业系统脆弱点、环节或区域随之增加。脆弱性评估在发现威胁源的基础上，预测从源头出发可能的攻击传播路径，有利于识别系统的脆弱节点和环节，进而采取更有针对性的防护手段。更重要的是，不同攻击作用下的工业系统在系统不同生命周期时刻的脆弱程度应有所区别，这与攻击的强度以及系统的防护能力均有关系。如何从攻击和防护视角综合量化系统的脆弱性，帮助安全管理人员度量风险造成的后果，并结合当前防护水平制定细粒度的优化方案，是脆弱性评估需解决的关键问题。综上，工业系统的脆弱性评估可为工业企业的安全规划、安全控制、安全评估和安全维护等提供理论依据和指导建议，进一步提高风险评估准确性，提高工业系统安全防护与管理水平，减少安全事件发生造成的经济损失和社会影响，保障工业系统全生命周期的稳定运行。

当前，工业信息安全脆弱性评估从系统层面出发开展的研究较少；面向工业信息安全的脆弱性评估缺乏统一的理论方法体系和评估流程；研究人员从不同视角对工业信息安全脆弱性、脆弱性评估的理解有所出入，脆弱性评估、漏洞评估和风险评估往往混为一谈。因此，亟需系统化的脆弱性评估理论和方法用于揭示系统脆弱性机理，帮助发现工业系统中潜在的漏洞、可能的攻击路径以及不同攻击方式造成的危害，从而提升安全防护效果、降低防护成本并增强系统的快速恢复能力。

2.2 脆弱性及评估基本含义

脆弱性（Vulnerability）一词在拉丁语系中译为 Susceptibility to attack or injury; the state or condition of being weak or poorly defended[38]，表示对攻击或伤害的敏感性，或者是一种处于弱势或防御能力微弱的状态。“敏感性”和“状态”体现了脆弱性的基本含义，这是一种被动特质，是对外界变化环境的反应。也就是说，脆弱性描述了事物对于外在不利环境所反映出来的一种客观面貌。长久以来，脆弱性及其评估一直是国内外学术界等普遍关注的热点问题，涉及多个学科领域，如图 2-1 所示。

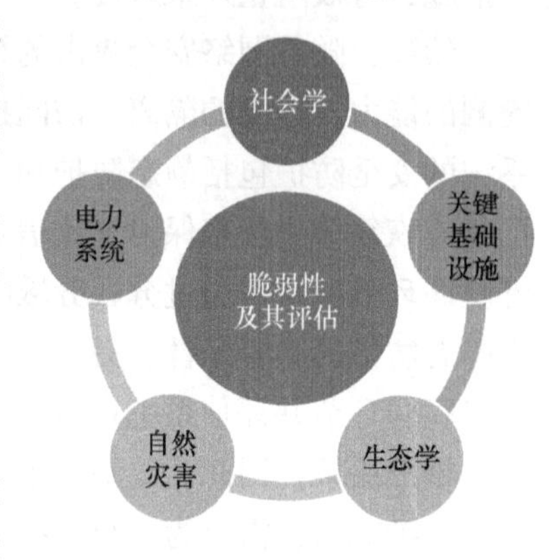

图 2-1　脆弱性及其评估的研究领域

关于脆弱性研究最初致力于自然灾害和地理学中，即描述系统遭受灾害事件时可能产生不利影响的程度[39]。目前，关于灾害脆弱性的含义主要可以分为三类：一是将脆弱性表征为承载体对各种灾害的敏感性；二是认为脆弱性是指在自然灾害变化下的承载体的状态；三是对上述两者的综合，强调脆弱性是系统安全性能的另一种表征方式[40]。

灾害脆弱性是一个广泛的概念，不同的灾害承载体决定了灾害脆弱性的程度。例如，社会脆弱性是社会系统在灾害影响下所表现出的自然属性[41]。1976 年，O' Keefe 等人最早提出“社会脆弱性”这一概念，重点关注了扰动对于人口和社会系统的影响，自此社会脆弱性成为社会学研究中一个广泛应用的概念。相关学者从不同视角对社会脆弱性都进行了定义。虽然这些定义可能有所出入，但存在一些共同点。综合来说，社会脆弱性可被理解为暴露于内外部扰动下的社会系统，由于系统内部敏感性属性和缺乏应对和适应扰动影响而表现出来的易受损失的程度大小[42]。社会脆弱性是暴露度、敏感性和适应能力的综合表征。针对这个社会脆弱性定义和评估指标，许多学者和机构针对社会脆弱性提出相应的分析框架，包括压力释放模型（PAR）[43]、可持续生计框架（DFID）[44]、改进欧洲脆弱性评估的方法框架（MOVE）[45]和交互式脆弱性评估框架（AVD）[46]等，如图 2-2 所示。这些框架都是从不同维度分析生计人口、经济结构、政治策略等因素对社会发展进程的影响。这些因素在时间和空间上具有明显表征和差异，故社会脆弱性具有复杂的时空动态性，同时社会脆弱性更多关注时间和空间维度的变化。

脆弱性及其评估同样也是电力系统长期关注的方向。A. A. Fouad 等人在早期阶段提出电力系统脆弱性的概念，聚焦通过系统安全状态变化来反映系统对外来干扰的敏感性[47]。随着研究的不断深入，不同的学者对于电力系统的脆弱性各有侧重，目前还未形成公认的定义和统一的分析标准。电力系统的拓扑结构为系统功能实现提供了基本载体，而系统的运行特性和物理特性又依托自身的拓扑结构。现有的电力系统脆弱性通常分为状态脆弱性和结构脆弱性[48-50]。其中，结构脆弱性表示电网某一单元或某些单元退出或相继退出运行后，网络保持其拓扑结构完整并正常运行的能力。状态脆弱性是描述电力系统受到扰动后，从稳定运行状态过渡到临界失稳状态的过程。针对电力系统脆弱性的评估，一般做法是从上述两个视角，选择合适的方法量化电力系统的脆弱性指标，如图 2-3 所示。大量工作是对结构脆弱性进行评估，基于复杂网络理论，选取统计特征量，根据电网拓扑结构，融入物理特性，确定脆弱性指标。状态脆弱性评估方法主要有能量函数法和基于概率的风险理论分析法[51]。能量函数法通常将电力系统暂态能量的变化作为指标评估系统的脆弱性，基于概率的风险理论分析方法是基于风险指标量化电力系统的安全状态，如过负荷风险、低电压风险等。

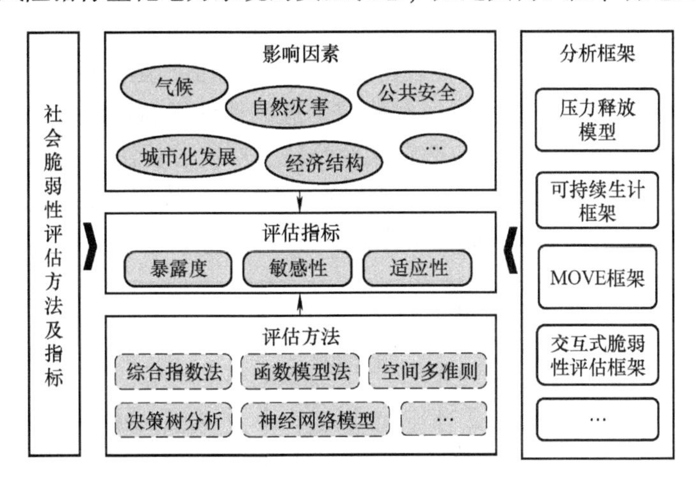

图 2-2　社会脆弱性评估方法及指标

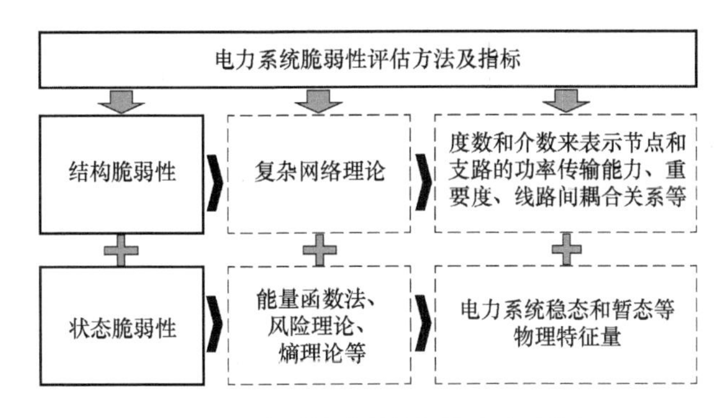

图 2-3　电力系统脆弱性评估方法及指标

生态脆弱性评估作为生态学研究的重要内容之一，其涉及了生态学、地理学、环境科学等众多学科，研究学者对于脆弱性内涵的认识也各有侧重。生态脆弱性是自然因素和人为因素共同作用的结果，都是在特定时空尺度生态系统相对于外界干扰所表现出的生态响应，只要它易于向生态退化或环境恶化方向发展，就视为脆弱性。赵桂久等人认为生态脆弱性是生态系统在特定时空尺度下相对于干扰而具有的敏感和恢复反映状态，是生态系统自身属性在外界干扰作用下的表现[52]。Nicholls 等人从敏感度、适应性和抵抗性三个方面强调和度量生态系统脆弱性[53]。在实际评估过程中，部分学者根据研究区域、研究目标、系统变化状态、系统适应能力等方面构建脆弱性评估框架，包括压力-状态响应（PSR）、驱动力-状态-响应（DSR）和驱动力-压力-状态-影响-相应（DPSIR）等。这些脆弱性评估概念框架的构建明晰了不同角度各项因素对生态脆弱性的影响，可以更好地指导学者开展评估研究。然而，生态环境是一个广泛的对象，包括各种环境领域，如水系流域、林木、山坡、海洋生物等。不同的环境对象，评价指标体系往往存在差异，但是这些评价指标均可从生态脆弱性的三个属性要素进行分类，即暴露度、敏感性和适应性。例如，在海岸带生态脆弱性指标中，基于暴露度的指标包括但不限于海平面上升速率、水文气候等；基于敏感度的指标有平均潮差、坡度等；基于适应性的指标涵盖沉积速率和冲淤动态等。

为了得到以上这些指标的具体量化值，根据指标的不同特征，生态脆弱性评估方法可以分为静态评估和动态评估两类。静态评估是以一个时间点的指标数据为基础，评估当前时刻生态环境不同区域或不同对象的脆弱性表征差异。动态评估则是分析多个时间点生态环境脆弱性，注重分析脆弱性的演变过程[54]。在确定了这些评估指标和评估方式后，即可采用一些评估方法进行生态脆弱性评估，包括专家经验法、层次分析法、决策矩阵法、模糊评价法、主成分分析法等，如图 2-4 所示。随着研究不断深入，将信息技术、大数据和人工智能等结合分析生态脆弱性是未来研究的重要方向。

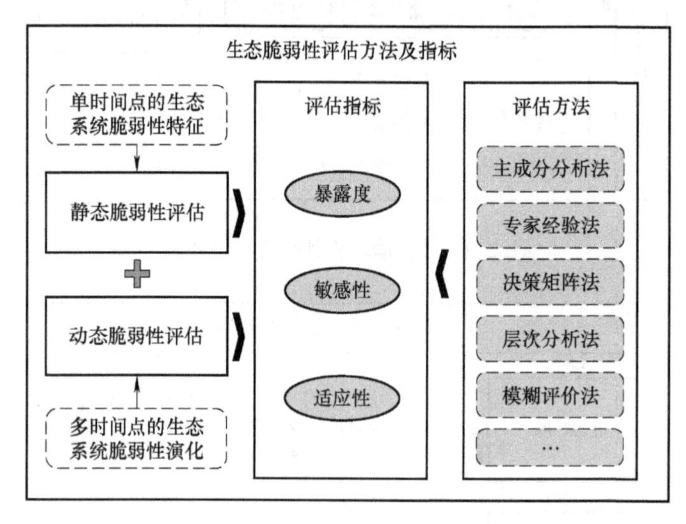

图 2-4　生态脆弱性评估方法及指标

脆弱性是一个普适性的概念，关于脆弱性的研究不限于上述领域。综合来看，它在各个领域中均尚未形成领域内公认的定义。在任何特定的情况下，脆弱性概念可以用于描述系统危害的影响是如何表现和应对的[55]。虽然研究领域和对象不同，但是学者们对脆弱性的含义具有一些共性理解。具体包括以下三个方面：

1）系统内部存在一些固有的安全缺陷。

2）脆弱性是系统的一种隐形属性，只有系统发生扰动时，这种特性才能显现出来。

3）系统脆弱性的表征需结合系统本身特性来定。

不同领域对脆弱性有着不同的定义，因此不同领域脆弱性评估的方法、指标等也有很大差异。例如，社会脆弱性评估关注社会经济、人口等在气候、城市发展、自然灾害、政治策略等外部不可控因素下的变化。电力系统脆弱性评估聚焦安全风险下系统结构和运行状态的性能。同时，生态脆弱性侧重不同时间和空间尺度下，生态区域的自然地理特性演化。但是，对于不同研究领域的脆弱性评估，共同特点是紧密结合评估对象的特征、外部扰动因素以及自身的状态。在评估过程中形成了一些通用的理论评估方法或评估模型，而具体的理论评估方法也有所交叉。综合不同领域的做法，脆弱性评估研究工作一般包括以下四步：

1）分析研究对象需求、功能及特征。

2）明确潜在的外部扰动因素，如自然灾害、管理策略等。

3）在1）和2）基础上，确定研究对象的脆弱性评估指标体系。

4）根据评估指标和研究特征，确定评估方法。

2.3 工业脆弱性及评估相关概念

工业系统是一个高度信息化的复杂系统，大量智能化基础设施的部署和各种先进信息技术的应用，使得其面临着严峻的信息安全威胁。例如，信息泄露、篡改、重放、非授权访问等信息攻击。将脆弱性引入工业系统的信息安全评估体系，为系统提供针对性的安全防御决策依据，对保证工业系统的安全运行具有重要的价值。现有研究中，和脆弱性相关的概念有漏洞、风险、弹性等。本节将对这些相关概念进行深入讨论和辨析。需要注意的是，漏洞、脆弱性、风险和弹性的评估均为系统安全应急和预警提供了有效手段，它们都是工业系统的重要属性，但评估工作的聚焦点有所不同。

2.3.1 漏洞和漏洞评估

漏洞是在硬件、软件、协议的具体实现或系统安全策略上存在的缺陷[56]。在信息安全中，恶意的主体（攻击者或攻击程序）能够利用这组特性，通过已授权的手段和方式获取对资源的未授权访问，或者对系统造成损害。工业系统中存在大量的安全漏洞，针对系统发起的各类攻击，往往就是利用系统各类软硬件中存在的漏洞实现的[57]。

在实际工业系统中，软件、通信协议或硬件设备等可能存在一个或者多个漏洞，但这并不表示这些漏洞都会被攻击者成功利用从而导致安全事件的发生。一个成功的攻击不仅取决于攻击者的能力，而漏洞自身的属性价值同样需要被考虑。开展安全漏洞的评估有利于指导系统或管理人员及时修复危害程度更高的漏洞，降低安全威胁的影响。

目前，国内外许多安全机构提出各自不同的量化评估方法和度量体系[58]。通用漏洞评分系统（Common Vulnerability Scoring System，CVSS）作为信息安全行业标准，广泛用于评估安全漏洞的严重性。CVSS评估体系主要由基础得分（V_B）、临时得分（V_T）和环境得分（V_E）构成。其中，基础得分用于评估漏洞自身的严重等级，包括攻击范围（S）、攻击向量（AV）、攻击复杂性（AC）、所需权限（PR）、用户交互（UI）、机密性影响（C）、完整性影响（I）和可用性影响（A）。基础得分可通过公式（2-1）得到最终得分。临时得分则是根据漏洞被利用的时间窗的风险大小进行评估，具体评估要素包括可利用性（E）、修复级别（RL）和报告可信度（RC）。环境得分通常由所处的环境决定，其评分的主要度量值为安全需求（CR/IR/AR）和调整后的度量值（MAV、MAC、MPR、MUI、MS、MC、MI、MA）[59]。具体的基础得分计算公式如下：

$$V_B = f(Exploitability, S, Impact) \tag{2-1}$$

$$V_B = \begin{cases} \min[(I+E), 10] & S = \text{unchanged} \\ \min[1.08 \times (I+E), 10] & S = \text{changed} \end{cases} \tag{2-2}$$

$$I = \begin{cases} 6.42 \times I_B & S = \text{unchanged} \\ 7.52 \times [I_B - 0.029] - 3.25 \times [I_B - 0.02]^{15} & S = \text{changed} \end{cases} \tag{2-3}$$

$$I_B = 1 - [(1 - I_C) \times (1 - I_A)] \tag{2-4}$$

$$E = 8.22 \times AV \times AC \times PR \times UI \tag{2-5}$$

临时得分（V_T）是在基础得分基础上，结合代码成熟度 E、修复级别（RL）和报告可信度（RC）得到的：

$$V_T = V_B \times E \times RL \times RC \tag{2-6}$$

环境得分结合临时得分值，代入环境得分公式中，即可得到：

$$V_E = \begin{cases} (\min[(I_M + E_M),10] \times E \times RL \times RC) & S = \text{unchanged} \\ (\min[1.08 \times (I_M + E_M),10] \times E \times RL \times RC) & S = \text{changed} \end{cases} \tag{2-7}$$

$$I_M = \begin{cases} 6.42 \times I'_B & S = \text{unchanged} \\ 7.52 \times [I'_B - 0.029] - 3.25 \times [I'_B - 0.02]^{15} & S = \text{changed} \end{cases} \tag{2-8}$$

$$I'_B = \min[[1 - (1 - MC \times CR) \times (1 - MI \times IR) \times (1 - MA \times AR)],0.915] \tag{2-9}$$

$$E_M = 8.22 \times MAV \times MAC \times MPR \times MUI \tag{2-10}$$

由上述公式可知，基于 CVSS 的漏洞评估围绕漏洞利用方式和漏洞影响后果等方面展开。从漏洞利用方式来看，攻击范围、攻击向量和攻击复杂性等因素被考虑在内，从而描述漏洞被利用所需的攻击成本。从后果来说，漏洞评估将信息安全三要素（机密性、完整性和可用性）视为漏洞的危害影响。因此，基于 CVSS 的漏洞评估以漏洞诱因、漏洞利用方式和漏洞危害性等为核心形成了一套成熟且全面的评估体系。CVSS 漏洞评估标准来源于 IT 系统元件或设备的信息安全需要，因此结合了 IT 系统的主要特点。工业系统的脆弱性和 IT 系统的漏洞不同，它除了考虑 IT 系统中的漏洞，还需要考虑系统信息组件和物理设备间的相关性，并探究信息攻击对物理运行的影响。

2.3.2 脆弱性和脆弱性评估

正如 2.2 节所述，脆弱性（Vulnerability）本身是普适性的一个概念。随着应用环境的复杂演变，研究学者对脆弱性的理解更加深入和丰富[60]。在工业信息安全中，脆弱性通常被称为弱点或漏洞，是各种攻击行为成功的客观原因，但这往往是一种狭义的理解。早期的研究学者认为脆弱性是工业系统在面临威胁时可能削弱其生存和执行能力的特性[55]。作为一个涵盖结构、功能、信息、控制、服务等多层次的对象，工业系统的脆弱性更多是在不利条件或威胁作用下，系统整体性能的表征。

目前，工业信息安全领域的脆弱性评估相对模糊，没有一个统一的标准，更多是围绕攻击作用下系统异常性能变化来进行研究。然而，用于评估工业系统异常性能的指标多样，如结构特征、受危害的可能性、节点故障和资产损失等，这些都可能被认为是工业系统脆弱性的表现。虽然现有的工业信息安全脆弱性评估缺乏标准的指标评估体系，脆弱性含义也不明确，但从现有工作的这些指标可以看出，评估系统脆弱性通常是从系统自身或防护者视角出发，评判的是外来攻击作用对自身造成的影响，这是一种衡量攻击抵御能力或攻击作用下的适应性的体现。

2.3.3 风险和风险评估

风险（Risk）是针对任何实体（国家、行业企业、个人）面临安全威胁或损失伤害的可能性的一种描述，广泛应用于各个领域的研究中[32]。对于工业信息安全，风险是表征工业系统中安全事件发生的不确定性及其产生的后果[61]。其中，不确定性的安全事件的发生主要与外来攻击以及安全漏洞有关。国内外不少组织机构长期从事于信息安全风险相关规范化工作，如 NIST SP800-30 和 NIST SP800-82 等针对风险评估和风险管理提出了标准化流程[62,63]。

在 1.2.3 章节中，结合 IEC 62443-3-2，对工业信息安全风险，可采用下式进行量化评估：

$$\text{Risk} = \sum \text{Prob}(\text{event}) \times \text{Conse}(\text{event}) \tag{2-11}$$

可见，所有安全事件（event）的发生概率及其造成的后果的精确性直接影响了风险量化值的最终结果。为了提高每个要素的精确性，风险评估过程中经常会采用一些理论方法或概率模型。例如，通过攻击建模确定安全事件发生的可能性，即攻击成功概率。结合经验知识，通过资产或系统行为建模等方式表征系统模型，从而分析安全事件对系统的危害影响，如系统运行功能变化或资产损失等。具体的风险评估路线和相关评估指标如图 2-5 所示。

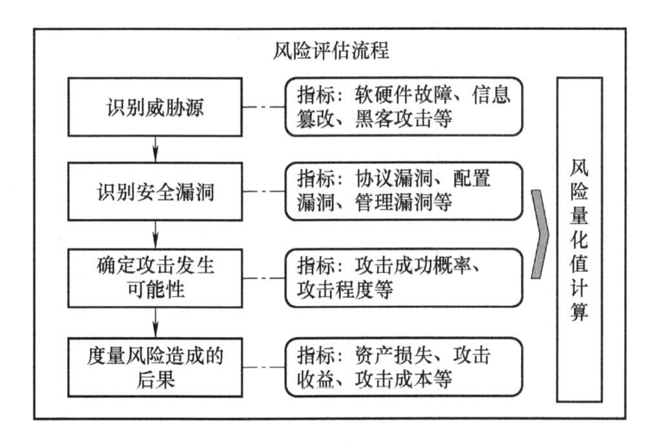

图 2-5　风险评估路线及相关评估指标

由图 2-5 可知，关于风险后果的描述尚未形成统一的标准，攻击成本、攻击收益、资产损失等都可以用于后果的衡量。从不同角度描述风险后果会得到不同的风险评估结果。这些用于描述风险后果的度量准则通过对比攻击前后其量化准则的变化程度，反映了风险的危害强度。从安全防护角度来看，工业系统需要通过风险评估结果制定合理的安全防护策略，从而缓解或消除安全事件的危害影响。因此，只有风险后果以及安全事件的可能性度量对于系统在安全风险下的反应越准确，安全策略决策越有效。

2.3.4　弹性和弹性评估

弹性（Resilience）起源于力学等领域，后来应用在工程学来描述系统在外力作用或干扰后的快速恢复能力。复杂系统的弹性是指某种压力下仍能正常工作或及时从失效中恢复的能力[64]。NIST SP800-53 将信息系统的弹性描述为应具备不利条件下的维持必要操作的能力，以及容忍时间内恢复至有效操作的能力[65]。在工业信息安全方面，工业系统弹性重点关注其在外部扰动（攻击、威胁等）下的防御能力和应对能力，以及进一步对安全事件的响应和处理能力[66-68]，即系统遭受攻击作用后，系统在有限时间内自适应调整至正常状态的恢复能力。从时间维度来看，弹性评估聚焦分析系统从稳定状态遭受干扰致使状态发生变化，并通过自身响应恢复至新的稳定状态的过程，具体如图 2-6 所示。

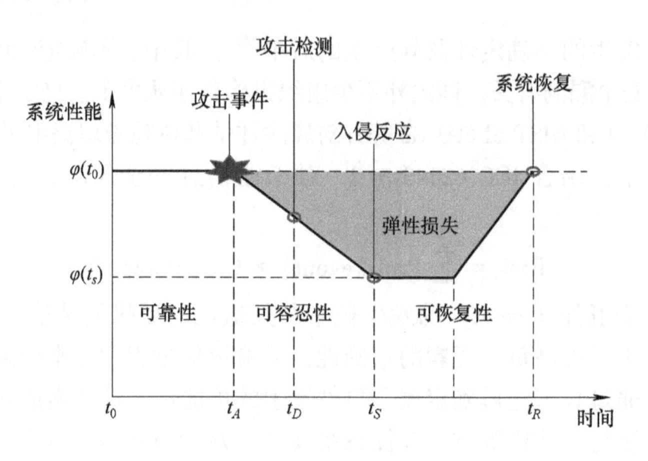

图 2-6　弹性曲线描述

从弹性曲线中可以看出，系统的弹性表征为从攻击发生到系统安全恢复的全过程。具体来说，当攻击事件发生，系统安全稳定的状态被破坏，系统性能开始下降。攻击作用下的系统可容忍性是其生存能力的重要表征。当系统检测到攻击并开始入侵反应后，制定恢复策略并期望系统能够恢复至一个新的安全状态。至此，从攻击发生到安全恢复整个过程系统性能的变化被认为是系统弹性损失[69]。因此，评估系统的弹性损失，不仅需要分析攻击作用过程系统的抵御能力，还需获取攻击作用后安全响应时间和安全恢复时间等要素。

因此，与 IT 系统不同，工业系统的弹性评估需要关注系统级联故障风险、延迟限制、运行中可能导致服务中断的不可接受的时间等。一般，面向工业系统的弹性评估度量框架包括四项弹性指标：鲁棒性（Robustness）、冗余性（Redundancy）、应变能力（Resourcefulness）和快速性（Rapidity）[70]，通过定性或定量方法即可实现对系统的弹性度量。目前，系统弹性评估方法如图 2-7 所示，其中定性评估包括概念框架法和半定量指数法，而定量评估方法可以分为通用评估法和结构化模型方法[71]。

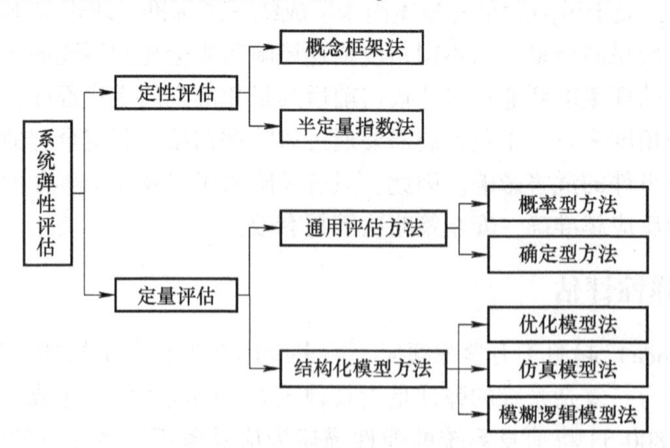

图 2-7　系统弹性评估方法分类

2.3.5　相互关系

工业系统的信息安全防护是基于风险的防护。但是目前学术界对工业系统信息安全中的风险、脆弱性、弹性等概念还没有形成公认、统一的定义，对这些概念的理解也是在不断演变。本书参考关键基础设施等其他安全领域中对风险、脆弱性、鲁棒性、可生存性和可靠性等概念的分析和定义，给出工控系统信息安全中风险和脆弱性、弹性的数学描述，进而分析三者间的关系。

风险是一个用于评估安全事件影响的非常直观的标准。它通常是根据安全事件发生的概率及其相应的后果来衡量，这也是不同学科领域的学者们对于风险的共性理解[72-76]。例如，在关键基础设施领域，风险常用于估算一些可能灾害对系统结构损坏、服务功能退化等的影响。相关学者结合与系统特征有关的性能指标，对两个风险组成部分进行了归类，如图 2-8 所示[77]。从图中可以看出，安全事件发生的概率与系统的可靠性相关。可靠性通常表示系统出现安全事件后保持运行的概率。高可靠性的系统中安全事件发生的可能性较低，反之亦然。与安全事件概率相比，风险后果可以通过脆弱性、鲁棒性和可生存性等通用性指标衡量。其中，脆弱性致力于研究系统遭受攻击后的性能损失，即系统功能的退化程度。鲁棒性和脆弱性是一组相对的概念，它往往衡量的是系统持续运行的能力，而不是损失。可生存性是一个衡量系统遭受攻击后是否能够执行预期功能行为的指标。

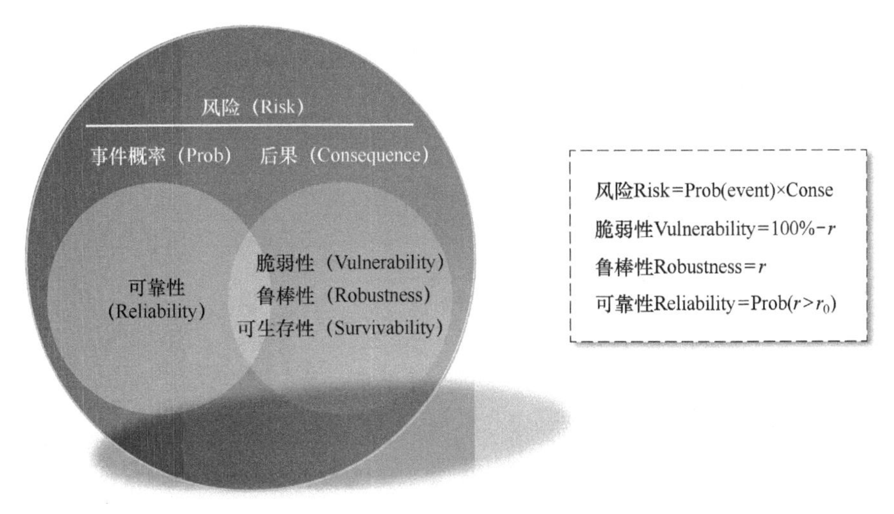

图 2-8　风险及相关概念的含义

综合学者们对脆弱性、风险和弹性的研究，基于工业系统全生命周期，通过安全事件作用下的系统性能响应曲线，剖析安全事件发生后的系统的风险、脆弱性和弹性的区别与联系，具体如图 2-9 所示。图 2-9 中上层坐标系描述了不同安全事件发生后系统的性能变化曲线。下层坐标系与上层对应，展示了相应事件下系统脆弱性变化曲线和风险变化曲线。为了充分表征不同安全事件下的系统典型性能变化情况，以三种不同等级的安全事件为示例进行详细说明。e_1、e_2 和 e_3 分别代表了低、中和高三种危害程度的安全事件。低危害事件 e_1 是一种系统完全可以通过安全响应恢复至初始运行水平的安全事件。中危害事件 e_2 代表了一系列系统能够抵御但难以恢复至初始最佳性能的安全事件。高危害事件 e_3 则是一类直接造成系统性能崩溃的安全事件。在图 2-9 中，系统性能变化曲线是对上述三类安全事件的响应。对于每一次安全事件的响应过程来说，系统性能响应又可分为三个不同的阶段，包括事前、事中和事后。以安全事件 e_1 为例，事前阶段是从系统正常运行到安全事件 e_1 发生的过程（$0<t\leqslant t_0$）。该阶段主要反映了系统的静态或固有的抵抗能力。事中阶段为 $t_0<t\leqslant t_1$

阶段，描述了安全事件发生的过程。该阶段主要反映了攻击传播下系统性能下降的过程。从图 2-9 中不难发现，系统在 t_1 时刻的性能水平从 r_m 下降至 r_1。r_1 代表了 t_1 时刻系统的鲁棒性。与之对应地，t_1 时刻系统的脆弱性则由 $r_m - r_1$ 表征。事后阶段用于表征系统性能恢复过程（$t_1 < t \leqslant t_2$），即系统遭受攻击后的进行入侵反应及安全响应，使得系统重新稳定。三个阶段共同构成了工业系统对一次安全事件的响应周期。事中和事后阶段的系统性能变化程度以及经历的时间描述了系统应对外来攻击的抵抗和恢复能力，是系统弹性能力的衡量。在安全事件 e_1 的响应周期内，系统弹性损失如图 2-9 中阴影部分所示。

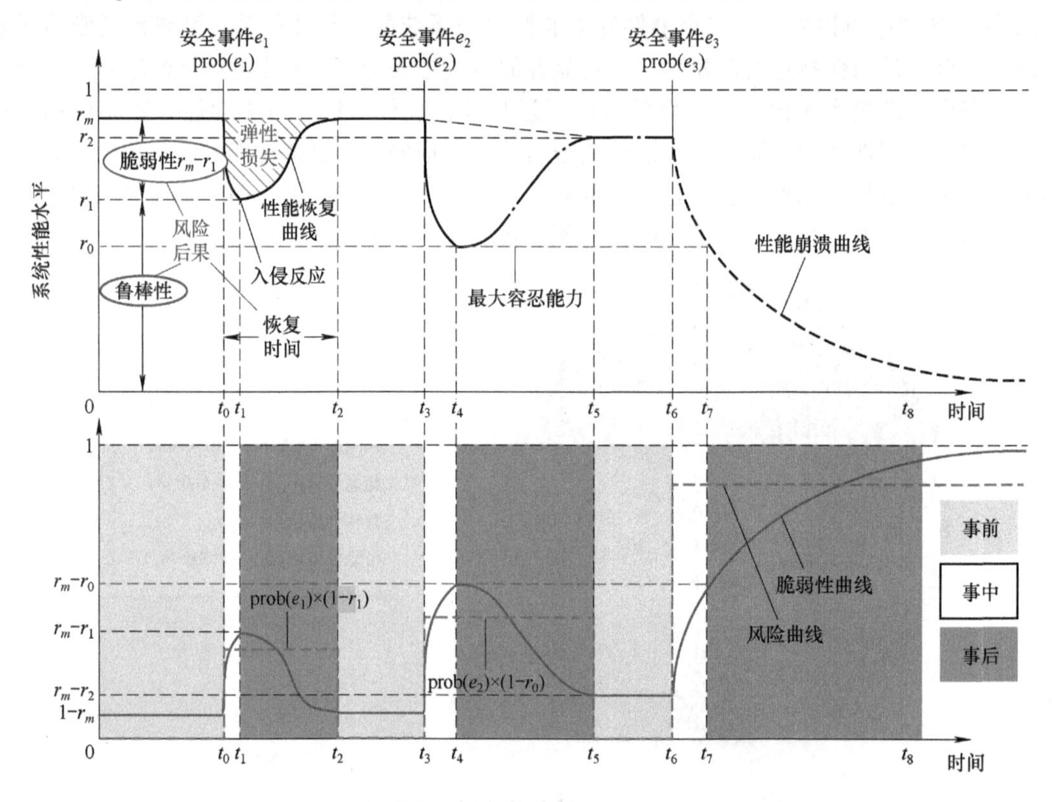

图 2-9　工业系统在安全事件发生后的典型性能响应过程

除了系统性能响应过程，不同的安全事件也将造成工业系统存在不同程度的安全风险。以系统脆弱性作为风险后果的描述，图 2-9 中下层坐标系展示了三个安全事件作用下的系统风险变化曲线以及脆弱性变化曲线。系统脆弱性是对安全事件发生后性能损失程度的度量。在安全事件 e_1 尚未发生时，由于系统自身的结构或功能存在一些固有缺陷，系统性能水平无法达到 100%，故其脆弱性维持在一个大于 0 的静态水平。当安全事件 e_1 开始发生，系统遭受攻击作用后性能开始下降，对应的脆弱性逐步上升并在 t_1 时刻到达 $r_m - r_1$。在安全事件 e_1 的事后阶段，随着一些安全策略执行，系统逐渐恢复至稳定状态，其脆弱性也逐步下降并最终稳定。安全事件 e_2 对系统的危害性更高，使得系统在 t_4 时刻的脆弱性到达 $r_m - r_0$，并在 e_2 事后处于相较于上一阶段较高的脆弱水平，即 $r_m - r_2$。倘若安全事件 e_3 发生，将造成工业系统运行崩溃，因此该事件发生后系统脆弱性迅速上升，并最终趋近于 1。工业系统的风险量化值由安全事件发生概率和影响结果共同决定。与脆弱性曲线相对应，三种安全事件作用下的系统风险变化呈梯形变化。

在工业信息安全研究中，风险是一个涵盖系统多维度的安全特征的概念。虽然脆弱性只是描述风险后果的方式之一，但是与其他方式相比，系统脆弱性更有利于准确的风险评估。脆弱性紧密结合系统性能特征，如拓扑结构和功能行为等，通过度量系统性能损失揭示了系统面对不同安全事件的应对能力，细化表征不同安全风险对系统自身的影响。因此，这不仅有助于提高安全风险评估的准确性，还有利于攻防环境下的安全策略精准决策。

基于工业系统全生命周期，已经剖析和明确了风险、脆弱性和弹性等概念的边界及其关系。结合学者们的大量研究工作，对于脆弱性评估、弹性评估和风险评估间的相互关系总结如图 2-10 所示。

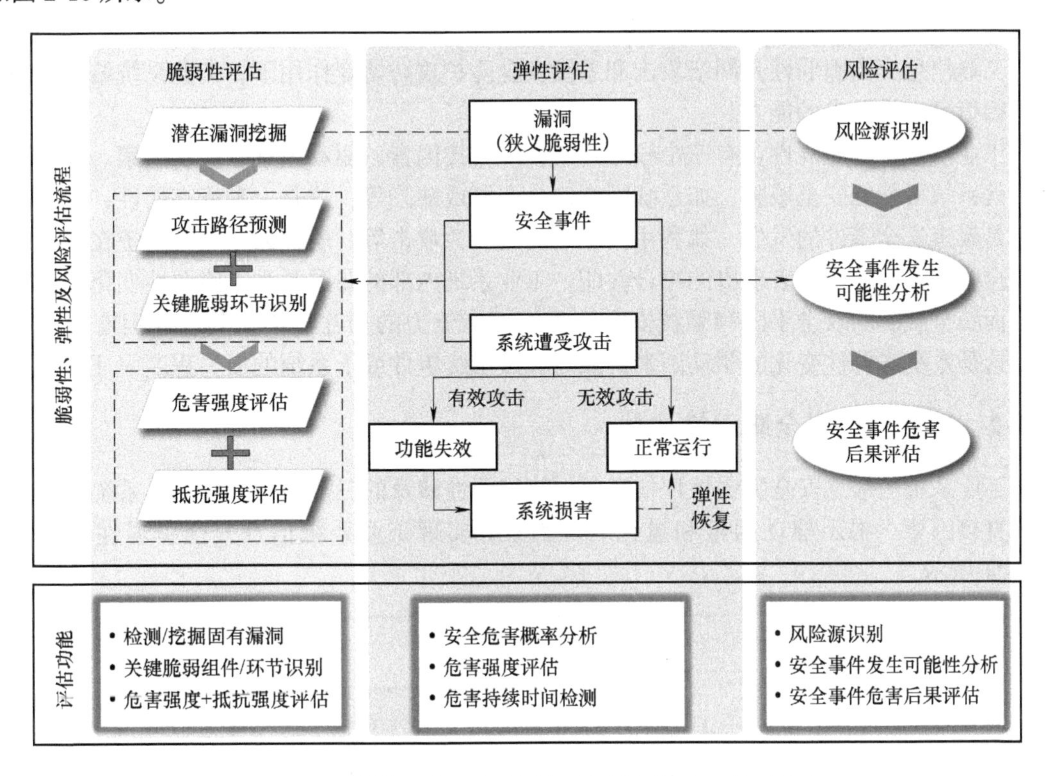

图 2-10　脆弱性评估、弹性评估及风险评估间的相互关系

漏洞是工业系统内部设备与生俱来的一种缺陷，无论外部环境是否变化，它都存在。脆弱性是外来攻击作用下系统自身对外的状态表现，是一种攻击干扰作用后才能显现的系统特征。脆弱性评估是相较于漏洞评估的更加系统化、全面化的研究。工业系统的信息安全脆弱性评估充分结合系统特征，分析系统入侵方式，并从攻防视角度量攻击作用下系统性能下降的程度，有效揭示了安全风险对系统造成的危害影响。根据风险的定义可知，信息安全风险评估关注安全事件的可能性以及其造成的后果。因此，从脆弱性的基本含义和评估流程来看，脆弱性从系统角度出发，通过性能损失评估量化了安全风险下的系统应对能力，有效实现了对风险后果的补充描述。

弹性更侧重于安全事件发生或攻击作用之后，系统恢复到原有状态的能力。当前工业系统的弹性评估中，一些物理对象的鲁棒性或稳定性的指标常用于来评估系统的弹性。面对信息化、网络化程度越来越高的工业系统，这种基于物理特性的弹性评估在性能指标方面不能覆盖系统的整体性能。如果在工业系统信息安全脆弱性评估中增加攻击作用下系统可生存能力和状态的衡量，将有利于优化系统的弹性评估且全面反映系统抵御网络攻击的能力。

2.4 工业信息安全脆弱性定义及评估

2.4.1 工业信息安全脆弱性

从脆弱性基本含义出发，结合工业信息安全防护需求，本书对工业信息安全脆弱性进行了重新定义。

工业信息安全脆弱性是网络攻击和系统安全防护攻防博弈作用下，工业系统结构和功能上抵御信息安全攻击的能力。

工业信息安全脆弱性含有三个核心要素，即直接因素、驱动因素和表征因素。直接因素往往是系统可能的安全威胁，如系统固有安全漏洞或缺陷等，这是一种静态属性；驱动因素更多是聚焦安全事件的发生，如利用安全漏洞的人为攻击等；表征因素是对系统在安全威胁和安全防护共同作用下表现出的综合性能。工业系统内部的漏洞是系统脆弱性变化的直接因素，而安全威胁的攻击手段和系统安全防护等应对能力的相互作用使其脆弱程度升高或降低，这是系统脆弱性变化的驱动因素，最终通过系统组件或子系统的损失程度表征。

2.4.2 工业信息安全脆弱性评估

工业系统的信息安全脆弱性评估需要围绕脆弱性涉及的三个核心要素，从系统工程角度明确直接因素、揭示驱动因素和量化表征因素，实现工业系统信息安全脆弱性评估，如图 2-11 所示。

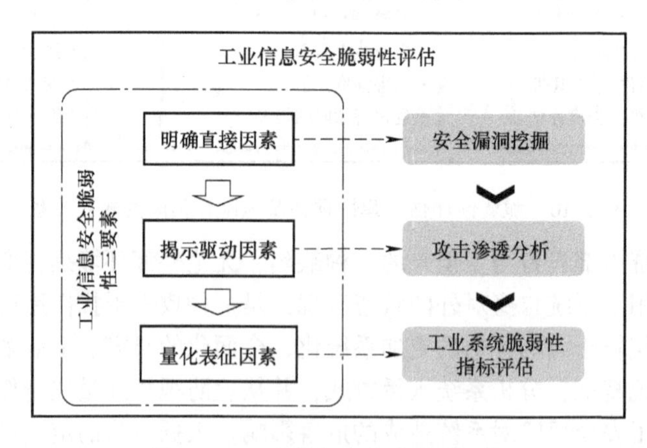

图 2-11 工业信息安全脆弱性评估

1. 明确直接因素——工业系统安全漏洞挖掘

工业系统是一个集成网络、控制、通信和计算等功能于一体的信息化系统，网络通信协议、应用软件和硬件平台等存在的缺陷都可能被攻击者利用，从而威胁工业系统自身安全。随着工业化和信息化的融合，工业系统的漏洞包括通信协议漏洞、操作系统漏洞、安全策略和管理流程漏洞、应用软件漏洞等。这些漏洞均是工业系统的安全威胁，也是形成工业系统脆弱性的直接因素。只有获取直接因素的相关信息，才能进一步得知攻击者如何利用这些漏洞来干扰系统的安全运行。因此，明确工业信息安全脆弱性的直接因素，即挖掘工业系统安全漏洞，是分析工业系统脆弱性形成原因的关键，也是评估工业信息安全脆弱性的基础。

2. 揭示驱动因素——工业系统漏洞利用的攻击渗透分析

工业系统的信息安全事件的发生往往是一个动态过程，即攻击者利用安全漏洞对工业系统进行入侵渗透，最终使得系统运行状态发生变化。该过程可以认为是工业系统信息安全脆弱性的作用过程。工业系统由含有多种工业应用软件的信息域和多种异构物理设备的物理域组成，两者之间通过通信网络实现控制命令的执行和工业数据采集等信息交互。基于工业系统设备间的通信连接关系，网络攻击利用系统安全漏洞，从外部互联网入侵至系统内部，逐步渗透至系统物理域，造成物理域的现场设备运行异常。这种漏洞利用的攻击渗透作用，将引发系统安全状态变化，对外表现出的抵御能力和损失程度可以被认为是系统的脆弱性程度。因此，评估工业系统信息安全脆弱性需要分析工业系统漏洞利用的攻击渗透过程，例如可能的攻击路径等。通过预测攻击路径，还可以进行关键脆弱环节识别，从而帮助实现更精准和有效的安全防护。

3. 量化表征因素——工业系统脆弱性指标的评估

工业系统信息安全脆弱性是工业系统面对网络攻击入侵，在自身安全防护下表现出的一种适应性和抵抗性的表征。因此，有效合理地量化这种能力是工业系统信息安全脆弱性评估的最终目标。这个过程包括脆弱性指标的确立和量化计算两个步骤。具体的量化评估指标用于衡量系统的脆弱状态。如果系统脆弱性较高，则说明工业系统当前的安全防护能力可能无法抵御外来威胁和攻击，需要结合脆弱性的驱动因素和直接因素，及时制定一些针对性的安全防护方案，提高安全防护能力，降低攻击对系统的危害，保证工业系统的安全运行。倘若工业系统的脆弱性较低，则说明当前系统处于低风险状态且安全防护机制能够应对潜在威胁。因此，评估工业系统的信息安全脆弱性为系统的安全管理人员提供了有效的指导，具有重要的经济意义和社会意义。

2.5 小结

本章首先从工业系统安全态势及防护需求方面说明了工业信息安全脆弱性评估的重要性。接着，为了明确工业信息安全脆弱性是什么以及评估的目标，从不同领域对脆弱性概念进行了辨析和解读，比较了各自领域脆弱性的含义，总结脆弱性研究的共性特征，以及开展脆弱性评估的一般步骤。然后，深入讨论工业信息安全中脆弱性及其相关概念，分析他们之间的区别与联系。最后，本书结合工业信息安全防护需求，对工业信息安全脆弱性进行了重新定义，明确脆弱性评估的内涵。

第3章
工业信息安全脆弱性分析评估模型及方法

开展工业信息安全脆弱性评估，需要明确安全漏洞、揭示攻击路径并实现脆弱性指标的量化评估。漏洞危害、攻击路径的可能性、脆弱性指标要素等属性都需要通过对所分析的对象进行科学建模和理论评估等方式实现定量研究。在这个过程中，需要根据系统特点选择合适的建模和分析工具。本章结合工业系统特点，简单介绍工业信息安全脆弱性评估中常用的一些理论模型和方法：

- Petri 网。
- 攻击图。
- 强化学习。
- 复杂网络。
- 相依网络。
- 贝叶斯网络。
- 元胞自动机。

3.1 Petri 网

Petri 网（Petri Net，PN）作为一种抽象构建系统模型的形式化语言，它不仅可以描述系统的结构，还能模拟系统的运行。一般地，Petri 网包括事件和条件两种节点类型，分布着表示状态资源或信息的托肯（Token），按照出发规则进行状态的演化，反映系统运行的全部过程。Petri 网在解决工业信息安全问题上拥有成熟的研究基础，常用于工业系统的资产建模、攻击建模以及信息安全风险评估等。

工业系统具有结构复杂、业务交互频繁等特征，采用形式化语言描述系统运行行为并建立系统模型，在保证模型有效性的同时，极大程度地降低了模型的数据规模，简化了模型的表达和描述性。本节对 Petri 网形式化建模理论进行简要阐述，主要包括基本 Petri 网定义、Petri 网性质和 Petri 网的分析验证。

1. 基本 Petri 网

定义 3.1 基本 Petri 网由四元组组成，包括库所、变迁、输入函数和输出函数。具体定义如下[78]：

$$\mathrm{PN}=(P,T,I,O) \tag{3-1}$$

式中，P 是库所集，T 是变迁集，库所集和变迁集都是有限集合；$I\cup O$ 是 Petri 网模型中库所和变迁之间有向弧的集合。具体来说，$I:P\times T\rightarrow N$ 是输入函数，用于表示从 P 到 T 的有向弧的权重集合；类似地，$O:T\times P\rightarrow N$ 是输出函数，用于表示从 T 到 P 的有向弧的权重集合。

图3-1是一个典型的基本Petri网模型结构，按照定义3.1，该PN模型结构的形式化描述如下[79]：

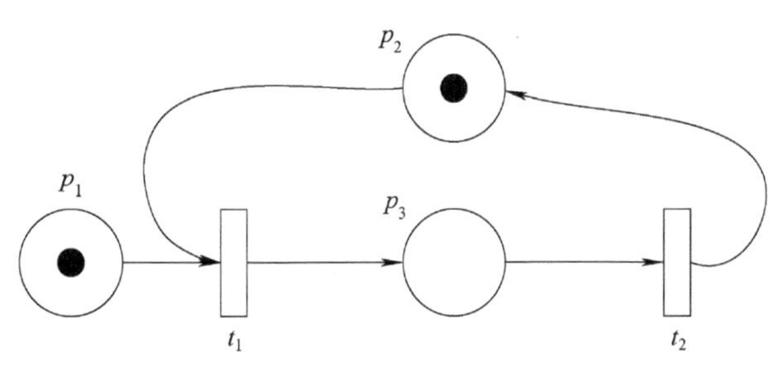

图3-1　基本Petri网模型结构

$$
\begin{aligned}
&P=\{p_1,p_2,p_3\};\quad T=\{t_1,t_2\};\\
&I(p_1,t_1)=1,\quad I(p_1,t_2)=0;\quad I(p_2,t_1)=1,\quad I(p_2,t_2)=0;\\
&I(p_3,t_1)=0,\quad I(p_3,t_2)=1;\quad O(p_1,t_1)=0,\ O(p_1,t_2)=0;\\
&O(p_2,t_1)=0,\ O(p_2,t_2)=1;\quad O(p_3,t_1)=1,\ O(p_3,t_2)=0.
\end{aligned}
\tag{3-2}
$$

面向工业系统构建其形式化模型，库所P可以表示系统硬件设备或软件组件的相关状态，如忙碌、空闲、故障等，也可以表示系统中的业务传输指令或拓扑节点状态，如现场采集数据、控制指令等。变迁T一般表示两个库所间的状态变迁。例如，在通信网络模型中，变迁t_1连接了代表设备工作状态的库所p_1和表示生成数据信息的库所p_2，则该变迁表示设备生成数据并发送这一动作。

2. Petri网性质

基于Petri网的对象模型特性主要包括可达性、有界性、活性、守恒性等。结合工业系统的通用安全需求以及攻击渗透特征，本节对上述性质进行简单介绍，并进一步说明这些性质的作用[79]。

(1) 可达性

可达性是Petri网最基本的动态性质之一，用于描述模型从某一初始状态到达某一指定的标识状态是否可达的属性。在工业系统的信息安全研究中，可达性可以用于判断攻击渗透下的网络业务传输是否可达，以及系统运行是否正常等。

(2) 有界性

PN模型的有界性一般反映系统运行过程中相关模块的资源容量要求。工业系统的PN模型中，库所可以表示系统的生产过程单元、检测单元或通信传输通道。在攻击渗透作用下，通过检测模型的有界性可以分析系统生产单元是否仍具有可用资源，或者传输通道是否被堵塞占用等不安全情况。

(3) 活性

模型在任意可达标识状态下，每个变迁都有可能再次获得触发权，这表明模型中的每个变迁都是活的，模型处于一种安全状态。对于正常运行的工业系统模型，一旦模型活性失效，即模型中存在死变迁或死标识等，则表明当前系统处于故障状态或网络业务传输存在异常。

(4) 守恒性

守恒性旨在讨论PN模型中两个变迁的发生之间的相互关系，这种关系常用于反映模型各部分间的资源竞争问题。在工业系统形式化模型中，系统功能模块间存在一定的资源限制问题。若攻击者利用某一漏洞恶意消耗其中一个模块资源，使其资源消耗较高，则整个模型资源可能分配失衡，从而引发安全事件发生。

3. Petri 网的分析验证

面向 PN 模型特性的分析主要包括基于可达图或可达树、基于不变量（状态方程）两种方法。

1）基于可达图或可达树的分析主要通过图形化方法将模型初始标识开始的所有可能到达的状态进行表示，通过生成的图形或树形结构来分析模型特性。这种方法的缺点是面向复杂系统难以生成完整的可达图，具有一定的局限性。

2）基于不变量的分析方法引入状态方程思想，通过数学描述反映对象模型的动态特性。这种方法更加客观，精确的分析结果能够更加直观地表述模型特性。因此，对于工业系统这种大规模复杂系统，采用基于不变量的分析方法进行模型功能一致性验证更有优势。基于不变量的分析方法主要包括 P 不变量和 T 不变量分析两种，具体定义如下。

定义 3.2 对于任一 PN 模型，若用 m_k 表示第 k 次运行后的模型标识，则第 $k+1$ 次运行后的 PN 模型可表示为[79]

$$m_{k+1} = m_k + \boldsymbol{C}\boldsymbol{u}_k, \quad k \geqslant 0 \tag{3-3}$$

式（3-3）称为 Petri 网模型的状态方程，且合理运行将保证对于 $\forall k \geqslant 0$，有 $m_k + \boldsymbol{C}\boldsymbol{u}_k \geqslant 0$。其中，$\boldsymbol{C}$ 用于描述库所和变迁之间的关系，即式（3-1）中 $O - I$ 用关联矩阵 $\boldsymbol{C}$ 表示。$\boldsymbol{u}$ 为变迁激发记数向量，它是一个（$m \times 1$）向量，其第 i 个元素表示在第 $k+1$ 次运行中相应变迁激发的次数。

定义 3.3 若一个 $\boldsymbol{P}$ 不变量为一个（$n \times 1$）非负整数向量 $\boldsymbol{x}$，且满足：

$$\boldsymbol{x}^{\mathrm{T}}\boldsymbol{C} = 0 \tag{3-4}$$

而对于一个 $\boldsymbol{T}$ 不变量为一个（$m \times 1$）非负向量 $\boldsymbol{y}$，且满足：

$$\boldsymbol{C}\boldsymbol{y} = 0 \tag{3-5}$$

将式（3-3）两边同时左乘 $\boldsymbol{x}^{\mathrm{T}}$，得到 $\boldsymbol{x}^{\mathrm{T}}m_{k+1} = \boldsymbol{x}^{\mathrm{T}}m_k + \boldsymbol{x}^{\mathrm{T}}\boldsymbol{C}u_k$，且依据式（3-4）可得

$$\boldsymbol{x}^{\mathrm{T}}m_{k+1} = \boldsymbol{x}^{\mathrm{T}}m_k \quad k \geqslant 0 \tag{3-6}$$

式（3-6）表明由 $\boldsymbol{P}$ 不变量加权的所有库所中初始 Token 数之和为常量，即这些库所被 $\boldsymbol{P}$ 不变量覆盖。初始 Token 数描述了初始状态下系统状态或信息的总数目。进一步地，若模型中每个库所都被一 $\boldsymbol{P}$ 不变量覆盖，则模型是有界的。而 $\boldsymbol{T}$ 不变量表明 Petri 网模型由初始标识状态出发经过一系列变迁又返回到初始状态的变迁激发次数。$\boldsymbol{P}$ 不变量分析主要用于分析 Petri 网模型的有界性和守恒性，而 $\boldsymbol{T}$ 不变量分析主要用于分析 Petri 网模型的可逆性[78]，即分析 Pertri 网模型是否能不需人为干预恢复至初始状态。

推论 3.1 若只要存在一个（$n \times 1$）正实数向量 $\boldsymbol{x}$，使得 $\boldsymbol{x}^{\mathrm{T}}\boldsymbol{C} \leqslant 0$，则 Petri 网模型是结构上有界的。

推论 3.2 若只要存在一个（$n \times 1$）正实数向量 $\boldsymbol{x}$，使得 $\boldsymbol{x}^{\mathrm{T}}\boldsymbol{C} = 0$，则 Petri 网模型是结构上守恒的。

由于实际运行系统往往具有不可逆性，采用 $\boldsymbol{P}$ 不变量分析方法更适用于对工业系统模型的有界性、守恒性等进行安全分析。

除此之外，研究人员可以借助 CPN Tools 建模工具进行模型验证分析，主要包含两种手

段，一是通过模型仿真测试来判断模型仿真是否存在异常结果；二是利用建模工具中的状态空间分析工具分析模型强连通性、可达性、活性和主属性是否符合预期状态。

其中，形式化建模工具中状态空间分析功能模块也广泛用于模型分析。具体方法如下：Petri 网模型中库所（节点）与变迁（弧）构成的有向图用状态空间表达，而基于状态空间的模型分析是通过计算模型中所有可达标识状态与状态变迁序列，并将其可视化在有向图中，进而分析和验证模型的行为属性。CPN Tools 建模工具中含有 State Space 功能模块，可用于 Petri 网模型强连通性（SCC）、可达性、活性和主属性等属性分析，确定模型行为特性与结构特性，以验证模型功能的一致性。表 3-1 给出了上述特征的具体含义[78,80,81]。

表 3-1　状态空间特征属性的具体含义

属性名称	含　义
强连通性	用于统计 Petri 网模型中库所和有向弧数量，描述 Petri 网模型空间规模，并通过连通特性识别模型是否存在死锁情况。强连通性相关参数有强连通图节点、弧
可达性	用于描述 Petri 网模型从初始标识状态到某一指定标识状态的可达属性，通过可达性特征可以识别库所间的关联关系
活性	用于表征 Petri 网模型中某一变迁是否具有激发的可能。若某一变迁具有活性，则该变迁具有激发权，通过活性状态可判别模型是否具有死循环情况。活性相关参数有死标识、死变迁和活变迁
主属性	用于描述 Petri 网模型中是否存在主标识的属性。主标识即可返回标识，该标识状态始终可以从任何其他可访问标识状态返回到达

3.2　攻击图

攻击图是一种通过枚举系统所有可能攻击路径，直接描述多步攻击过程的可视化方法。一般地，攻击图主要由顶点和边两部分构成。其中，顶点主要表示系统的主机、服务、漏洞和权限等安全要素；边表示攻击行为的先后顺序。因此，攻击图可以构建完整的网络安全模型，反映工业系统节点遭受信息攻击的可能性，刻画攻击者在系统的内部入侵途径。攻击图作为工业信息安全中攻击建模的重要方法，分为状态攻击图和属性攻击图两类。本节对这两类方法进行介绍。

1. 状态攻击图

在状态攻击图中，节点代表系统的全局状态，包括主机名称、主机脆弱性、用户权限、攻击后果等信息；有向边是状态之间的转移路径，代表原子攻击，其成功执行会引起全局状态的变化。状态攻击图能够显式地描绘出攻击者从初始状态出发，成功利用目标网络中的漏洞，能够采取的所有可能的攻击路径[82]。

状态攻击图可以表示为 $\mathrm{AG}=(E,V)$。其中，E 为边集合，即原子攻击集合，任意边 $e\in E$ 都表示全局状态的迁移；V 表示状态顶点集合，对于任意顶点 $v\in V$，可以用四元组 $<h,\mathrm{srv},\mathrm{vul},x>$ 表示，其中 h 为该状态涉及的主机，srv 为涉及的服务，vul 为该状态下存在的漏洞，x 可以是任何其他需要参考的信息，如开放端口、入侵检测系统等。状态攻击图示例如图 3-2 所示。

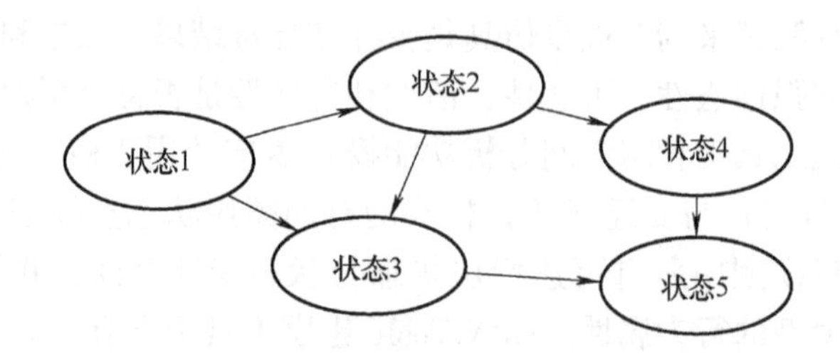

图 3-2 状态攻击图

在小规模网络中，状态攻击图是非常易于理解的。在大规模网络中，由于状态攻击图的构建过程需遍历所有可能攻击路径，但所生成的攻击路径数随着网络规模增大成指数级别增长，从而造成状态空间爆炸问题，严重影响了算法性能与占用内存空间，所以状态攻击图不适合对大规模网络进行脆弱性评估。

2. 属性攻击图

属性攻击图是为解决状态攻击图的状态空间爆炸问题而提出的，其描述了攻击所需前提条件及漏洞被成功利用后所产成的后果。属性攻击图中节点被分为两种类型，一类为原子攻击节点，另一类为属性节点。属性节点又分为前提属性节点和后果属性节点。当所有前提都能被满足时，原子攻击才能被成功执行，到达它所有的后果属性节点。属性攻击图隐式地描述了攻击者所有可能到达的攻击路径。

属性攻击图通常可表示为 $AG=(C,E,V)$。其中，C 表示条件集合（包括所有初始条件、前置条件和后置条件）；V 表示漏洞集合；E 表示边集合。属性攻击图示例如图 3-3 所示。

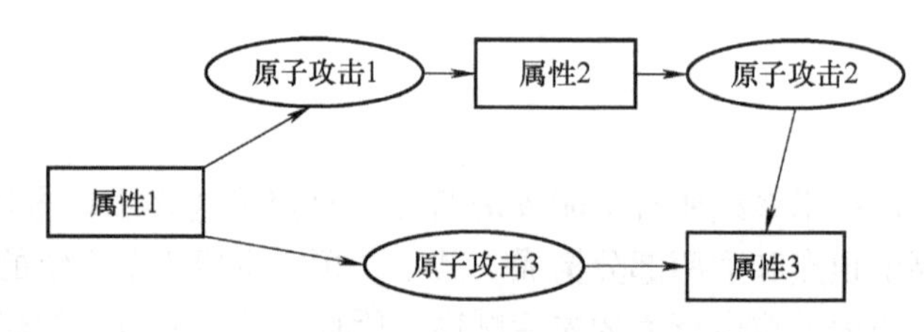

图 3-3 属性攻击图

属性攻击图将网络中的安全要素作为独立的属性顶点，同一主机上的同一漏洞仅对应图中的一个属性顶点。因此，相对于状态攻击图，属性攻击图生成速度快，结构简单，对大规模网络有更好的适应性。另外，属性攻击图由于减少了大规模网络中的冗余攻击路径，同理也进一步减少了攻击图的生成时间。

综上可知，两种攻击图都能够对系统攻击行为进行详细描述。然而，随着系统规模的增大，属性攻击图相较于状态攻击图具有更快的生成速度和分析能力。表 3-2 对两种攻击图进行了详细对比。

表 3-2 两种攻击图对比分析

攻击图类型	优 势	不 足
状态攻击图	状态描述细化，易于理解	容易产生状态空间爆炸问题
属性攻击图	生成速度快，结构节点适用于大规模网络	可能存在环路问题

3.3 强化学习

强化学习方法是机器学习的三大范式之一，其核心思想是智能体不断与环境进行交互，通过试错的方式来获得最佳策略，即智能体根据环境的反馈而行动，通过不断与环境交互、试错，最终完成特定目的或者使得整体行动收益最大化[83]。该方法凭借高效的自我学习方式常用于策略决策、路径规划等研究中[84]。

1. 基本概述

强化学习模仿动物界中“驯化”的思维学习方式。在某一特殊场景中，让动物做出动作，驯化者根据动作进行判定并给予动物奖励或惩罚，经过多次重复的驯化过程，动物以最大奖励为目标，在相应的特殊场景下进行一系列动作。在驯化过程中，完成正确动作时动物获得奖励，而动作错误也会得到相应惩罚。与此同时，动物在思维中也将每次奖励和惩罚的结果和其相应的行为动作进行总结，在后续的驯化过程中参考这些经验。强化学习的学习过程类似于动物被驯化的训练过程，通过智能体和外界环境交互并感知信息，积累某一场景下的动作经验，奖励正确动作，惩罚错误行为[85]。通常，强化学习基于智能体与环境交互的过程需要系统性地描述。一般，其学习交互过程包含了六个基本元素：智能体、环境、动作、状态、奖赏函数和值函数。具体含义如下：

1）智能体（Agent）：强化学习训练的主体。

2）环境（Environment）：智能体需要进行信息交互和学习的背景。

3）动作（Action）：在当前时刻，智能体在环境中决定执行的行为。

4）状态（State）：当前时刻环境和智能体所处的状态。

5）奖赏函数（Reward）：在环境交互过程中，获得的奖励信号。它表示对所产生动作好坏的评价。一般来说，奖赏值越高奖励越大，奖赏值越小则惩罚越多。

6）值函数（Value Function）：奖赏函数是一种对环境状态（动作）的即时评价，而值函数表示从长远角度评估一个状态（动作）的好坏，是一种长期评价。

2. 马尔科夫决策过程

大多数的强化学习问题都可以通过马尔科夫决策过程（Markov Decision Process，MDP）的数学框架描述。MDP 将实际环境抽象为环境模型，公式化地定义了强化学习的基本要素，如动作、状态、奖赏函数等[86]。

马尔科夫决策过程是指具有马尔科夫性的随机过程，即马尔科夫决策过程的未来状态只与当前状态有关，而与过去的所有状态无关。从概率类别出发，MDP 通常包括两种：基于离散的状态和行动定义的 MDP 称为有限 MDP；基于连续的状态和行为定义的 MDP 称为连续 MDP。一般地，在强化学习中提及的马尔科夫决策过程是指有限 MDP，也可称为离散时间马尔科夫链。

若对于任意自然数 $n \in T$ 和任意 $s_t \in S$，随机过程 $\{X_n\}$ 有

$$P\{X_{t+1}=s_{t+1} \mid X_t=s_t,\cdots,X_1=s_1,X_0=s_0\}=P\{X_{t+1}=s_{t+1} \mid X_t=s_t\} \tag{3-7}$$

则称随机过程 $\{X_n\}$ 为马尔科夫链。进一步地，条件概率 $P\{X_{n+1}=s_{n+1} \mid X_n=s_n\}$ 表示马尔科夫链在 t 时刻处于状态 s_t，在 $t+1$ 时刻处于状态 S_{t+1} 的概率。

若马尔科夫链的统计特性完全由条件概率 $P\{X_{t+1}=s_{t+1} \mid X_t=s_t\}$ 决定，则该条件概率通

常被称为转移概率。这种转移概率常用于描述强化学习过程的状态转移可能性。具体来说，在强化学习过程中，智能体不断感知具有马尔科夫性的环境信息，根据得到的环境状态，智能体根据自身策略，从可选的动作集中确定一个动作，系统根据其状态转移概率矩阵转换到新的状态，智能体根据新观测到的系统状态，根据自身策略重新进行下一步。具体过程如图3-4所示。

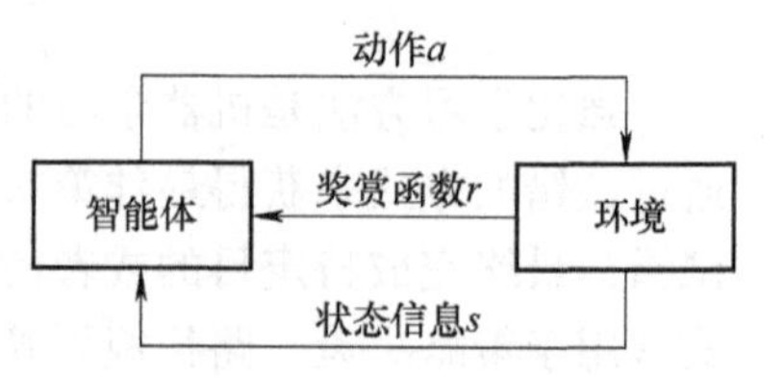

图3-4 强化学习基本学习过程

从图3-4可知，在强化学习过程中，智能体通过与环境交互并获取状态信息 s，根据状态执行某个动作 a，预测下一状态和获取奖赏函数 r，并进一步进行状态转移，以此类推直至达到目标。同时，每一步的学习计算过程常采用贝尔曼期望方程进行数学描述。

3. 典型求解方法

强化学习的目标在于寻找一种可以获得更高奖赏的策略。在工业信息安全研究中，安全策略决策、攻击路径预测等都可以尝试通过强化学习方式得到最优解决方案。在强化学习算法中求解马尔科夫决策过程，通常采用时间差分算法、Q-learning算法和SARSA算法。

（1）时间差分算法

时间差分（Temporal Difference，TD）算法是一种无模型的强化学习算法。它结合动态规划和蒙特卡罗方法的优点，通过采样若干片段经历的状态序列来估计真实状态。公式（3-8）给出了最简单的TD(0)算法迭代函数。时间差分算法通过对外部环境感知并根据函数迭代过程变化进行算法更新，如下式：

$$V(s_t) \leftarrow V(s_t) + \alpha[r_{t+1} + \gamma V(s_{t+1}) - V(s_t)] \tag{3-8}$$

式中，α 和 γ 分别表示学习率和折扣率；$r_{t+1} + \gamma V(s_{t+1})$ 是时序差分目标；$\alpha[r_{t+1} + \gamma V(s_{t+1}) - V(s_t)]$ 被称为时序差分误差；$V(s_t)$ 和 $V(s_{t+1})$ 分别表示 t 时刻和 $t+1$ 时刻的状态价值函数；r_{t+1} 是 t 时刻执行动作后在 $t+1$ 时刻得到的动作奖赏。

该公式表明状态值 $V(s_t)$ 的取值依赖于状态 s_t 在转移至状态时观测到的瞬时奖励 r_{t+1} 和当前估计值 $V(s_{t+1})$。

（2）Q-learning算法

Q-leaning算法是一种基于时间差分算法对动作价值函数进行反复学习的离线控制算法。无论学习过程中当前的策略是什么，它都要求智能体选择最大的状态-行动值（Q值）。基于单步Q-learning的学习过程计算公式如下：

$$Q(S_t,A_t) \leftarrow Q(S_t,A_t) + \alpha\{R_{t+1} + \max_{a\in A} Q(S_{t+1},a) - Q(S_t,A_t)\} \tag{3-9}$$

式中，$R_{t+1} + \max\limits_{a\in A} Q(S_{t+1},a)$ 是Q-learning算法的学习目标；α 是学习率；R_{t+1} 是直接奖赏；t 时刻的状态-行为价值函数 $Q(S_t,A_t)$ 表示（Q值）。算法的目标就是最大化Q值。

（3）SARSA算法

SARSA算法是一种基于时间差分算法并同时对状态和动作价值函数进行反复学习的在线算法。其更新步骤与Q-learning算法十分相似，具体见公式（3-10）。该算法在当前状态 s 下依靠策略拟定动作 a、下一状态 s' 以及下一状态的动作 a'。

$$Q(S_t,A_t) \leftarrow Q(S_t,A_t) + \alpha\{R_{t+1} + \gamma Q(S_{t+1},A_{t+1}) - Q(S_t,A_t)\} \tag{3-10}$$

Q-learning 和 SARSA 算法是 TD 算法的拓展。其中，Q-learning 是 TD 算法在 off-policy 的表现形式；SARSA 是一种在线策略[86]。作为一种离线控制方式，Q-learning 通常直接学习的是最优策略，但最优策略的准确性依赖训练中的样本数据规模。相反，SARSA 是一种学习最优策略同时并在线探索的算法，如果要保证 SARSA 收敛，往往需要制定合适的收敛策略保证其能够在迭代训练过程中逐步收敛至稳定状态。因此，在实际基于强化学习的应用问题求解中，选择哪种算法更加合适，需要具体明确对象场景是否对收敛性、学习方式等的需求，从而确定适用于其应用的解决方法。

3.4 复杂网络

复杂网络是指具有自组织、自相似、吸引子、小世界、无标度等部分或全部统计特性的大规模网络，常用于对现实世界中的复杂系统进行抽象，如交通系统、电力系统和物流系统等[87,88]。

当使用复杂网络理论对复杂工业系统进行建模时，可将系统组件和组件间的连接关系抽象为复杂网络的节点和连接边，从而实现系统拓扑模型的构建，有助于分析工业系统的结构脆弱性。

一般地，一个具体的网络可以抽象为一个由点集和边集组成的图 $G = <V,E>$ 。其中，V 是节点集合，$V = \{v_1,v_2,\cdots,v_n\}$，$v_n$ 表示网络中任意节点；E 是边集合，即 $E = \{e_1,e_2,\cdots,e_m\}$，$e_m$ 表示任意边。如果两个顶点间的任一条边都对应同一条边，则该网络为无向网络，反之为有向网络。进一步地，若网络每一条边赋予相应的权值，那么该网络为加权网络，且可由三元组表示为 $G = <V,E,W>$， W 是边的权重[87]。图 3-5 展示了复杂网络常见网络结构，如无向网络、有向网络、有向加权网络和无向加权网络。根据这些网络结构，结合复杂网络的统计特征描述，即可分析网络结构的脆弱性特征。常用的复杂网络统计指标包括度与度分布、介数、平均路径长度、聚类系数和特征向量中心性等。

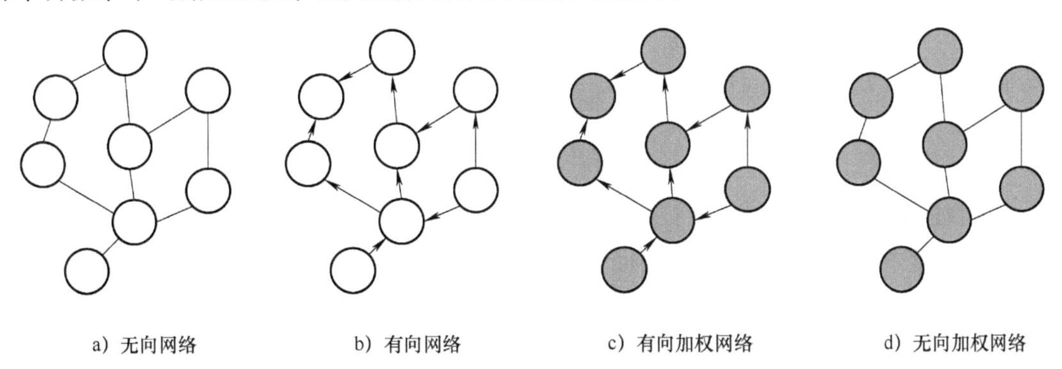

图 3-5 复杂网络常见网络结构

1. 度与度分布

网络节点的度定义为该节点连接的其他节点的数目，度数越高说明邻居节点越多。度分布也是网络最基本的拓扑特征，通过计算网络所有节点的度即可获知整个网络的度分布情况。一般地，度分布可以用分布函数 $p(k)$ 来描述。$p(k)$ 表示的是一个随机选定的节点的度为 k 的概率，其定义如下：

$$p(k)=\frac{n(k)}{N} \tag{3-11}$$

式中，$n(k)$ 表示度为的节点的数目；N 表示网络节点的总数量。

2. 介数

节点介数是指网络中经过某个节点的最短路径的数目占网络中所有最短路径数的比例。和节点度数相比，介数更能表征一个节点在网络拓扑中物理位置的关键性，进而反映其拓扑重要程度。对于任一节点来说，节点介数定义如下：

$$C(i)=\sum_{i\neq j,\ i\neq q,\ j\neq q}\frac{\delta_{jq}(i)}{\delta_{jq}} \tag{3-12}$$

式中，分母表示从节点 j 到 q 的所有最短路径数目；分子表示从节点 j 到节点 q 的最短路径中经过节点 i 的数目。在实际系统网络安全性研究中，往往选择介数最高的部分节点进行保护。

3. 平均路径长度

网络中任意两个节点（i 和 j）间的距离 d_{ij} 定义为二者间最短路径上的边数，网络中任意两个节点间的距离最大值称为网络直径 D，则有

$$D=\max d_{ij} \tag{3-13}$$

那么，网络的平均路径长度 L 定义为任意两个节点间距离的平均值，则有

$$L=\frac{2}{N(N+1)}\sum_{i\geqslant j}d_{ij} \tag{3-14}$$

式中，N 是网络所有节点数目。

4. 聚类系数

聚类系数用于描述网络中节点与邻接节点之间的比例关系，反映网络中各节点的聚集情况。在任一网络中，若节点 i 有 k_i 个邻居节点，即所有与节点 i 连接的其他节点，那么由数学关系可知 k_i 个节点间最多存在 $k_i(k_i-1)/2$ 条边，聚类系数 C_i 可以定义为 k_i 个节点之间实际存在的边数 E_i 和总的可能边数 $k_i(k_i-1)/2$ 的比例关系：

$$C_i=\frac{2E_i}{k_i(k_i-1)} \tag{3-15}$$

5. 特征向量中心性

特征向量中心性认为节点的重要程度和其邻居节点的数目有关，同时和邻居节点的重要程度相关。因此，特征向量中心性数值大小和网络邻接矩阵中最大特征值所对应的特征向量对应为

$$EC(i)=\lambda^{-1}\sum_{j=1}^{N}a_{ij}x_j \tag{3-16}$$

式中，λ 为邻接矩阵 $\boldsymbol{A}$ 的最大特征值；$x=(x_1,x_2,\cdots,x_n)^{\mathrm{T}}$ 是邻接矩阵 $\boldsymbol{A}$ 最大特征值对应的特征向量。

上面简单介绍了复杂网络中的五种节点重要度的统计指标[89]。在实际研究工作中，常见的统计指标有 30 多种，大致可以分为四类，具体见表 3-3[90]。

表 3-3　节点重要度指标和算法

类　　别	节点重要度指标和算法
基于节点邻居数量	度中心性、半局部中心性、CuterRank 算法、k-壳分解
基于路径	介数中心性、离心中心性、接近中心性、Katz 中心性、信息指标、流介数中心性、连通介数中心性、随机游走介数中心性、路由介数中心性、子图中心性
基于特征向量	特征向量中心性、Alpha 中心性、累计提名、PagcRank 算法、LadeRank 算法、HITS 算法、自动信息汇集算法、SALSA 算法
基于节点移除和收缩	节点删除的最短距离法、节点删除的生成树法、节点收缩法、残余接近中心性

3.5　相依网络

相依网络是复杂网络的一种拓展，常用于描述多个网络之间的相依性。在现实世界中，各种网络化基础设施间都存在相依关系。工业系统是一个信息域和物理域耦合的对象，通过相依网络构建系统拓扑模型能够描述多域间的交互耦合程度，有利于评估攻击作用下的多域交互的脆弱程度。

相依网络是由两个或两个以上存在相互依赖关系的子网络构成的同构或异构的整体系统。图 3-6 给出了一个包含两个子网络的相依网络模型：子网络内部节点之间存在连接边（Connectivity Link），表示同一个子网络内的逻辑或物理联系；不同子网络间的某些节点由依赖边（Dependency Link）连接，表示不同子网络的相互依赖关系[90,91]。

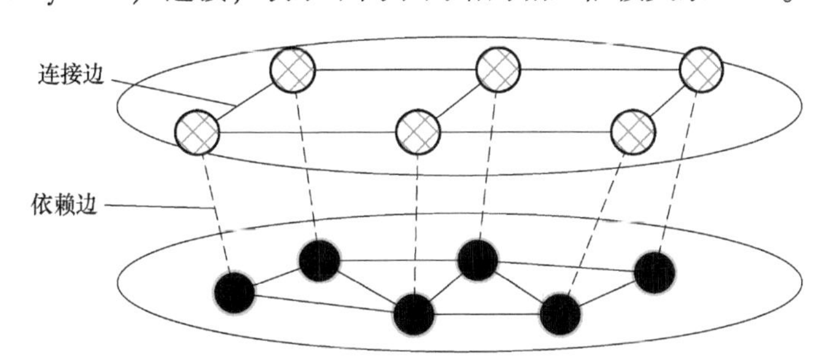

图 3-6　两个子网络构成的相依网络模型

一般地，由两个子网络 A、B 构成的双层网络模型 $INet$ 可描述如下：

$$INet = \{V, \boldsymbol{M}, q_{cs}, W\}$$

$$\begin{cases} V = \{V_{\mathrm{A}}, V_{\mathrm{B}}\} \\ \boldsymbol{M} = \{\boldsymbol{M}_{\mathrm{A}}, \boldsymbol{M}_{\mathrm{B}}, \boldsymbol{M}_{\mathrm{AB}}, \boldsymbol{M}_{\mathrm{BA}}\} \\ q_{cs} = \{q_{\mathrm{AB}}, q_{\mathrm{BA}}\} \\ W = \{W_{\mathrm{A}}, W_{\mathrm{B}}\} \end{cases} \tag{3-17}$$

式中，$V=\{V_{\mathrm{A}},V_{\mathrm{B}}\}$ 表示子网络 A、B 的节点集合；$\boldsymbol{M}=\{\boldsymbol{M}_{\mathrm{A}},\boldsymbol{M}_{\mathrm{B}},\boldsymbol{M}_{\mathrm{AB}},\boldsymbol{M}_{\mathrm{BA}}\}$ 表示节点连接矩阵，且 $\boldsymbol{M}_{\mathrm{A}}$，$\boldsymbol{M}_{\mathrm{B}}$ 是子网络 A、B 的内部连接矩阵，$\boldsymbol{M}_{\mathrm{AB}}$ 为网络 A 对 B 的依赖关系矩阵，$\boldsymbol{M}_{\mathrm{BA}}$ 是网络 B 对 A 的依赖关系矩阵。$q_{cs}=\{q_{\mathrm{AB}},q_{\mathrm{BA}}\}$ 表示两个网络间的耦合强度；q_{AB} 表示网络 A 中节点依赖子网 B 中节点的比例；而 q_{BA} 表示子网 B 中节点依赖子网 A 中节点的比例。同

时，$0 \leqslant q_{AB}, q_{BA} \leqslant 1$。在极限情况下，$q_{ij}=0$ 表示两个网络间不存在相依关系，此时系统相当于两个独立的子网；而 $q_{ij}=1$ 表示两个子网所有节点间均存在依赖边。$W=\{W_A, W_B\}$ 描述两个网络中节点特性，具体包括节点容量、负载等属性。

由定义可知，基于相依网络能够根据子网络的变化来分析网络间的耦合强度或相依网络的鲁棒性。一般地，网络鲁棒性强调在网络部分结构面临攻击或自然失效时，整个网络依然能保持其原有系统功能的能力。通常，影响相依网络鲁棒性的因素包括内因和外因。其中，内因主要是指相依网络的结构，如子网络间耦合边类型、子网络间的耦合强度、耦合方式、依赖边方向、子网络类型等；外因主要是指随机攻击和蓄意攻击等外部攻击方式。

(1) 耦合边类型

相依网络是一种耦合网络。耦合网络间存在的耦合边类型分为连接边和依赖边两种。其中，连接边是指不同网络节点间的拓扑关联关系；而依赖边表示某一节点的功能可能依赖于其他节点。若两个或多个网络间的耦合边类型不同，则相依关系也会受到影响。基于耦合边类型，可以将相依网络分为三种：①子网络间只存在连接边；②子网络间只存在依赖边；③子网络间既存在连接边又存在依赖边。

(2) 耦合强度

相依网络的耦合强度（q）是指子网络中有连接或相依关系的节点所占的比例。耦合强度的大小决定了子网络之间的相互依赖程度（见表3-4）。

表3-4 子网间耦合强度描述

子网间耦合强度	含　义	潜在危害
$q=0$	子网络之间无耦合关系，且相互独立	任一子网节点或边失效不影响其他子网的结构和功能变化
$0<q<1$	子网络之间具有部分耦合关系	任一子网节点或边失效会影响相依网络局部结构或功能变化
$q=1$	子网络间呈现全耦合状态	任一子网节点或边失效可能会导致整个相依网络完全崩溃

(3) 耦合方式

在相依网络中，子网络之间的耦合方式也是影响相依网络结构或功能安全稳定的重要因素。耦合方式是指按照某种重要度指标选择特定的耦合节点。常见的三种构建相依网络耦合边的方式包括随机耦合、同配耦合和异配耦合[92,93]。

(4) 子网络类型

子网络类型也是影响相依网络性质的因素之一。一般地，子网络节点度分布越均匀，相依网络的鲁棒性、健壮性等稳定性能越好，对应的脆弱性越低。组成相依网络的常见子网络类型有很多，包括随机网络（Erdos-Renyi, ER）、随机均匀网络（Random Regular, RR）、无标度网络（Scale Free, SF）等。当面临节点或边随机失效时，这几种相依网络的稳定性排序为RR-RR>ER-ER>SF-ER>SF-SF。

一个系统中多个网络之间的相依关联性支撑着整个系统的正常运行。虽然相依关系有助于多网络协作交互，提升系统的运行效率，但是也增加了系统在面临少数节点故障时的大规模失效风险，影响系统结构和功能的脆弱程度[90]。在研究基于相依网络的系统稳定性、脆弱性或级联失效时，利用渗流理论、相变分析、攻击动态渗透等方式，结合相依网络影响因素，即可分析节点或边失效后的不同网络变化情况。

3.6 贝叶斯网络

贝叶斯网络是一种概率推理模型，通过图形化方式表达模型变量的联合概率分布，并利用条件独立性假设有效减小了概率推理计算量，能够有效处理较大规模的系统不确定性问题。该方法常用于工业信息安全中的攻击传播建模和风险评估等，量化分析攻击传播的成功概率及系统遭受危害的可能性等。作为一种有向无环概率图，贝叶斯网络使用节点表示状态变量，用节点间的边表示不同状态间的依赖关系，并通过条件概率表（Conditional Probability Table，CPT）表征变量间的影响程度。一般来说，贝叶斯网络所有根节点间相互独立，而其他节点的状态仅仅依赖于自身父节点状态。对于一个节点集合为 $X=\{X_1,X_2,\cdots,X_n\}$ 的贝叶斯网络，其联合概率分布可以表示为[94]

$$P(X)=\prod_{i=1}^{n}p(X_i\,|\,pa(X_i))=\prod_{i=1}^{n}p(X_i\,|\,X_1,X_2,\cdots,X_{n-1}) \tag{3-18}$$

式中，$pa(X_i)$ 是指节点 X_i 的所有父节点的集合。

对于任一贝叶斯网络，节点规模和节点间的复杂关系使得网络条件概率表构建和计算具有一定难度。基于不同的贝叶斯网络结构假设节点所有父节点间的相互独立性，能够有效简化条件概率表的构建和计算，为基于贝叶斯网络的概率推理提供帮助。贝叶斯网络结构可以分为单连通网络和多连通网络两类。单连通网络是指贝叶斯网络随机两个节点间最多只有一条通路。若贝叶斯网络存在随机两个节点间的通路不止一条，则认为是多连通网络。图 3-7 展示了这两种网络结构。

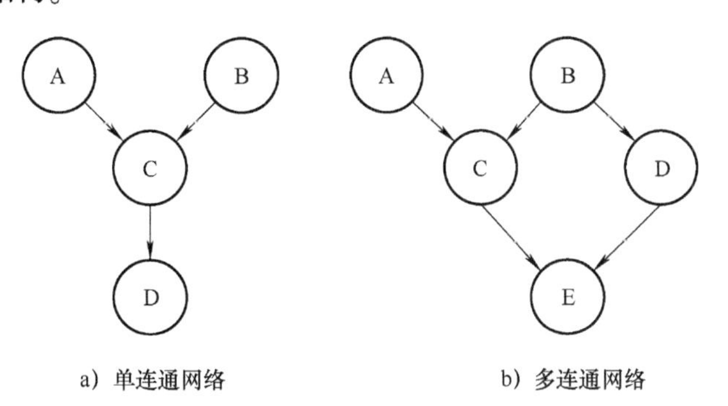

图 3-7　两种网络结构示意

在网络模型结构的基础上，利用网络参数计算给定证据下某些节点取值的概率，即可实现贝叶斯网络推理。贝叶斯网络推理方法分为两类：一是精准推理，即精准计算假设变量的后验概率；二是近似推理，即在不影响推理正确性的前提下，通过适当降低推理精度来提高计算效率[95]。

（1）精准推理

精准推理是一种完全根据概率公式进行计算得到概率结果的方法，这往往需要丰富的经验数据支持才可得到符合实际的结果。比较经典的精准推理算法包括消息传播算法、条件算法、联合树算法等。这些算法都是在贝叶斯网络的基础上，通过概率公式计算或结构转换等方式计算网络所有节点的后验概率。表3-5对上述三种算法进行了简单对比。

表3-5　精准推理算法对比（参考）

精准推理算法	含　义	特　征
消息传播算法	基于贝叶斯网络结构为网络节点分配处理机，并通过收集节点信息计算节点条件概率表及后验概率，并将结果向邻居节点依次传播	计算简单，传播路径长，只适用于单连通网络，对于多连通网络可能无法收敛
条件算法	通过条件节点实例化使得多连通网络结构满足单连通特性，并利用消息传递算法计算后验概率	计算复杂度较高，适用于小规模网络
联合树算法	通过将贝叶斯网络转换为联合树，并通过消息传递计算每个节点的后验概率	计算速度快，但计算复杂度随联合树最大团节点规模呈指数增长

（2）近似推理

对于比较复杂的概率推理问题或复杂的网络结构，精准推理可能难以获得精准的结果，此时可以考虑使用近似推理算法来克服一些精准推理无法解决的问题。近似推理算法主要在运行时间和推理精度之间采取了一些折中，力求在较短时间内给出一个满足精度的解。常见的近似推理算法主要有随机抽样算法、基于搜索的近似算法、模型简化算法等。表3-6对这三种算法进行了简单比较。

表3-6　近似推理算法比较（参考）

近似推理算法	含　义	特　征
随机抽样算法	通过抽样得到一组满足一定概率分布的样本，并进行统计计算	原理简单通用，适用于数据样本规模较大的推理问题
基于搜索的近似算法	将网络节点变量取值转换为状态空间，利用启发式搜索算法计算较大影响的状态，作为最终概率取值	算法的精度与所考虑的状态紧密相关，且推理结果受具体搜索策略影响
模型简化算法	通过消除小概率变量等方法简化模型，直至精准推理算法能有效运用	大幅度降低计算量，但对于大规模网络可能难以保证简化模型的有效性

3.7　元胞自动机

与贝叶斯网络相比，元胞自动机是一种描述复杂系统演化过程的简化数学模型，在多个领域有着广泛应用，如病毒感染、舆论扩散、信息传播和环境污染等。在工业信息安全跨域风险评估中，元胞自动机的应用十分成熟。具体来说，元胞自动机模型由多个具有有限离散状态的元胞组成，这些元胞遵循一定的规律或规则实现元胞状态的更新。进一步地，通过大量元胞间的相互作用最终实现动态系统的模拟演化。一般来说，元胞自动机模型具有以下性质[96]。

1. 同质性、齐性

同质性表示元胞空间中每个元胞变化都服从相同的规律，即元胞状态转换规则；齐性是指元胞的大小、形状和分布方式相同，空间分布规则整齐。

2. 空间离散性

空间离散性是指模型所有元胞在元胞空间中呈现一定规则的形式离散分布。

3. 时间离散

元胞自动机模型代表的系统在演化过程中是按照等间隔时间分步进行。时间变量 t 时刻的状态只对下一时刻产生影响。

4. 状态离散有限

元胞自动机的状态只能取有限个数的离散值。因此，在实际应用中，若是连续对象构建元胞自动机模型，则首先需要将连续变量进行离散化处理。

5. 时空局部性

从信息传输角度来看，元胞自动机模型中信息的传递速度是有限的。因此，每个元胞在下一时刻的状态，取决于其周围半径为 r 的邻域中所有元胞在 t 时刻的状态。

6. 维数特征

元胞自动机可认为是一类无穷维动力系统。模型的元胞空间通常是定义在一维、二维或多维空间的无限集。

为了表征上述的模型性质，元胞自动机模型主要包括元胞状态、元胞空间、元胞邻居和状态转换规则四个关键要素[97,98]。

（1）元胞状态

元胞又称为单元，是元胞自动机的基础，它可以分布在一维、二维或多维的离散空间中。另外，每一个元胞在固定时刻都有自己的状态值，可以用整数形式的离散状态集 $\{s_0, s_1, \cdots, s_k\}$ 表示。例如，在工业信息安全中，可以将系统节点状态分为正常状态和异常状态两种，并由外部环境因素变化实现元胞节点间的状态转换，如图 3-8 所示。

（2）元胞空间

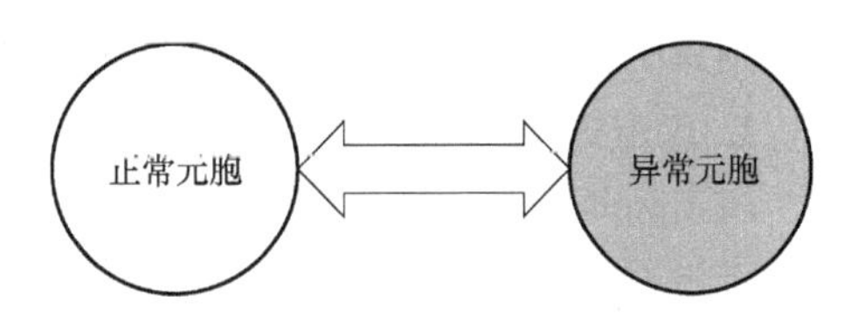

图 3-8　正常元胞和异常元胞间的状态转换

理论上，元胞空间是任意维数的欧几里得空间。在实际研究和应用中，一维和二维元胞自动机居多。随着维度的增加，元胞的空间结构可能有多种形式。对于一维元胞自动机，其空间划分只有一种。二维元胞自动机可以按照三角、四方和六边形网格排列。高维元胞的空间结构更多。图 3-9 展示了一维和二维元胞的空间结构。

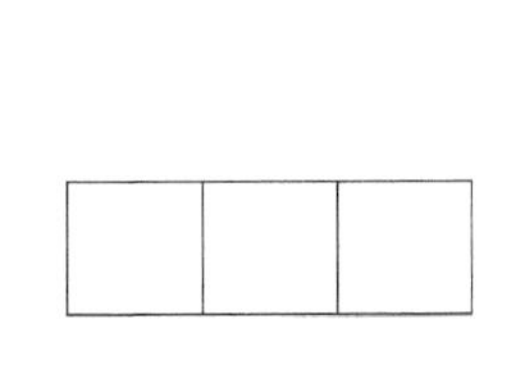
a）一维线性空间

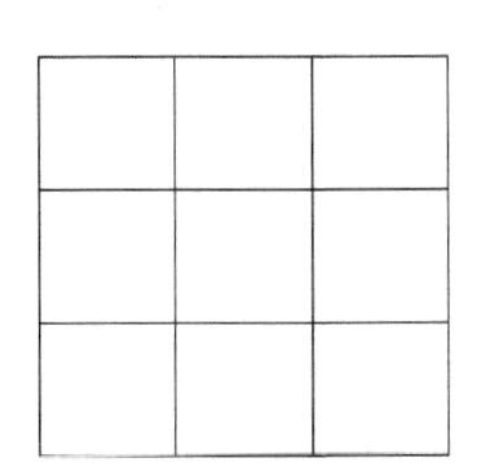
b）二维四方网格空间

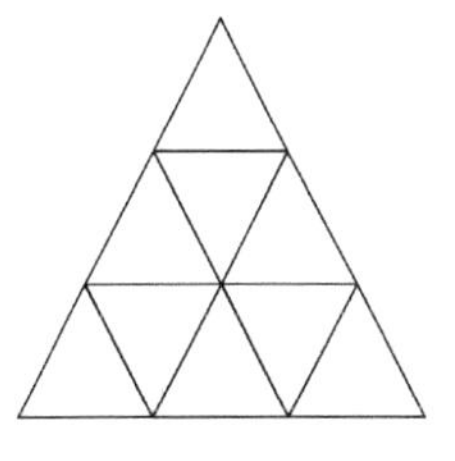
c）二维三角网格空间

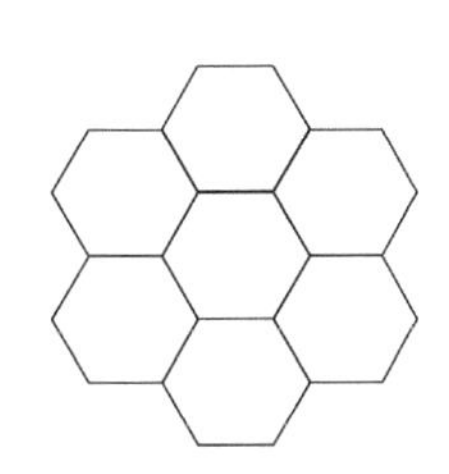
d）二维六边形网格空间

图 3-9　一维和二维元胞的空间结构

（3）元胞邻居

在元胞自动机的演化过程中，任一元胞的下一时刻状态取决于自身状态和它的邻居元胞状态。因此，定义元胞的邻居规则是分析元胞自动机演化的前提。一维元胞的邻居分布相对简单。二维元胞自动机的邻居结构包括 Neumann 型、Moore 型和扩展 Moore 型三种[98]。随着元胞空间维数的增加，邻居结构随着空间结构的增加愈发复杂。

（4）状态转换规则

状态转换规则是元胞自动机中元胞不同状态间相互转换的依据。在利用元胞自动机模拟复杂系统的动态演化过程中，每个元胞空间都应遵循其状态转换规则，实现元胞状态的更新。通过这种规律就可以预测元胞自动机演化规则的演化行为。

设计元胞自动机的状态转换规则是研究元胞自动机的重要方面，它需要充分考虑具体对象的运行规律，结合元胞自动机的模型结构，从而通过模型映射实际场景的运行过程。例如，利用元胞自动机模拟病毒传播过程，通常需要考虑正常元胞被感染的概率是否满足提前设定的阈值，如果达到，则元胞状态从正常元胞转为感染元胞。

通过上述对元胞自动机模型相关元素定义，即可利用模型对目标系统或网络进行模拟演化。一般地，元胞自动机模型的演化过程主要包括以下几个步骤。

1）确定初始演化状态和模拟仿真步数。

2）根据当前演化状态及元胞空间状态转换规则，更新下一时刻元胞状态。

3）重复步骤 2)，更新元胞状态，直至仿真结束。

3.8 其他方法

在面向工业系统的脆弱性评估中，除了上述方法，还有一些常见的方法通过攻击建模方式评估系统信息安全脆弱性，如攻击树、故障树、知识图谱、动态因果图等[94,99,100]。

1. 攻击树

攻击树是一种通过树状结构来描述系统可能受到的安全攻击行为间的依赖关系，从而实现攻击过程的表征。对于任意一个由攻击树表达的攻击事件，树的根节点是攻击者最终目标节点，叶节点表示具体的攻击行为，而其他节点是攻击的中间节点。一般来说，节点间的关系有“或”“与”和“顺序与”三种形式。

1）“或”关系表示任一子节点的获得都可以导致获取父节点目标。

2）“与”关系表示所有子节点的目标都获得后才可以导致获取父节点目标。

3）“顺序与”关系表示所有子节点的目标按顺序获取才可以导致获取父节点目标。

这三种节点关系的表示具体如图 3-10 所示。

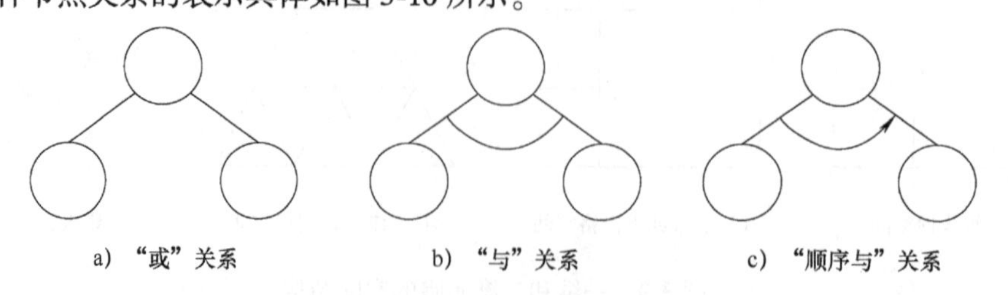

a）“或”关系　　b）“与”关系　　c）“顺序与”关系

图 3-10　攻击树中节点关系表示

2. 故障树

与攻击树类似，故障树是一种利用图形化方式分析的逻辑归纳方法。该方法利用安全事件知识、系统机理和运行特征等，建立故障树，定性分析系统可能面临的安全威胁的组合，从而对攻击事件或路径进行预判，常用于直接经验较少的风险辨识。进一步地，故障树模型主要利用事件符号、逻辑门符号和转移符号等表征事件逻辑关系。这些事件符号和连接事件的逻辑门共同组成故障树。常见的故障树符号如图 3-11 所示。

（1）矩形符号表示事件的结果，包括顶层事件和中间事件。

（2）圆形符号表示事件的原因，包括基本事件。

（3）与门符号表示多个输入事件同时发生才可产生输出事件。

（4）或门符号表示多个输入事件的其中一个发生即可产生输出事件。

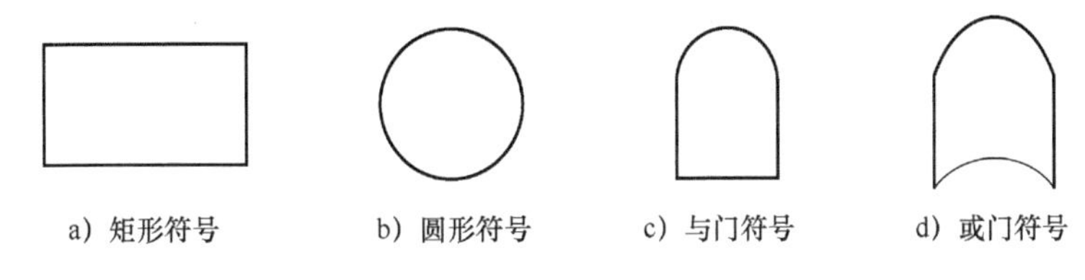

图 3-11　常见的故障树符号

3. 知识图谱

知识图谱是大规模语义网络的知识库，其特征是将现实世界中的实例以及属性作为节点，通过有向图的形式来对语义关系的节点和边进行知识表达，这种模式在大数据时代演化成表达和展现海量多源异构知识的图结构模式。知识图谱能够从多种数据源中进行实体、关系以及属性信息的抽取，实现多源信息的整合。在系统攻击路径预测中，知识图谱能够根据系统安全事件和攻击知识，进行多源异构数据整合，形成基于知识图谱的攻击模型，有利于推理潜在的攻击路径和不安全事件[101]。

4. 动态因果图

攻击树和故障树都是对攻击事件的静态定性分析。与之不同，动态因果图是一种利用图形动态表达事件间因果关系的理论方法。它继承了贝叶斯网络优势，采用模块化方式表达不同时间变量间的关系，主要包括基本变量、子变量和有向边三种要素。对于工业系统的安全问题分析，采用因果图分析方法可以直观找到不安全事件发生的原因，通过追踪溯源实现攻击路径的预测。同时，该方法可通过逻辑运算法则计算各基本事件对中间事件的影响，以实现对攻击路径的量化评估。

图 3-12 是由两个变量构成的简单的动态不确定因果图模型。其中，X 表示基本变量或基本事件，即事件的原因；Y 表示子变量或子事件，即事件的结果；两个变量节点间的有向边表明二者间存在因果关系，即 Y 是由 X 引起。

上述建模和分析方法原理各有差异，在实际应用中也都存在一些优势和不足之处。因此，研究人员需要考虑系统对象的特征以及安全需求等，选择合适的方法。

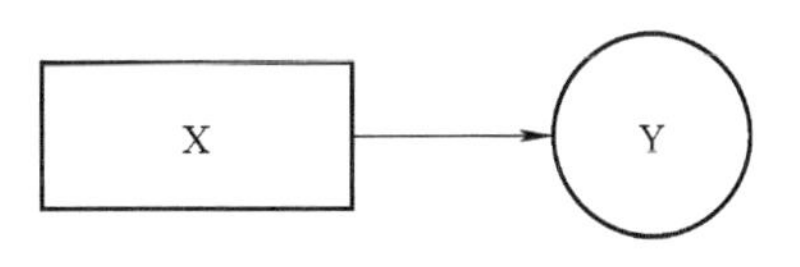

图 3-12　简单的动态因果图模型

表 3-7 对上述建模和分析方法进行了简单比较，仅供读者参考。

表 3-7　信息安全领域常见建模和分析方法比较

名　称	描　述	特　性
攻击树	采用树结构将攻击目标和方法表征为根节点和叶子节点，描述系统可能的攻击	简洁描述可能利用系统的攻击向量；只包含局部网络攻击信息，缺乏并发攻击建模表达能力
故障树	通过自上而下的逻辑图描述系统组件故障组合如何导致系统故障	能够详细列举安全事件的潜在原因；局限于识别单次攻击可能发生的位置，且侧重故障结果
贝叶斯网络	通过构建有向无环图描述系统可能的攻击过程	预测过程简单，概率推理稳定；需要先验概率进行模型学习，且预测结果与模型假设程度相关
Petri 网	通过系统状态标识和动作变迁表达来描述系统攻击执行动作，以及系统状态切换	较好地表示攻击状态、行为、具体过程，以及对应系统状态变化；未能充分考虑系统的网络拓扑结构
知识图谱	基于语义网络实现系统多源知识的关联和分析，用于描述基于攻击属性的多步攻击过程	关联匹配速度快，溯源准确；需要大量多源数据信息
攻击图	基于有向图方法描述攻击起点到攻击目标的所有可视化路径	考虑系统拓扑，并尽可能覆盖系统所有攻击向量；可扩展性较差，大规模场景描述存在状态空间爆炸问题
动态因果图	基于概率推理模型表征系统攻击过程中威胁因素和攻击后果间的不确定性关系，直观分析潜在攻击路径	定性表达攻击路径关联过程，定量评估攻击路径；完全基于概率模型，未考虑系统拓扑结构
强化学习	利用智能体模拟攻击者，通过实时获取环境信息确定最优攻击行为和路径	能够应对系统攻防动态变化的环境信息；需要进行攻击训练，对大型系统对象的收敛性和复杂性有待明确

3.9　小结

本章对工业信息安全脆弱性评估中可能用到的模型及方法进行了详细说明，包括 Petri 网、攻击图、强化学习、复杂网络、相依网络、贝叶斯网络和元胞自动机。除了这些方法之外，还对其他方法进行了简要说明。在脆弱性评估的研究中，选择合适的模型和方法发现系统潜在安全威胁和漏洞，预测漏洞被利用的可能路径，进而找出系统脆弱环节并量化分析，是实现工业系统脆弱性评估的关键。

第 4 章

5G 工业系统脆弱性评估体系架构

回顾第 2 章关于工业系统信息安全脆弱性的定义：工业信息安全脆弱性是网络攻击和系统安全防护攻防博弈作用下，工业系统结构和功能上抵御信息安全攻击的能力。5G 可满足工业发展对异构数据共网传输、工业现场网络灵活重构组网和无线通信等新的通信需求，但 5G 网络与工业的融合也会给工业系统信息安全带来新的挑战。为有效应对这种挑战，全面揭示 5G 工业系统信息安全脆弱性机理，需要完整的脆弱性评估体系架构支撑。本章从工业系统的 5G 网络部署方式入手，逐步分析其业务流的传输过程和安全威胁，讨论 5G 工业系统脆弱性评估需求和挑战，层层递进，最后给出完整的评估架构。本章内容具体包括：

- 工业系统中 5G 网络部署方式。
- 5G 工业系统业务传输和威胁。
- 5G 工业系统漏洞、攻击及脆弱性表征。
- 5G 工业系统脆弱性评估需求与挑战。
- 5G 工业系统脆弱性评估体系架构。

4.1　工业系统中 5G 网络部署方式

4.1.1　5G 工业系统通信需求

5G 网络的三大应用场景与工业互联网对通信网络的要求高度契合。在工业企业数字化转型过程中，企业往往基于现有工业通信网络，再用 5G 网络对系统进行改造升级，形成信息技术（IT）与运营技术（OT）融合的工业网络通信环境，为工业场景的各类业务提供安全可靠的服务。

工业系统中所需传输的业务数据主要分为三类，包括用于现场数据采集和控制执行的实时周期性过程数据、用于参数配置与监视控制的非实时非周期变量数据、用于现场工业及设备诊断报警的实时非周期报警数据等[102]。为此，不同业务数据的传输对工业通信网络提出了严格的通信要求，包括数据传输的实时性、确定性、可靠性、安全性等。5G 网络虽然通过网络切片、多接入边缘计算等技术的应用实现了统一环境下的多样异构业务端到端传输，但是工业系统不同业务的传输需求进一步决定着 5G 网络在工业系统中的应用方式。在基于 5G 的工业系统中，工业系统通信必须满足以上三类数据在实时性、数据量级、传输优先级及可靠性等多个指标的不同传输要求。表 4-1 是 5G 工业系统通信性能指标总结。

表 4-1 5G 工业系统通信性能指标总结

5G 工业系统通信性能指标	内　涵
通信时延	工业系统中业务传输的端到端时延。对于不同的业务，时延要求有所差异
可靠性	描述端到端传输的可靠程度，为系统业务传输提供有保障的网络服务
传输速率	数据在信道中传输的速度
连接密度	适用于工业现场海量异构传感器分布式互联场景，描述单位面积内连接可通信设备的数目
服务优先级	工业系统中安全服务、控制服务或管理服务等的优先等级，与 5G 网络资源管理和调度的先后顺序紧密相关

通信时延是工业系统各类业务传输的最基本的性能指标。为了保障系统的稳定运行，系统中异构设备信息和多种功能服务均需要在其规定时间范围内完成通信交互。不同工业应用领域对应的实时性要求如图 4-1 所示[103]。工业系统中一些同步设备间的交互协同控制对实时性通信的要求最严格。在一般的工业生产车间中，机床加工、机器人传送或拣送等应用需要毫秒级控制指令下发。毫秒级及秒级通信传输服务通常应用于一些简单控制或管理、存储类应用中。目前，业界普遍公认的 5G 空口时延可达到 1ms，因此可以支撑工业现场端到端时延要求在毫秒级的控制类业务场景。对于用于维持工业系统基本功能运行的设备类和管理类业务，5G 通信时延完全可以满足要求。可靠性一般用于衡量网络服务质量（QoS）保障能力，工业系统中不同应用场景的任务需求对网络可靠性也有相应的要求。例如，系统安全控制服务的传输可靠性通常期望达到 99.9%。在传输速率方面，5G 通信技术为工业系统各类业务提供了高速率传输服务，能够满足超高清视频流等大带宽需求业务的通信要求。对工业系统现场设备可能跨域几公里甚至几百公里的分布式部署场景，5G 的海量机器类通信（mMTC）应用场景可为现场设备提供海量异构设备接入的通信环境。

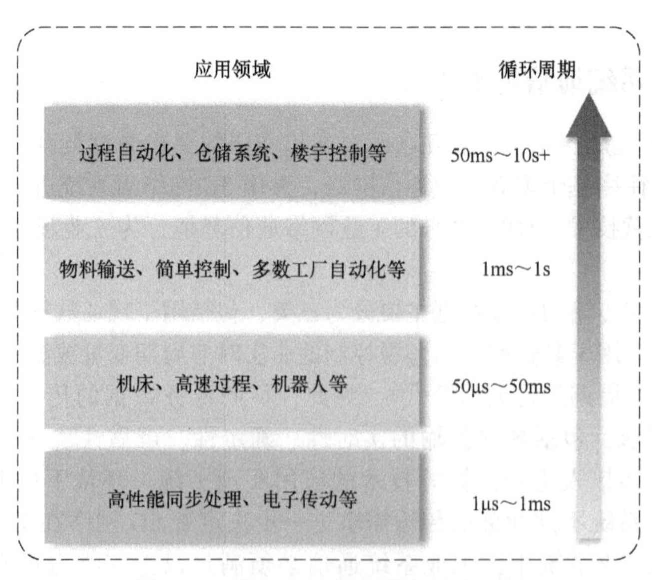

图 4-1 不同工业应用领域实时性要求

4.1.2　5G专网部署模式

为满足5G工业系统通信性能需求，工业系统在利用5G低时延、大带宽和海量连接传输能力的同时，也需要实现工业系统业务传输的安全管理、灵活可控。因此，5G技术赋能工业应用的前提是，需要搭建5G工业应用专网以提供差异化的定制服务，实现工业系统多类业务的共网多样化传输。一般地，5G通信网络架构主要由终端、接入网（基站）、承载网（传输链路）和核心网组成。其中，接入网通过无线传输方式负责终端用户数据收集；承载网负责数据的上下行传送；核心网分为用户面和控制面，其控制面通过划分和部署不同功能网元实现5G通信终端注册、认证、传输请求及传输等功能，而用户面是对业务数据收集和分析[104,105]，具体如图4-2所示。

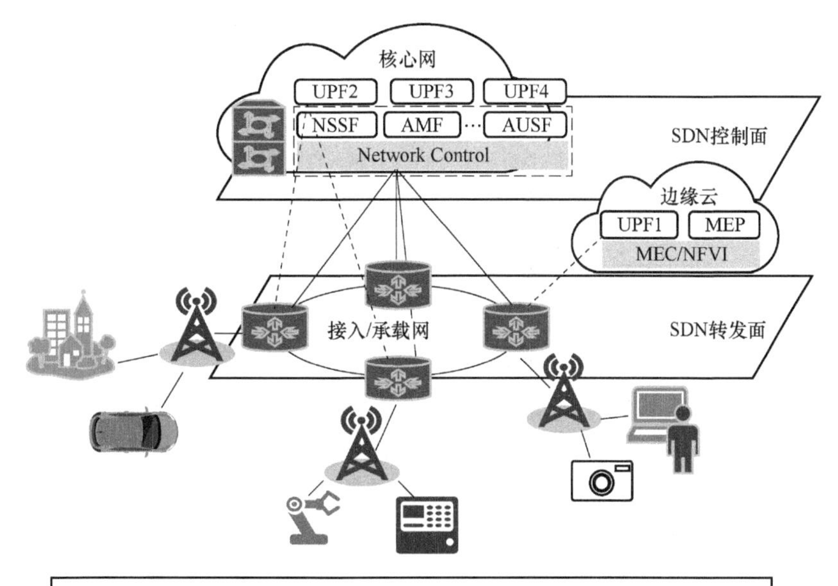

图中：

MEC：多接入边缘计算
NFVI：网络功能虚拟化基础设施
NSSF：网络切片选择功能
AMF：接入和移动性管理功能
AUSF：认证服务器功能
MEP：MEC平台
UPF：用户平面功能
---- 核心网用户面数据
—— 核心网控制面指令

图4-2　5G通信网络架构

从5G通信网络架构可见，5G网络在工业系统中的部署需要解决的核心问题是如何获得5G公网的资源。目前，5G网络在工业系统中的部署可以通过两种方式实现。一是部署物理隔离的专用网络（5G孤岛），这种网络独立于移动运营商的公共5G网络；二是通过共享移动运营商的公共5G网络资源来构建专用5G网络，这种情况就需要移动运营商为企业建立专用的5G网络。具体的部署模式分为虚拟专网、物理专网和混合专网[106,107]。

1. 虚拟专网

虚拟专网是指工业应用场景中的5G专网完全复用公网的资源，包括无线基站及频谱、传输网、核心网的用户面及控制面，如图4-3所示。在此基础上，工业系统内部5G专网和公共5G网络通过网络切片等安全技术隔离，实现专网业务数据和其他公共环境的逻辑分离[108]。虚拟专网通过公网的灵活切片配置，最大程度实现了5G公网设备和资源的复用，部署成本较低。然而，工业系统作为特殊安全要求的应用系统，采用虚拟专网部署模式将加大系统开放程度，相对来说更容易造成系统内部敏感数据泄露，从而引发安全事件[109]。

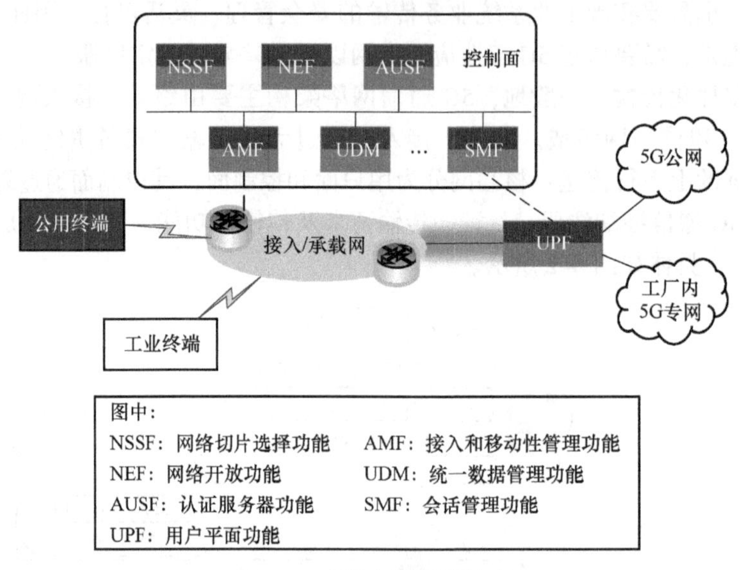

图 4-3　虚拟专网部署模式

2. 物理专网

物理专网力图为工业系统打造独立私有的一套网络通信环境，通过自主部署无线基站、传输网、核心网的控制面和用户面，实现与公网物理和逻辑的完全隔离，如图4-4所示。基于物理专网部署的5G工业系统，现场设备产生的数据流量通过私有的5G网络进行存储、管理和交互等操作，保证工业系统内部数据不向外泄露，数据的私密性和机密性得到保障。在实际应用中，虽然物理专网的部署模式更有利于工业系统安全，但是会使企业面临高昂的部署成本和维护成本。

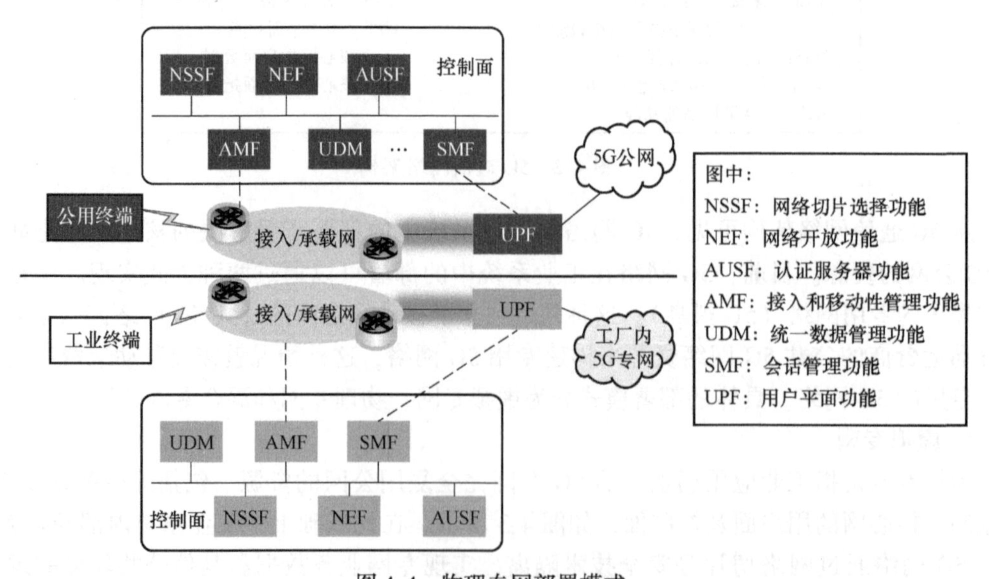

图 4-4　物理专网部署模式

3. 混合专网

与虚拟专网和物理专网不同，混合专网模式是工业系统与公用 5G 网络间共享部分 5G 网络资源，从而完成 5G 工业系统的组网。网络资源部分共享一般有多种组合方式，包括无线基站共享、承载网和核心网的控制面共享等。为了保证工业系统的安全运行，在成本有限的情况下，工业界通常选择基站（接入网）和核心网的控制面共享混合专网部署方式，并利用网络切片等技术实现工业专网和公共网络的数据分流，具体部署模式如图 4-5 所示。

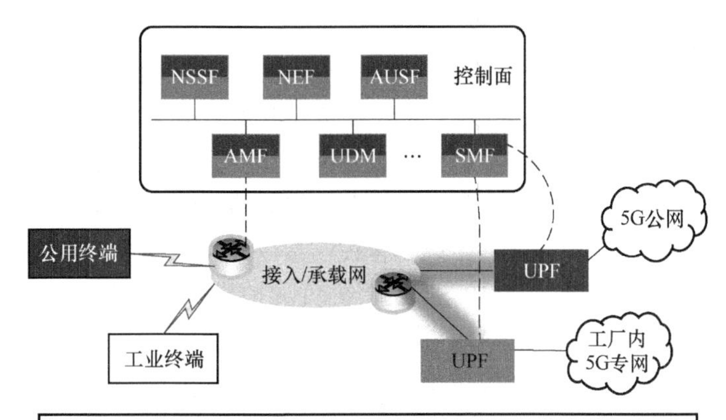

图中：
NSSF：网络切片选择功能
NEF：网络开放功能
AUSF：认证服务器功能
UPF：用户平面功能
AMF：接入和移动性管理功能
UDM：统一数据管理功能
SMF：会话管理功能

图 4-5　混合专网部署模式

表 4-2 是 5G 专网的三种部署模式对比。

表 4-2　5G 专网三种部署模式对比

部署模式	主要特征	适用场景
虚拟专网	优势：部署周期短、成本低 不足：业务数据对外泄露可能性大	适用于时延要求及安全性相对较低的工业应用领域
物理专网	优势：网络完全自主可控 不足：部署成本及运维成本高	适用于安全性和机密性要求极高的工业应用领域，如军事领域
混合专网	优势：部署成本和通信资源均可接受 不足：低时延保障与混合部署模式有关	适用于大多数工业应用领域

4.2　5G 工业系统业务传输和威胁

具体工业企业可根据自身数据通信需求、工程实施成本、移动运营商服务质量等多方面因素，综合考虑并选择合适的 5G 网络部署模式。本书以混合专网部署模式为例来分析基于 5G 通信网络的工业系统中业务流的传输过程，通过业务流的分析来进一步挖掘其安全威胁。

混合专网部署模式下，工厂 5G 专网中的 5G 终端和 5G 公网终端共享接入网（即 5G 基站）、承载网和 5G 核心网控制面。该模式下，部署在园区的多接入边缘计算（MEC）承担工业边缘云平台功能，不但保证了数据不出园区，而且有助于解决终端需将数据传送至核心网导致的时延增加问题。具体来说，5G 网络通过对控制面/用户面分离，将用户面（UPF）下沉至 MEC，满足工业园区内终端数据的严格实时性传输需求，如高可靠低时延通信（uRLLC）场景等。当超低时延数据流通过流量控制定向传输至 MEC 的 UPF 上，通过标准化接口与 MEC 第三方应用进行对接，如工业系统控制中心。另外，MEP 作为 MEC 平台，为 MEC 提供一系列功能，用以实现 MEC 应用在特定虚拟化基础设施上运行并提供移动边缘服务。

以 5G+工业装备场景为例，5G 混合专网部署下，不同业务传输需求的信息流有着不同的传输路径，具体如图 4-6 所示。5G+工业装备场景主要包括装备生产、装备质检和送检等环节。在装备生产过程中，现场多类传感器设备采集生产过程中的状态信息，并及时将这些工业现场数据信息通过 5G 无线链路直接上传至云平台进行管理。云端及 MEC 基于所采集的现场信息进行异常状态分析，然后生成告警控制指令下发至现场。装备质检结合机械臂和工业相机实现自动化实时质检。其中，工业相机负责拍摄并上传超高清图像至 MEC 平台，MEC 的控制中心则结合人工智能（AI）技术分析图像中的元件状态信息，完成具体检测算法或模型的匹配，并将检测模型下发至现场，控制机械臂完成装备质检。

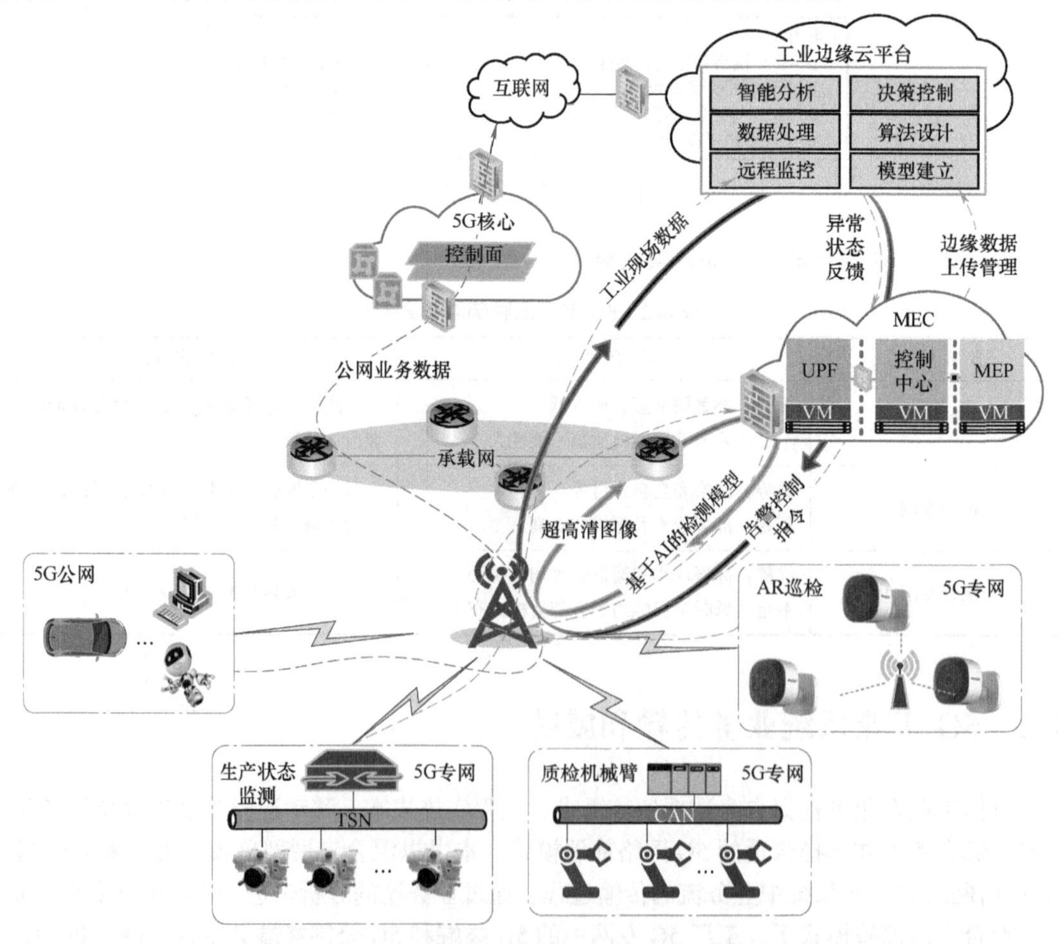

图 4-6　5G 混合专网部署下的工业装备场景业务传输过程

通过上述5G工业系统中多业务流的传输过程可见，5G网络在工业系统的应用改变了传统相对封闭的层级结构，使得工业系统多类业务的无线共网传输成为可能。在工业互联网背景下，基于5G通信的工业系统架构如图4-7所示，该架构主要由互联网上的工业云、工业边缘云平台、工业现场以及5G通信网络等组成。其中，工业边缘云平台是工业系统信息空间的升级，包括传统系统企业层和监控层等功能。物理域由工业现场中大量异构设备组件组成，实现工业生产运行。另外，5G网络作为工业系统信息-物理耦合交互的枢纽，由终端、接入网、承载网和核心网组成。虽然5G网络突破了传统工业系统中多域多层级通信不畅、移动设备不能自由接入等技术瓶颈，但是5G多业务通信的复杂性及网络拓扑组网的开放性也为系统多域集成交互引入了新的潜在安全风险。

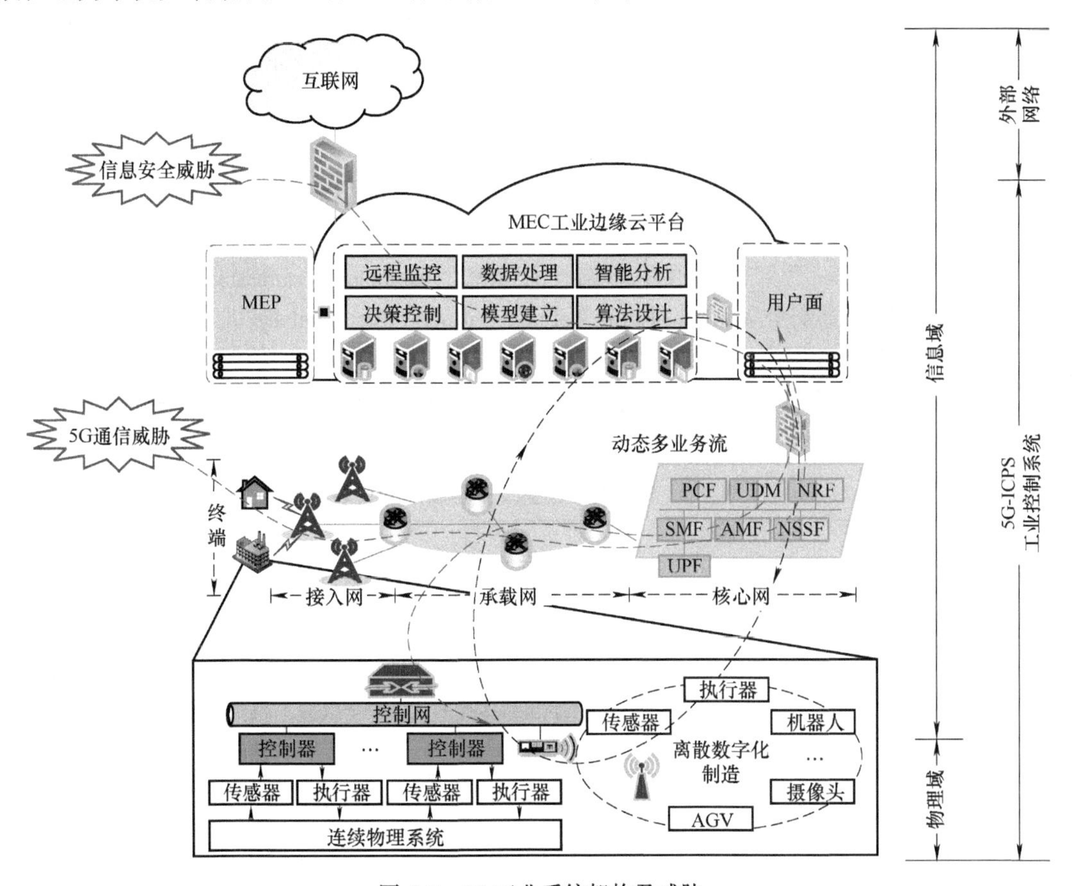

图4-7　5G工业系统架构及威胁

根据5G工业系统架构可以发现，基于5G通信的工业系统结构趋向扁平化，信息域和物理域紧密耦合，同时多种业务数据在同一网络交互形成动态闭环的多业务流。这种结构简单、开放但业务繁杂的特征使得系统信息安全防护难度加大，传统分区分层防护措施恐难以实施。另一方面，5G工业系统存在信息安全威胁和5G通信威胁并存的风险，而且系统架构开放使得更多攻击面被暴露。攻击形式多样化、攻击面多点暴露，对系统安全防护提出了更高的要求。因此，对于具有新通信特征和结构特点的5G工业系统，利用现有安全研究防护手段难以保障系统的安全，需要进一步明确5G工业系统的安全缺陷，才能针对性地提高系统的攻击抵御能力。

4.3 5G工业系统漏洞、攻击及脆弱性表征

4.3.1 5G工业系统安全漏洞

5G工业系统安全漏洞包括传统工业系统中存在的信息安全漏洞和5G通信引入的系统漏洞。

1. 传统工业系统信息安全漏洞

信息安全漏洞的来源通常可以分为两类。一类是在安全事件发生之前，研究人员从系统中挖掘出潜在的漏洞，并通过相关技术分析出漏洞的具体特征。这些漏洞数据一般存储在内部的知识库中供研究组织进行分析，部分公共漏洞通过上传至网络平台，给厂商提供安全支持。例如，西门子等供应商会对使用其设备的生产商提供相关漏洞说明及补丁，以避免发生重大安全事件。另一类漏洞是在安全事件发生之后才被发现。由于这些漏洞是先被黑客组织发现，因此往往在造成一定后果后研究人员才回溯出系统的漏洞来，如“深海之蓝”等漏洞。基于研究人员在挖掘和回溯漏洞方面的工作，相关信息安全研究组织将已发现的漏洞进行存储，形成漏洞库[110]。例如通用漏洞评分系统（Common Vulnerability Scoring System，CVSS）、中国国家信息安全漏洞库（China National Vulnerability Database of Information Security，CNNVD）、国家漏洞数据库（National Vulnerability Database，NVD）等，其他人员可查询漏洞库来获得相关漏洞信息。同时，不同的漏洞库基于相应的评估标准对安全漏洞的危害性进行定性或定量评估。表4-3梳理并对比了常见的工业信息安全漏洞库相关特征[111]。

表4-3 常见的工业信息安全漏洞库比较

数据库/字典	全　称	功　能	评估类型	评估结果
CVSS	Common Vulnerability Scoring System	提出一套通用的漏洞评估框架	定量评估	0~10
CNNVD	China National Vulnerability Database of Information Security	面向国家、行业和公众提供灵活多样的信息安全数据服务	定性评估	低危、中危、高危、紧急
NVD	National Vulnerability Database	基于CVSS的标准漏洞管理数据库	定性评估	Low，Medium，High
CVE	Common Vulnerabilities and Exposures	为公开的安全漏洞统一命名	/	/

工业系统中的安全漏洞具有多样化，根据攻击来源可以分为本地利用漏洞和远程利用漏洞；根据危险等级可以分为高危漏洞、中危漏洞和低危漏洞；根据漏洞所在设备类型可以分为组态和数据采集类软件漏洞、应用类软件漏洞和工控设备漏洞等；根据漏洞类型又大致分为缓冲区溢出、拒绝服务、信息泄露、跨站脚本、SQL注入等。表4-4从漏洞利用动机角度简要概述了工业系统中常见的漏洞类型、攻击方式和潜在设备组件。Gonzalez等[112]对由277个供应商开发的988个针对工控系统的漏洞咨询报告进行了深入分析。结果显示，人机界面、数据采集与监视控制系统（SCADA）软件和PLC是受影响最大的组件[113]。工业系

统信息安全事件的统计结果和这个分析结果一致，大部分是系统中PLC、SCADA等核心设备和系统遭受黑客精心设计的恶意入侵，并且造成了巨大的经济损失和社会影响。因此，对于工业系统来说，信息安全漏洞的存在是影响系统安全运行的致命隐患。针对安全事件发生前的漏洞如何进行系统维护，针对安全事件发生后识别的未知漏洞如何缓解其影响，都需要结合系统脆弱性的分析和评估来进一步明确其防护策略。

表4-4 工业系统常见的漏洞类型、攻击方式和潜在设备组件

漏洞类型	含义	攻击方式	潜在设备组件
输入验证漏洞	未进行输入数据的合法性验证	恶意代码执行	SCADA、PLC、无线网关等
路径遍历漏洞	接收未经合理校验的用户参数，用于文件读取查看等相关操作	恶意代码执行	HMI、SCADA等
绕过认证漏洞	无法正确检查用户身份或完全绕过身份验证	配置修改、越权访问	PLC、通信设备等
缓冲区溢出漏洞	向程序缓冲区输入的数据超过规定长度以造成执行混乱	任意代码执行	PLC等
跨站脚本漏洞	未能对输入数据进行正确过滤	跨站脚本攻击、恶意代码执行	工业以太网交换机等
未授权访问漏洞	缺乏权限认证或授权功能引发信息泄露	非法访问、参数错误配置	SCADA、控制器等

2. 5G通信引入的漏洞

与3G、4G等蜂窝通信技术相比，5G在通信性能上有了大幅改进和提升，一些安全机制的部署也得到了增强。然而，5G通信网络仍然可能存在未知安全风险。通信领域的学术界和产业界已在5G通信网络安全测试和漏洞挖掘方面开展了研究和探索。例如，解晓青等人提出了5G网络安全渗透测试框架和方法，提出从终端到基站，进一步渗透多接入边缘计算（MEC）以及核心网的渗透攻击路线，具体如图4-8所示[111]。基于5G通信网络的拓扑组成，5G通信网络安全漏洞大致分为终端漏洞、接入网（基站）漏洞、核心网漏洞。5G通信网络涉及多项技术，这些技术本身存在的一些安全隐患，包括5G通信协议、网络功能虚拟化（NFV）、软件定义网络（SDN）、多输入多输出（MIMO）和网络切片等，也可能成为5G网络的漏洞。同样，在5G工业系统中，5G网络漏洞也是系统潜在威胁源。攻击者可以利用这些5G通信漏洞实现通信攻击，从而干扰系统中业务交互过程。除了5G通信网络本身可能的漏洞外，5G通信也可能给工业系统带来新的未知风险，从而引入新的漏洞，这类漏洞可能出现在5G用户侧软硬件设备中，以及工业系统5G通信过程中。

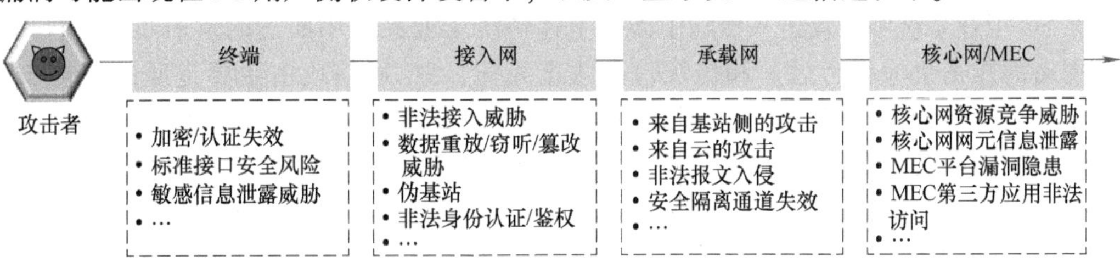

图4-8 5G网络渗透攻击路线

4.3.2 5G工业系统攻击行为

5G工业系统包括信息域、5G通信网络和物理域。针对5G工业系统的攻击最终目的通常是要渗透到物理域并干扰控制系统的正常运行。因此，攻击者可以将信息域组件或5G通信网络局部区域作为攻击入口发起攻击，并逐步渗透至系统物理域。从4.3.1节的分析可知，5G工业系统信息域中存在安全漏洞较多的设备包括人机界面、SCADA和PLC等系统组件，攻击者倾向于将它们作为直接攻击目标发起攻击。类似地，4.3.1节中指出的面向5G网络的攻击渗透路线表明，针对5G通信网络的攻击目标包括5G终端、接入网、承载网和核心网等。

5G工业系统可能不仅遭受来自传统信息网络的攻击，还面临来自5G通信过程的新型未知攻击。针对工业系统的攻击往往是扰乱系统组件正常行为或阻塞交互通信。从信息安全三要素角度来分，可将5G工业系统的攻击分为可用性攻击、完整性攻击和机密性攻击三类。为了达到攻击目的，攻击者可能采用多种攻击手段破坏5G工业系统的可用性、完整性或机密性。表4-5对典型攻击行为进行了大致分类，实际中不限于这些恶意行为。

表4-5 5G工业系统攻击行为大致分类

攻击类型	具体行为	可能的攻击目标
可用性攻击	拒绝服务式攻击	5G通信网络、系统组件
	切片资源消耗	5G网络切片
	…	…
完整性攻击	中间人攻击	组件交互信道、5G通信等
	欺骗攻击	系统组态或软件、控制信道等
	重放攻击	5G通信等
	…	…
机密性攻击	信息扫描	系统组件等
	…	…

为了达到破坏现场系统正常运行的目的，攻击者一般采取多步攻击行为，从而实现从系统外部向系统内渗透入侵的过程。在传统工业系统中，要实现攻击目标，往往需要完成五步：①网络渗透；②攻击者权限提升；③破坏系统功能；④引发危险事件；⑤造成物理损害。在5G工业系统中，攻击入侵除了涉及上述传统工业系统中所需的攻击步骤，针对5G通信网络的攻击也应被考虑。和传统信息攻击相比，5G通信攻击主要是通过破坏5G网络的业务交互过程，造成5G工业系统信息域和物理域间信息交互不及时、错误指令接收或通信中断等异常情况，最终间接破坏现场系统的正常运行。针对5G工业系统的攻击步骤如图4-9所示。总体来说，和一般工业系统相比，针对5G工业系统的直接行为更加多样，攻击步骤和攻击目标增多，攻击面扩大。因此，攻击的变化也更大，即攻击路径更多。

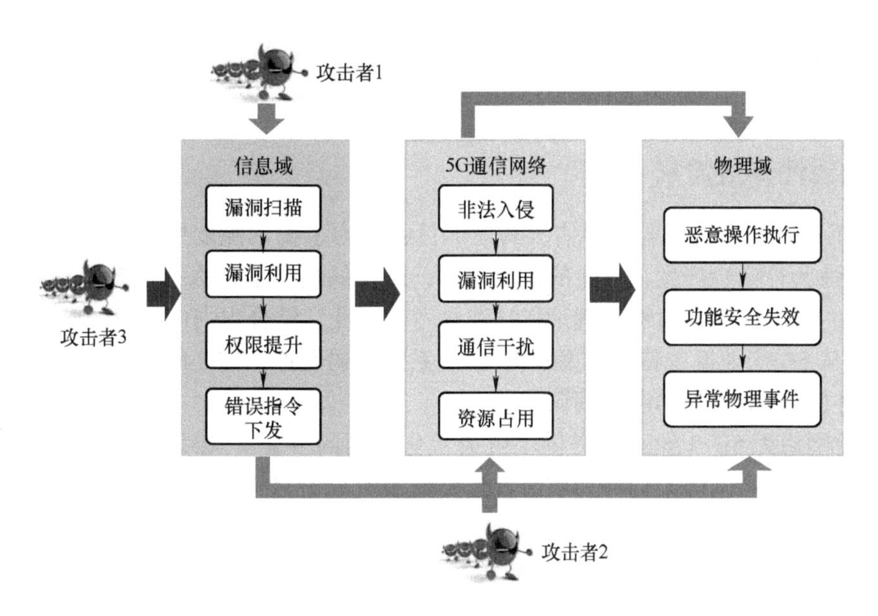

图4-9　针对5G工业系统的攻击步骤

4.3.3　脆弱性表征

本书中工业信息安全脆弱性是指网络攻击和系统安全防护攻防双方博弈作用下，工业系统结构和功能上抵御信息安全攻击的能力。因此，系统脆弱性指标中应能反映系统面对攻击时结构上的适应能力，同时需能反映系统功能在攻防对抗下的应对能力。

从结构上来说，5G工业系统是典型的扁平化系统结构，信息域和物理域通过5G网络紧密耦合，业务流在信息域节点和物理域节点的双向交互过程中形成闭环。因此，在设计脆弱性评估指标时，应充分考虑5G工业系统这种特殊的结构特性。从功能上来说，5G工业系统的脆弱性评估指标应能直接反映系统应对网络攻击的能力。从资产角度来看，5G工业系统由大量相互作用的资产共同构成。攻击作为安全威胁的一种具有目的性和主动性的表现形式，其作用结果通常是造成系统资产损失。因此，可以认为资产损失程度（危害性）是5G工业系统脆弱性的表征因素之一。系统危害性和脆弱性呈正向趋势，即危害性越大，脆弱性越高，系统对外部干扰作用越敏感。

为了应对外来攻击作用，保障系统的安全运行，一系列信息安全标准、政策和法规依次出台，为工业系统提供安全保护基本标准和要求。在实际运行中，工业系统应部署常规防火墙、安全审计等网络安防设施，具备抵抗网络攻击的基本能力。因此，攻击的难易程度可直接反映系统信息安全的应对能力，即抵抗性。它是5G工业系统脆弱性的另一表征因素。系统抵抗性和脆弱性呈反向关系，即抵抗性越高，脆弱性越低，系统对外部干扰敏感性低。

攻击所造成的资产损失和实施攻击的难易程度都从某一侧面反映了5G工业系统的脆弱程度。因此，系统脆弱性评估指标应结合两个表征因素，设计能直接反映系统应对能力的综合衡量指标。

4.4 5G 工业系统脆弱性评估需求与挑战

4.4.1 脆弱性评估需求

对5G工业系统进行脆弱性评估，其根本目的是为了揭示脆弱性机理，即弄清楚5G工业系统脆弱性为什么会产生，产生的过程如何，产生的结果是什么，在此基础上给5G工业系统的安全防护提供有针对性的理论依据和参考。因此，结合本书中给出的工业信息安全脆弱性定义，从5G工业系统特征出发，5G工业系统脆弱性评估需要解决以下三个问题。

1. 挖掘5G通信引入的潜在漏洞

5G通信网络为5G工业系统提供了可灵活化组网的多业务无线通信服务，但其新的业务场景、技术特征和网络架构将为攻击者提供更多的攻击目标。对于5G通信网络而言，其通信漏洞存在于多个环节，包括空中接口、终端、基站、承载网、核心网、网络切片等[114]。攻击者可以利用这些目标中漏洞发起安全攻击，如非法授权接入、非法窃听、越权访问、资源滥用、重放攻击等。一旦攻击成功，这将造成5G网络通信异常，甚至通信崩溃。对于基于5G网络的工业系统来说，这将进一步影响系统正常的业务传输和安全控制，造成不安全事件的发生。因此，在5G工业系统中，除了传统工业系统中的安全漏洞外，5G通信引入的未知漏洞是5G工业系统脆弱性发生的直接原因。

2. 明确漏洞利用的攻击渗透过程

5G工业系统包含多种信息安全威胁，从威胁源头来看主要包括传统信息安全威胁和5G通信威胁。5G工业系统脆弱性发生的过程就是攻击者利用信息安全漏洞或5G通信漏洞实现对系统的逐步入侵，最终达到攻击目标的过程。揭示工业系统中信息攻击的入侵渗透过程，一般是通过攻击建模的方式实现潜在攻击路径预测。然而，在5G工业系统中，5G通信网络引入的漏洞未知，面向5G的攻击传播机制和传统信息攻击也存在本质区别，需要新的方法对5G通信威胁下的攻击渗透过程进行预测和描述。

3. 从系统工程角度全面表征5G工业系统脆弱性

工业系统信息安全脆弱性是网络攻击和安全防护共同作用下系统对外的综合表现。现有的工业系统脆弱性评估技术或是从系统信息层出发，结合信息安全漏洞要素开展量化评估，评估局限于信息攻击过程；或单纯从攻击视角出发，未考虑系统安全防护能力对安全威胁的约束和限制，脆弱性表征指标单一。工业系统信息安全防护过程本质是攻防双方之间的博弈[115]，5G工业系统脆弱性表征应是攻击行为和防御能力共同对抗的结果。因此，面向5G工业系统的脆弱性应从系统工程角度出发，从结构和功能两方面，结合攻击和防御两个视角，全面评估系统整体的脆弱性。

4.4.2 脆弱性评估挑战

5G工业系统面临安全威胁未知、体系结构更加开放、攻击点暴露等严峻安全挑战。结合5G工业系统脆弱性评估需求，其脆弱性评估仍存在以下挑战：

1）为全面揭示系统信息安全脆弱性机理，需结合攻击渗透过程，构建多维视角下的脆弱性评估体系。

2）5G通信网络涉及多种新技术和复杂协议，难以建立精确的5G通信网络模型。为了挖掘5G通信引入的未知漏洞，结合5G通信机制，实现对网络行为的抽象表达是5G系统漏洞挖掘和明确安全威胁来源的基础。

3）5G工业系统不仅面临传统信息攻击，还可能遭受5G通信攻击甚至组合攻击作用。为了明确这些攻击场景下系统脆弱点或脆弱环节，需要构建一种能够实现多类攻击行为统一描述的攻击模型，以实现攻击传播路径的预测。

4）5G通信网络作为系统信息域和物理域的交互桥梁，其网络与系统的关联关系直接影响了系统多类攻击传播的危害程度。如何依据系统拓扑结构，准确描述5G网络中信息域和物理域的交互耦合关系，是实现多域脆弱性融合评估的关键。

4.5 5G工业系统脆弱性评估体系架构

5G工业系统信息脆弱性评估不仅针对系统特定的固有缺陷进行分析，还从系统工程角度出发，面向系统全生命周期过程，分析和量化系统不同状态下的脆弱程度。结合5G工业系统结构特点、攻击行为特点以及脆弱性评估需求，本书给出5G工业系统脆弱性评估体系架构，如图4-10所示。

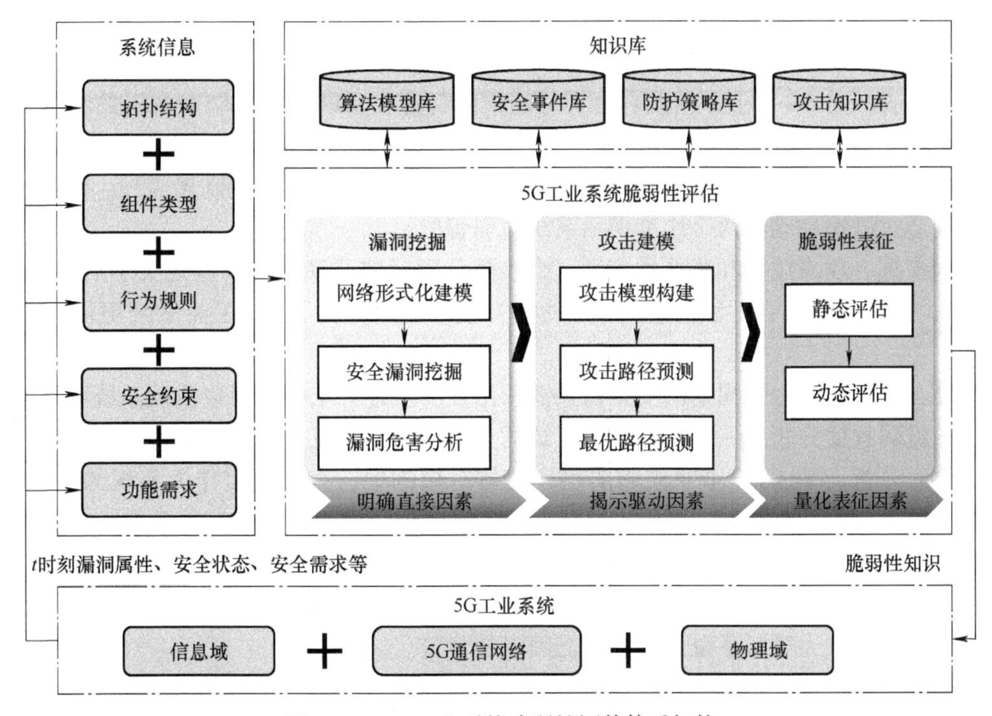

图4-10 5G工业系统脆弱性评估体系架构

该体系架构包括5G工业系统、系统信息、知识库和5G工业系统脆弱性评估四个模块。系统信息模块中存储系统拓扑结构、组件类型、行为规则、安全约束和功能需求等基本信息，为脆弱性评估提供必要的预备知识。同时，一些算法模型、攻防信息等资源储备在知识库，为脆弱性评估理论方法的选择和基础信息的输入等提供数据信息。最后，评估模块通过漏洞挖掘、攻击建模和脆弱性表征生成脆弱性知识，并反馈至系统对象，帮助系统实现准确、有效的信息安全防护。

为揭示系统信息安全脆弱性机理，结合攻击渗透过程，5G 工业系统脆弱性评估围绕“找出潜在漏洞在哪里、漏洞如何被利用、被利用后造成的后果是什么”这三个问题，形成“漏洞挖掘→攻击建模→脆弱性表征”的研究流程。

1. 漏洞挖掘

在脆弱性评估模块中，漏洞挖掘通过识别 5G 通信引入的未知漏洞，分析其对系统的威胁危害，为后续脆弱性评估提供直接因素信息。为了实现这一目标，需要构建 5G 网络和 5G 工业系统的模型，分析攻击环境下 5G 通信异常对系统运行的影响。然而，由于 5G 通信协议和行为的复杂性难以通过精确的模型表征，采用形式化建模有利于实现对 5G 网络和系统行为的抽象表达。在此基础上，通过攻击渗透方式挖掘 5G 通信引入的未知漏洞，并在系统模型验证和分析漏洞危害。

2. 攻击建模

一旦安全漏洞被利用，极易形成攻击路径入侵至系统内部，这些被攻击的关联节点往往是系统的关键脆弱环节。在工业系统的脆弱性评估中明确关键脆弱环节是提供针对性防护的前提。为此，需要通过攻击建模方式有效预测系统潜在攻击路径和最优攻击路径，辨识关键脆弱环节，为系统脆弱性综合评估提供理论支持。

3. 脆弱性表征

脆弱性表征是 5G 工业系统脆弱性评估的最终目标，反映系统攻防对抗下的结构和功能上抵御信息安全功能的能力。一般来说，工业系统的结构在前期设计后则保持不变，这是一种静态的表征。系统的功能特性与外部环境因素紧密相关，是系统的动态表现。因此，脆弱性表征需通过静态和动态两个维度揭示系统脆弱程度。

漏洞挖掘、攻击建模和脆弱性表征三个步骤分别对应了系统脆弱性定义中的直接因素、驱动因素、表征因素，以及它们之间的关联关系，全面反映了 5G 工业系统脆弱性的核心要素。

另外，从系统全生命周期的安全防护需求出发，上述评估框架可以实现系统不同阶段和状态下的脆弱程度分析。一般地，工业系统的全生命周期信息安全研究分为事前分析、事中分析和事后分析。在 5G 工业系统脆弱性评估体系架构中，直接因素作为系统的固有属性，通常在事前分析阶段（$t=0$）被有效识别。在事中分析阶段（$t=t$），系统常常面临各种安全威胁和风险。在这种情况下，需要分析脆弱性驱动因素如何根据直接因素特征对系统造成不利影响。事后分析阶段（$t=t+\Delta t$）更多是以维护系统安全运行为目标，对系统全局状态进行评估，这也可认为是对系统脆弱性表征因素的评价。

4.6 小结

本章首先介绍 5G 工业系统中 5G 网络的部署模式及业务流的传输过程；然后围绕工业信息安全脆弱性定义中的三大核心要素，分别讨论 5G 工业系统脆弱性评估中这些因素关联的具体内容。在此基础上，给出了 5G 工业系统脆弱性评估体系架构。

第 5 章 5G 工业系统安全漏洞挖掘

为了剖析 5G 工业系统中由于 5G 通信引入的漏洞，分析这些潜在漏洞的危害影响，本章从工业系统常见的漏洞挖掘技术出发，梳理工业系统漏洞挖掘技术及研究现状，根据当前现状和 5G 工业系统特征，明确开展 5G 工业系统漏洞挖掘的方法框架。在此基础上，分析 5G 工业系统特征和 5G 通信网络行为，通过形式化建模、攻击渗透挖掘 5G 通信引入的系统漏洞。本章讨论的主要内容包括：

- 工业系统漏洞挖掘。
- 基于 Petri 网的 5G 工业系统形式化建模。
- 5G 工业系统安全漏洞挖掘。

5.1 工业系统漏洞挖掘

本节首先对漏洞挖掘技术进行分类，在此基础上，分析工业控制系统漏洞挖掘研究现状及趋势，最终讨论面向 5G 工业系统的漏洞挖掘方法。

5.1.1 常见的漏洞挖掘技术

漏洞挖掘技术主要用于对目标系统的安全缺陷或隐患进行分析和测试。漏洞挖掘技术有多种，针对技术的执行特征可以分为静态分析和动态测试两方面[116,117]，如图 5-1 所示。

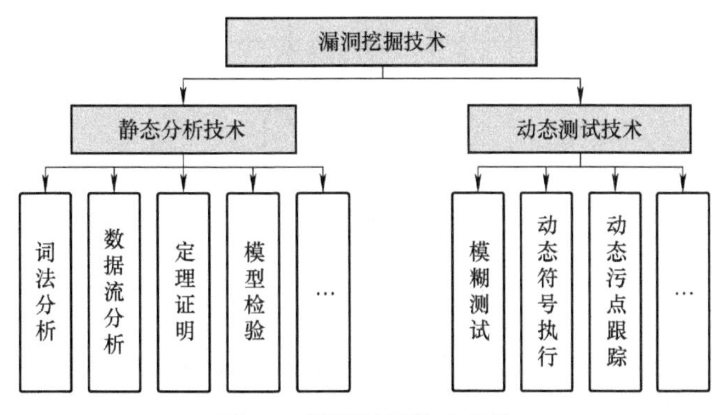

图 5-1 漏洞挖掘技术分类

1. 静态分析技术

静态分析技术是指在目标系统非运行的静态情况下，通过词法、语法、语义等发现系统硬件设备固件或软件组件的安全漏洞或隐患。一般来说，静态分析技术主要有词法分析、数据流分析、定理证明、模型检验等[118]，目前主要应用于IT系统的软件源代码的安全检测。这类方法无需构建运行环境，资源消耗低、分析效率高。尽管静态分析技术相对简单，但对于大规模或复杂代码无法进行深层次的分析，容易出现较高的漏报和误报。

（1）词法分析

词法分析是静态分析技术中最基础的方法。它通过访问现有数据库的危险函数等内容，检查源代码是否存在符合已知特征的函数并发出警报，实现对源代码语法的安全检查[119]。词法分析包括预处理、特征分析和报告生成三个阶段，通过对源代码的预处理，分析可能存在的危险函数。在此基础上，结合已知漏洞数据库，通过特征分析判断函数危险等级，最终根据判断结果生成报告。具体流程如图5-2所示。

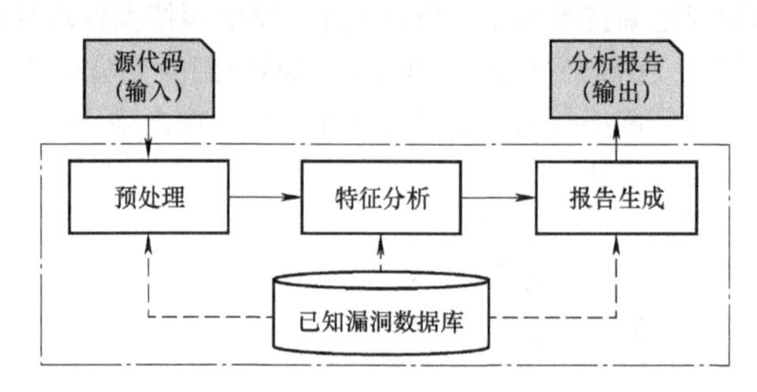

图5-2　词法分析流程

（2）数据流分析

数据流分析是一种根据源代码执行路径上的数据流流动信息进行分析的方法。该方法首先对源代码进行代码建模，再结合漏洞分析规则，利用抽象语法树、控制流图和调用图等方式进行数据流分析，最终获得检测分析结果。具体流程如图5-3所示。

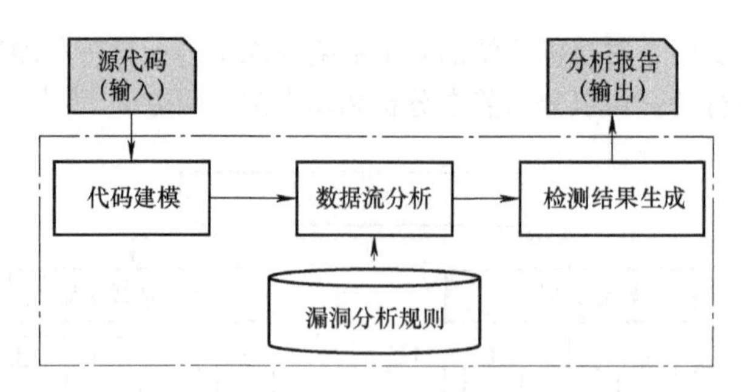

图5-3　数据流分析流程

（3）定理证明

定理证明是一种形式化验证方法。形式化验证的含义是根据某个或某些形式化规范或属性，使用数学的方法证明其正确性或非正确性。定理证明首先把系统代码提取成抽象的数学模型，然后通过演绎推理得到想要验证的结果[120]。具体流程如图5-4所示。若验证失败，则说明模型存在非正常情况。虽然基于数学公理的推导证明保证了验证的严谨性，但目前没有很好的办法保证源代码与验证代码之间的转换一致性，另外，该方法实现成本高，自动化水平低，正确性也很难得到保证。

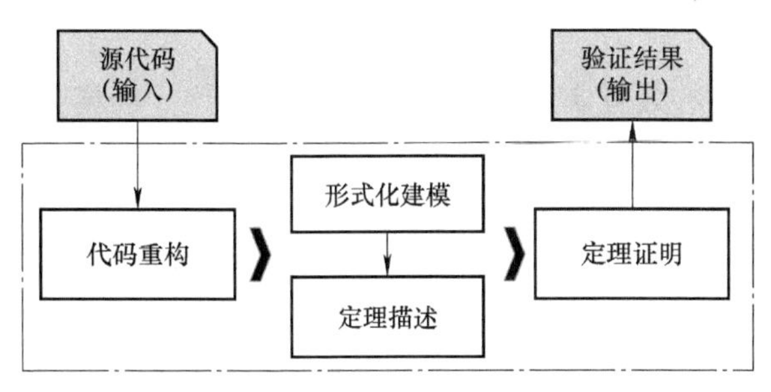

图 5-4　定理证明流程

（4）模型检验

模型检验通过将源代码的执行过程抽象为状态迁移模型（如状态机、有向图等），结合状态迁移的安全属性验证来判断源代码的安全性。该方法虽然能够对模型状态开展全覆盖分析，实现安全验证的全自动化，但是由于所有状态均需枚举，其存在状态空间爆炸且计算能力受限等问题。对于复杂软件的漏洞挖掘，模型检验处理难度较大。

2. 动态测试技术

动态测试技术是指在目标系统运行情况下，通过构造非正常的输入来检测系统是否会出现运行故障或执行错误等异常输出，并进一步分析内部运行状态信息来检测具体缺陷位置及原因。一般来说，动态测试技术可以分为模糊测试、动态符号执行和动态污点跟踪等技术方法。该类方法是在实际运行的环境中发现问题，所以分析准确率高、误报率低。但是，和静态分析技术相比，动态测试技术资源消耗相对较高。

（1）模糊测试

模糊测试是一种检测安全漏洞的半自动或自动化测试技术，它通过向目标软件输入畸形数据并监测目标系统的异常来发现潜在漏洞。一般来说，模糊测试的基本工作流程包括预处理、输入构造、输入选择、评估和结果分析五个环节[121]。该方法的具体流程如图 5-5 所示。

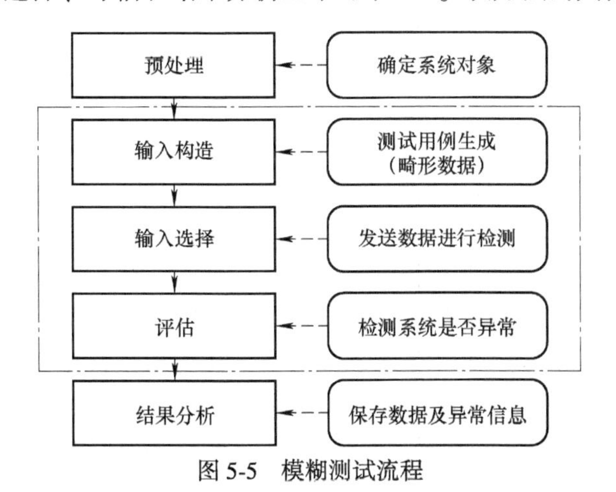

图 5-5　模糊测试流程

（2）动态符号执行

动态符号执行是一种程序分析技术，它通过符号表达式来模拟代码的执行，将程序的输出表示成包含这些符号的逻辑或数学表达式，从而进行语义分析。在符号执行过程中，执行路径的增加往往是指数级的，因此极易导致路径状态空间的爆炸问题。

（3）动态污点跟踪

动态污点跟踪是一种有效且实用的信息流分析方法[122]。和模糊测试相比，该方法更关注测试代码内部指令的真实执行过程，通过追踪执行过程中的输入数据来发现是否存在安全敏感操作，最终分析污点导致的潜在安全缺陷。

综上可知，静态分析技术和动态测试技术都可以通过不同方式挖掘目标对象潜在的安全隐患及漏洞。然而，由于方法原理不同，这些方法各有优势和不足。在实际漏洞挖掘中，研究人员需要结合具体目标或应用对象的特征和需求，选择合适的方法开展分析。表 5-1 对比了静态分析和动态测试两类漏洞挖掘技术。

表 5-1　漏洞挖掘技术比较

技术分类	优　势	不　足	主要方法	检测工具
静态分析	资源消耗小、检测时间短、代码覆盖率高、发现早期的固有漏洞	缺乏深层次分析能力、误报率高	词法分析	Checkmarx、ITS4
			数据流分析	Coverity、Klockwork
			定理证明	Pixy
			模型检验	MOPS 等
动态测试	误报率低、精准率高、检测运行中的漏洞	资源消耗大、检测时间长	模糊测试	SPIKE、Peach
			动态符号执行	KLEE
			动态污点跟踪	Pin、Dynamo

5.1.2　工业系统漏洞挖掘研究现状及趋势

工业系统的硬件设备和软件组件中都存在大量的安全漏洞，网络攻击者往往利用这些漏洞来危害系统的稳定运行，引发安全事件。因此，为了从根源上遏制网络攻击，漏洞挖掘研究工作十分重要。

工控系统信息安全领域的国内外相关标准指南已经对常见潜在安全漏洞进行了总结。2016 年，《工业控制系统安全控制应用指南》（GB/T 32919—2016）从策略和规程、网络、系统平台三个方面概述工控系统存在的安全漏洞。2020 年，《工业控制系统信息安全防护建设实施规范》（T/CESA 1100—2020）将系统脆弱性定义为系统存在的固有的、静态安全漏洞，并指明可通过漏洞扫描工具定性判别具体漏洞。类似地，美国国家核安全部发布 *Common Vulnerabilities in Critical Infrastructure Control Systems*（《关键基础设施控制系统中的常见漏洞》）指南中从控制系统关键基础设施的数据、策略、架构、网络和平台五个方面总结了目前常见的安全漏洞[123]。除此之外，相关研究者进一步对系统具体对象的安全漏洞进行了归纳总结。M. Zolanvari 等人[124]针对工控系统四种通用的协议机制，包括 Modbus、BACnet、DNP3 和 MQTT，从完整性、可用性、机密性、认证和授权五个角度分析协议可能存在的安全缺陷，并根据安全漏洞指出可能的攻击方式。Upadhyay D 等人[125]面向数据采集与监视控制（SCADA）系统的产品软件、系统配置以及网络协议等具体对象，在已有研究工作基础上梳理了 SCADA 系统的潜在漏洞和攻击目标区域，并提出了相关缓解措施。类似地，赖英旭等人[57]根据传统工业控制系统的层次架构，对现场控制系统各类设备和通信协议、监控网络管控需求和工业应用软件、开放互联的企业管理网络三个方面简要阐述了可能的安全隐患及问题。以上研究工作依托大量专家知识和经验，通过定性考察和分析的方式对工控系统信息安全漏洞进行了总结。

从漏洞挖掘技术来说，在工控系统信息安全领域，更多的是结合动态测试技术分析、挖掘和量化系统存在的潜在漏洞。不少研究工作利用模糊测试实现工控协议漏洞的自动化挖掘。该方法通过逆向解析数据包内容，还原协议行为，从而生成测试用例监测并捕获协议异常行为，以识别潜在漏洞。熊琦等人[126]根据工控协议高度结构化特征，提出一种工控专用模糊测试框架的设计准则。李文轩等人[127]综述了工控协议安全测试现状，并指明协议测试用例生成质量是该方法的重点。在此基础上，为了应对这一挑战，张亚丰等人[128]提出基于状态机的测试用例生成算法对 SCADA 系统和 PLC 设备进行双向测试，在 48 次拒绝服务测试中验证出 5 个漏洞，实现较高的测试覆盖率。基于动态测试的漏洞挖掘旨在检测目标对象是否存在漏洞库中公开发布的漏洞，其优点是能够自动实现已知漏洞挖掘，检测率较高，然而该方法局限于挖掘已公开的安全漏洞，缺乏对未知漏洞的探究。

综上可知，现有的针对工业系统的漏洞挖掘研究重点是分析和识别系统对象中是否存在漏洞库中公布的漏洞，注重对已知漏洞的挖掘。为加速工业系统向数字化、网络化、智能化转型，一系列信息化技术在工业系统领域得到应用和推广，工业系统中新型智能化设备、新型网络通信技术、新型模型和算法等层出不穷。在这种情况下，新装备、新技术自身的安全风险以及新型系统结构、特征等安全需求的变化，使得工业系统可能不断面临新的未知安全漏洞。如何有效挖掘、发现新装备和新系统中的安全漏洞，是漏洞挖掘技术下一步需要重点关注和研究的课题。

5.1.3 5G 工业系统漏洞挖掘框架

目前，工业系统中常见硬件设备或软件设备的安全漏洞可以通过公开的漏洞库进行查询。但是，5G 工业系统是一个全新架构的工控系统，5G 网络与工业系统的融合改变了原有相对封闭的系统结构，增大了系统攻击面，尤其是 5G 网络自身未知的安全风险，将给工业系统的安全运行带来新的安全威胁。因此，进行 5G 工业系统脆弱性评估，首先需要揭示系统中 5G 通信网络引入的潜在安全隐患，挖掘出 5G 工业系统中的未知漏洞。

考虑到 5G 工业系统结构和业务通信的复杂性，本章给出 5G 工业系统漏洞挖掘的解决思路：根据系统拓扑结构和业务交互特征抽象表征系统运行环境，结合动态测试思想分析系统内部的潜在漏洞位置，从而明确可能的安全隐患。本书提出一种模型驱动的漏洞挖掘新方法用于 5G 工业系统的未知漏洞挖掘：首先构建 5G 网络和系统的形式化模型，抽象表征 5G 网络通信行为和系统运行行为，再利用动态攻击渗透方式测试业务传输安全性及其对系统运行的影响，最终根据网络和系统的非正常状态来分析和验证潜在安全漏洞。该方法的具体框架如图 5-6 所示。

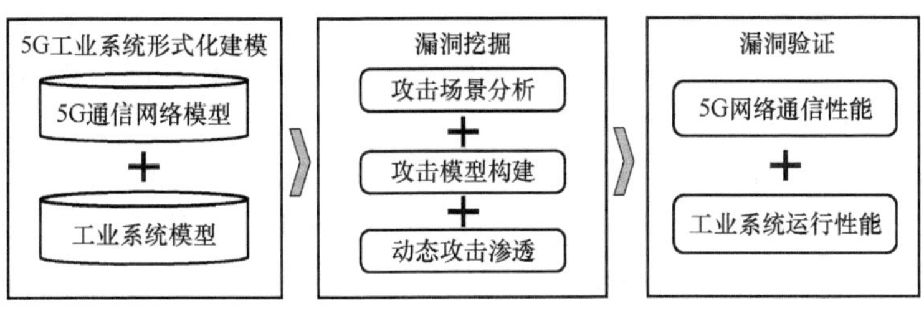

图 5-6 面向 5G 工业系统的模型驱动漏洞挖掘方法框架

5.2 基于Petri网的5G工业系统形式化建模

5.2.1 5G工业系统特征分析

传统工业系统的架构相对封闭，信息域和物理域间的通信交互主要由有线网络支持。与此同时，系统中不同类型业务传输可能依赖不同通信网络或者协议。然而，在5G工业系统中，5G网络的引入使得这种工业系统架构和业务通信机制发生了变化。一方面，5G网络为保证按需通信服务，提供了一系列标准化的开放接口，包括5G内部模块之间的调用接口、5G网络与第三方应用间的接入接口等。然而，基于这些标准化开放接口的网络部署不仅导致5G工业系统打破原有的封闭架构，还导致更多的攻击面被暴露。另一方面，除了结构上的变化，5G通信网络的网络切片、虚拟化等技术支持实现了5G网络功能解耦，使得不同需求的多个逻辑网络业务在同一网络传输成为可能。这些新技术的安全问题及安全风险也极有可能威胁系统。因此，面向5G工业系统的形式化建模，不仅需要明确网络拓扑及系统组成，还应考虑5G业务传输机制以及系统业务交互特点。

结合5G工业系统特征和Petri网建模理论，面向系统的形式化建模步骤大致如下[129]：

1）系统建模约束分析，即针对5G工业系统的拓扑特征和业务传输机制，明确系统模型构建约束。

2）数学模型表达，根据建模约束，利用Petri网形式化语言，对系统模型进行定义。

3）对象建模，利用Petri网建模工具，如CPN Tools，按照系统数学模型，进行仿真模型搭建。

4）模型正确性验证，基于状态空间对模型的行为属性开展正确性分析验证。

5.2.2 5G通信网络的形式化建模

1. 通信网络建模约束分析

对5G工业系统来说，攻击者可以针对5G网络通信设备或网络域，如基站、核心网功能网元等，利用设备、协议或传输过程的潜在漏洞，破坏通信过程并间接造成系统异常。因此，5G通信网络模型构建不仅需要描述5G网络的拓扑结构，还应表征5G网络的业务传输行为。

一方面，5G网络中的数据传输通常由5G终端产生，通过接入网、承载网和核心网到达外接的第三方应用，从而进行数据处理。因此，基于5G网络拓扑结构，表征5G网络通信设备和网络域间的关联关系，有利于描述5G网络中的数据传输行为。在5G工业应用场景中，攻击者极有可能威胁5G网络的不同网络域，如向接入网的基站发起拒绝服务攻击，从而进一步导致网络数据传输行为异常。因此，需要构建基于拓扑的形式化模型来表征攻击来源以及攻击入侵路径等。

另一方面，5G网络的数据传输往往分为多个阶段。一旦一个或多个通信过程遭受攻击，则网络端到端传输失效。构建基于通信行为的5G网络模型，有利于识别网络遭受攻击的具体原因。如图5-7所示，基于5G网络的数据传输事件通常包括三类：身份认证事件、二次认证事件和端到端数据传输事件。其中，身份认证事件用于描述终端用户在5G网络的注册认证过程。首先，当终端发起注册请求后，接入网与承载网将该注册请求依次转发至核心网的服务网。服务网收到注册请求之后，通过相关虚拟网元处理生成认证请求，并进一步返回至终端。在此基础上，终端根据收到的认证请求及时响应，完成其在5G网络中的注册，即身份认证过程。需要注意的是，与传统网络不同，5G网络为了提供定制化服务，其需要在业务传输前完成第二次认证，并将认证参数同步。在第二次身份验证期间，一个从终端经过用户面再到身份验证服务器（3A服务器）的特定的传输通道被构建。经过上述两个事件后，终端被允许在网络中进行数据传输。一旦有消息发出，核心网的网络切片选择功能（NSSF）网元将根据数据包信息分配合适的网络切片，并进一步完成数据转发。

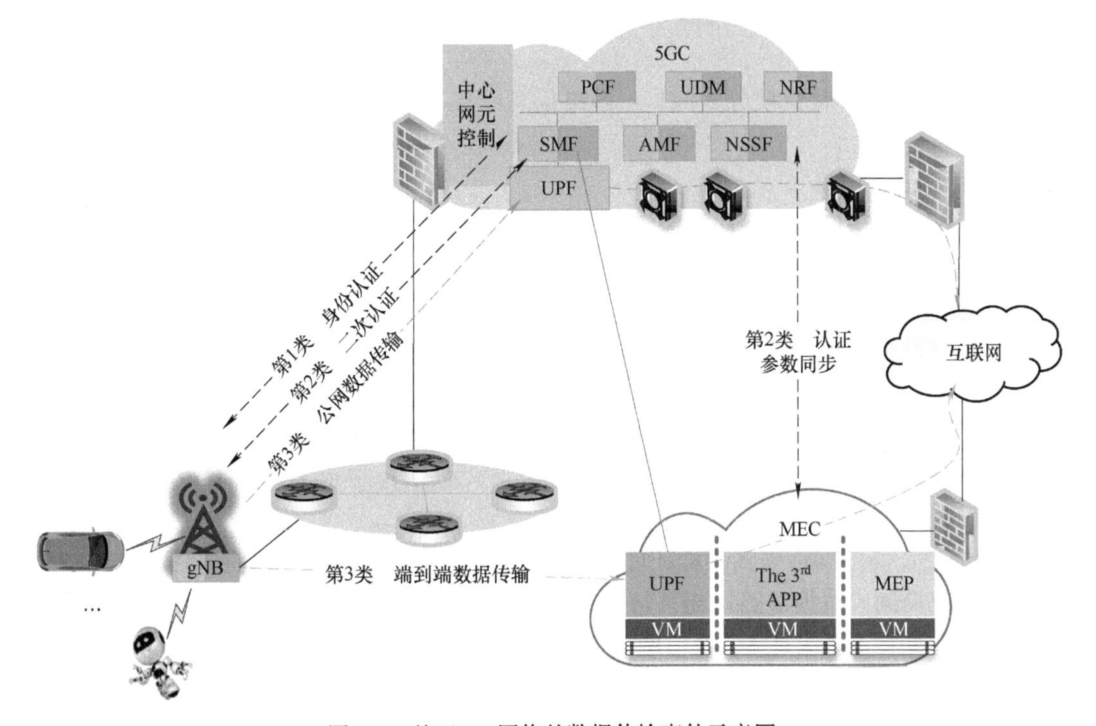

图5-7 基于5G网络的数据传输事件示意图

总体来说，上述网络传输过程中复杂且频繁的交互有可能遭受攻击者干扰。如果任一交互过程遭受攻击，那么网络传输可能会失败。因此，有必要形式化描述上述三类事件，分析传输过程中攻击行为。

综上，5G通信网络建模约束包括拓扑约束和业务传输事件约束。相应地，面向5G网络的形式化建模分为层次拓扑模型构建和传输事件模型构建。

2. 数学模型定义

定义5.1 层次拓扑模型：5G通信网络的层次拓扑模型是对不同网络域进行模块化，并表达不同网络域模块之间的关系。基于层次Petri网，层次拓扑模型（Hierarchical-topology model，HTM）由以下七元组表示：

$$\text{HTM}=\langle P,T,I,O,W,C,h\rangle \tag{5-1}$$

其中，$P=\{P_1,\cdots,P_n\}$是模型中的有限库所集合，且n是库所总数目；$T=\{T_1,\cdots,T_m\}$是模型中的变迁集合，且m是变迁总数目；$I=I\{P,T\}_{n\times m}$和$O=O\{T,P\}_{n\times m}$分别表示输入映

射 $P \to T$ 和输出映射 $T \to P$；W 表示库所间的有向转移箭头权重；C 为颜色集，用于表示模型中多种数据类型，描述网络控制结构、业务数据和其他信息；h 表示层次拓扑模型的层级数目。

定义 5.2 传输事件模型：5G 通信网络的传输事件模型主要抽象网络业务传输不同阶段的通信行为，主要包括身份认证、二次验证和端到端的数据传输。基于随机 Petri 网，传输事件模型（Transmission-event model，TEM）由以下七元组表示：

$$\mathrm{TEM} = \langle P, T, I, O, W, M_0, \Lambda \rangle \tag{5-2}$$

其中，TEM 中的 P, T, I, O, W 与 HGN 中的定义一致；M_0 表示模型的初始状态；$\Lambda\{\lambda_1, \cdots, \lambda_m\}$ 是指不同变迁的变迁速率，即不同变迁发生的可能性。

3. 网络建模过程

5G 通信网络形式化建模分为四步：网络信息收集、模型假设、层次拓扑模型构建和传输事件模型构建。

（1）网络信息收集

研究人员在网络信息收集阶段需要通过查阅资料或根据研究需求，分析并确定 5G 通信网络拓扑结构、部署特征、传输业务类型、网络配置等技术细节。

（2）模型假设

为了保证网络建模结果合理性，在建模之前对 5G 通信网络做出如下假设：

1）5G 通信网络中不同终端节点虽然涉及的业务类型存在差异（如视频流、语音流等），但通信行为原理相同。因此，为了降低网络模型的状态空间规模，避免状态空间爆炸问题，且保证反应网络多场景特征，拟通过三个形式化切片表示 5G 通信网络多业务场景，即 eMBB、uRLLC 和 mMTC。

2）实际 5G 通信网络受到多种环境因素影响，且不同模块的内部组成及技术方法复杂，如物理层编码调制、数据链路层相关协议等。这里，假设 5G 通信机制自身是安全可信的，网络形式化模型将重点关注 5G 通信网络中业务传输过程；同时，假设 5G 通信参数如网络带宽、工作频段、数据速率等都是符合实际场景需求的常量。另外，假设网络正常工作条件下，节点间的业务数据都能被准确接收和发送，不会出现通信故障和失效的情况。

3）核心网作为 5G 通信网络的关键组成部分，由多种网元设备共同构成以实现对网络的管理和控制。同时，网络切片、网络虚拟化、软件定义网等新技术支持 5G 核心网的灵活适配业务需求。5G 网络形式化模型在假设这些技术安全可行的基础上，将核心网划分为服务网和归属网两部分，并模拟功能网元间的交互。

（3）层次拓扑模型构建

为清晰表达 5G 通信网络内部行为和功能作用的交互复杂性，基于面向对象的层次化建模思想，对网络模型进行分层构建。5G 通信网络层次拓扑模型构建步骤：首先构建网络顶层模型，确定网络顶层框架下的多个实体模块，然后对不同实体模块进行进一步描述，最终通过实体模块关联形成层级化的 5G 网络形式化模型。网络顶层模型主要包括终端、接入网、承载网、服务网和归属网等实体模块，且实体模块间的关联关系如图 5-8 所示。

（4）传输事件模型构建

5G 通信网络传输基本流程主要包括接入认证、二次认证和基于网络切片的数据传输。具体描述如下：

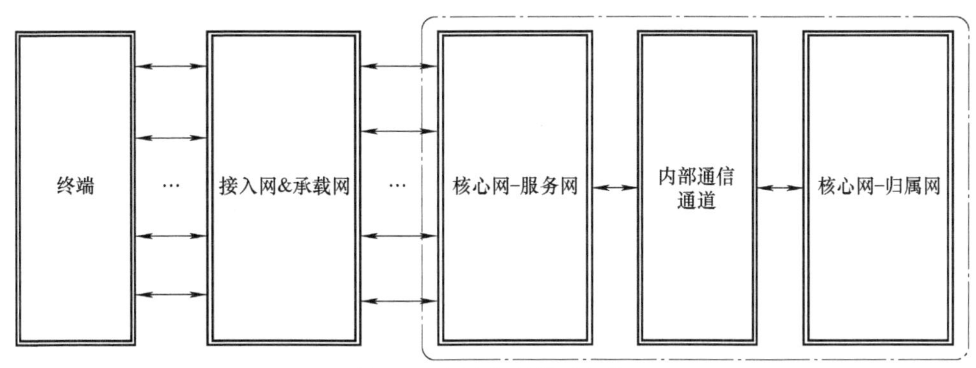

图 5-8　层次拓扑模型架构

1）接入认证。对于终端设备，若要发起端到端通信，首先应进行网络注册，即通过基站发起接入请求至核心网控制面，相关网元接受请求并返回认证请求指令，进而终端返回认证响应，最终完成终端在网络中的接入鉴权过程。

2）二次认证。在5G网络中，终端设备若需要发送数据至第三方，除了接入认证外还需通过用户面功能（UPF）完成与第三方鉴权服务器的二次认证，从而建立二者间的数据传输通道，保证业务传输安全。

3）数据传输。终端完成接入和二次认证后，终端即可进行数据转发。公网数据通过核心网用户面的业务流转策略到达互联网；专网数据通过专有UPF同MEC连通，并转发至相应的应用处理。

根据5G通信流程，并利用形式化语言对上述三个传输事件进行描述，从而形成网络的传输事件模型，用于后期端到端的传输安全性分析。

5.2.3　面向5G通信网络的攻击形式化建模

1. 5G通信网络攻击行为分析

5G网络通信的任何阶段都极有可能遭受不同的网络攻击。一般来说，5G通信网络的核心功能是保证业务数据的及时传输，满足多场景的差异化服务需求。不同的攻击行为可能会不同程度影响业务通信服务质量，甚至造成通信过程无法满足业务数据的通信需求，如超出uRLLC场景时延上限，最终引发不可预估的后果。不仅如此，网络中业务通信还可能面临传输中断或传输时延超出安全上限等安全威胁。而攻击者可以采用多样化的攻击手段诱发安全风险，使得业务通信过程进入不安全状态。在5G通信网络中，常见的攻击行为包括欺骗攻击（Spoofing）、重放攻击（Replay）、恶意插入攻击（Malicious Insertion）和拒绝服务攻击（Denial of Service，DoS）等[130]。

（1）欺骗攻击（Spoofing）

攻击者通常具有一定的感知和计算能力。在欺骗攻击方式下，攻击者伪装成网络中的合法节点，利用网络业务消息交互实施攻击，并切断正常节点间的通信连接，达到欺骗通信节点的目的。针对5G通信网络的欺骗攻击行为示意如图5-9所示。例如，攻击者假冒为终端节点或网络基站，在终端和核心网之间的身份认证过程实施欺骗攻击，以达到认证失败、业务传输中断的目的。另外，攻击者也可伪装成切片管理者或物理主机，为网络切片提供或分配不可用的基础资源，使得切片难以实现端到端服务。

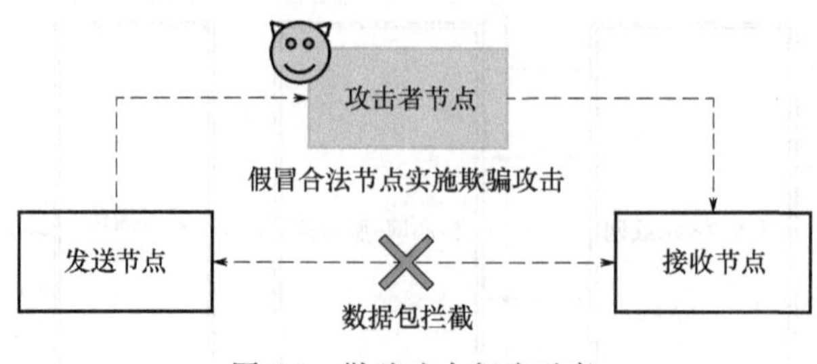

图 5-9　欺骗攻击行为示意

（2）重放攻击（Replay）

和欺骗攻击类似，重放攻击也是攻击者作为中间人实施攻击的一种主要手段。攻击者在网络业务消息通信交互过程中，通过窃听并记录业务消息，并经过一段时间将其再次发送给接收节点，以达到重放攻击的目的。针对 5G 通信网络的重放攻击，可以通过恶意增加数据包在网络中的传输时延，从而使得数据包到达接收节点时超过具体应用场景的时延要求上限，造成数据包传输失败。针对 5G 通信网络的重放攻击行为示意如图 5-10 所示。

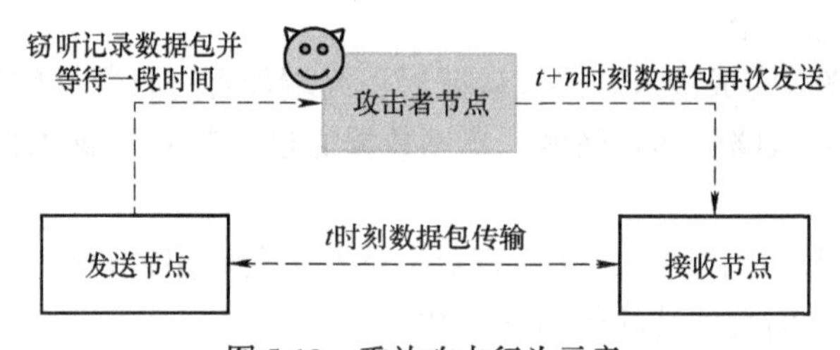

图 5-10　重放攻击行为示意

（3）恶意插入攻击（Malicious Insertion）

在恶意插入攻击情况下，攻击者作为中间节点具有一定的自主学习和计算感知能力。攻击者在业务通信过程中长期窃听，并记录通信时间和估计下次通信交互的时间。在此基础上，攻击者在其预估的时间点发送无用数据包来干扰正常节点间的业务通信，使得接收节点可能接收到无效数据包，致使正常的业务通信失败。针对 5G 通信网络的恶意插入攻击行为示意如图 5-11 所示。

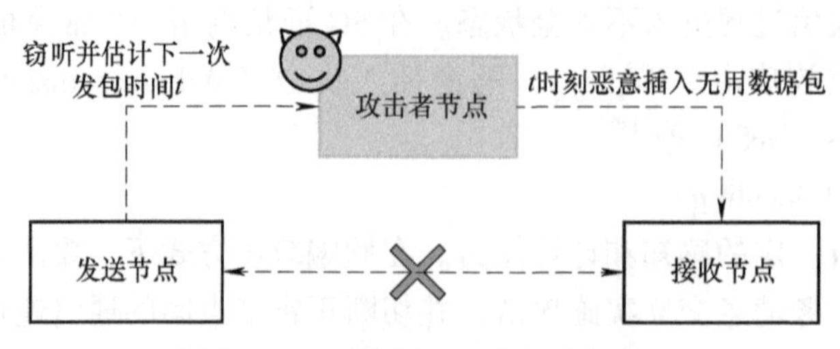

图 5-11　恶意插入攻击行为示意

（4）拒绝服务攻击（DoS）

拒绝服务攻击是一种最常见的攻击方式。在 5G 通信网络中，攻击者通过伪造成终端用户，持续不断地发出虚假无用消息，消耗网络可用的通信资源，使得剩余通信资源无法支持正常的业务通信传输。针对5G网络的拒绝服务攻击，可以作用于业务数据无线传输过程，还可以恶意攻击核心网某一切片，造成核心网功能网元资源过度消耗，最终无法接收终端业务指令或者消息，业务通信失败。针对5G通信网络的拒绝服务攻击行为示意如图5-12所示。

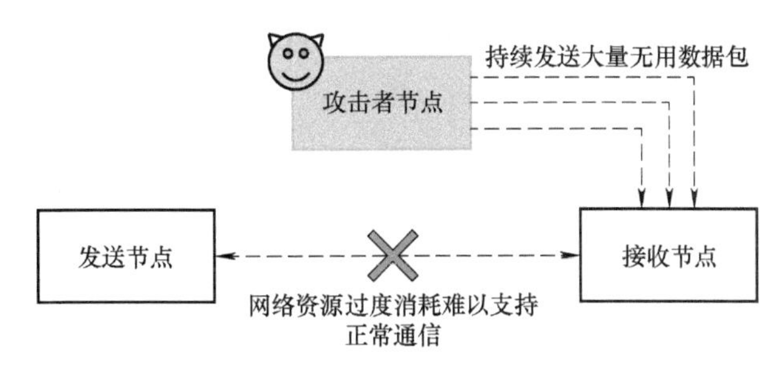

图5-12 拒绝服务攻击行为示意

2. 数学模型表达

基于上述四种攻击行为描述，可对Spoofing、Replay、Insertion和DoS攻击的数学模型进行定义，并在此基础上完成形式化模型构建。下面$m_i(t)$表示5G通信网络或者5G工业系统中节点i在t时刻发送的消息。相反，$a_i(t)$是一种t时刻从节点i发出的恶意信息。

（1）Spoofing攻击数学模型

$$m_i(t)=\begin{cases}m_i(t), & \text{如果 Spoofing = False}\\ a_i(t), & \text{如果 Spoofing = True}\end{cases} \tag{5-3}$$

当Spoofing为True时，攻击者模拟合法节点以切断正常传输，从而利用$a_i(t)$欺骗通信节点。

（2）Replay攻击数学模型

$$m_i(t)=\begin{cases}m_i(t), & \text{如果 Replay = False}\\ m_i(t-n), & \text{如果 Replay = True}\end{cases} \tag{5-4}$$

重放攻击作用下，攻击者在$t-n$时刻截取正在传输的消息，并在t时刻再次转发到目的节点，扰乱目的节点的消息处理，恶意增加传输时延。

（3）Insertion攻击数学模型

$$m_i(t+\delta t)=\begin{cases}m_i(t+\delta t)=0,\ \text{和}\ \delta t=0, & \text{如果 Insertion = False}\\ a_i(t+\delta t)\neq 0,\ \text{和}\ \delta t\neq 0, & \text{如果 Insertion = True}\end{cases} \tag{5-5}$$

和重放攻击类似，恶意插入攻击方式需要长期窃听网络通信过程，并估计下一次的数据传输时间。因此，当恶意插入攻击发生时，无用消息在$t+\delta t$时刻被发送。这里，δt表示下一个交互时间的估计偏差。

（4）DoS攻击数学模型

$$m_i(t)=\begin{cases}m_i(t), & \text{如果 DoS = False}\\ a_i(t++), & \text{如果 DoS = True}\end{cases} \tag{5-6}$$

发起拒绝服务攻击的攻击者往往伪装成合法节点，向网络持续发送无用的消息，以达到网络资源过度消耗的目的。这里，$a_i(t++)$表示在t时刻后连续发送无用消息。

3. 攻击建模过程

攻击建模是基于5G网络的潜在安全威胁和可能的攻击方式建立攻击模型，通过动态攻击渗透方式挖掘5G网络引入的漏洞。可结合上述攻击行为的数学描述，利用Petri网构建攻击形式化模型。具体步骤包括分析网络安全环境、模型假设和威胁行为形式化描述。

（1）分析网络安全环境

分析内容主要包括网络拓扑结构、不同业务场景的安全需求（uRLLC、mMTC、eMBB）、传输事件行为特征等。

（2）模型假设

为了保证攻击建模结果的合理性，在建模之前对5G网络攻击做出如下假设：

1）在实际攻击过程中，攻击者往往需要反复试探才能明确网络可能存在的缺陷，然而模型表征这一过程需要耗费大量的计算资源。为了避免中间状态过多引发模型崩溃，假设攻击者已经具备丰富的攻击经验。

2）实际通信网络环境复杂多变，攻击者成功发起5G通信攻击通常是一个不确定性事件，这里假设面向5G的攻击是一种理想化攻击，即模型模拟攻击行为并成功执行的概率为1。

（3）威胁行为形式化描述

威胁行为形式化描述是针对可能的安全威胁进行特征分析，并采用形式化语言对不同威胁（攻击行为）进行描述。通过对5G通信网络安全威胁分析可知，不同的威胁攻击方式对网络通信将造成不同程度的影响。图5-13展示了四种攻击下的5G网络通信过程。

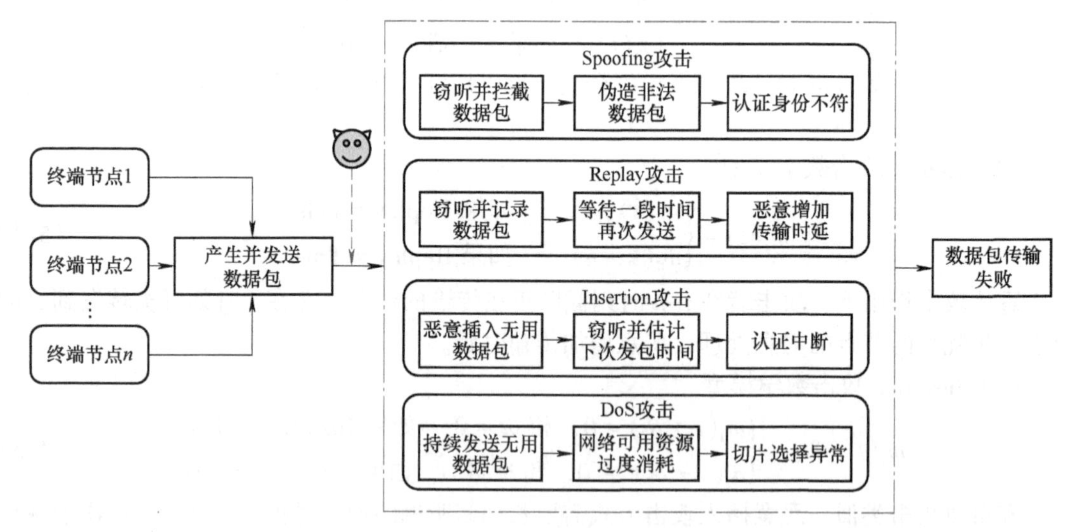

图5-13　四种攻击下的5G网络异常通信行为描述

由前期的分析可知，5G网络通信可以分为身份认证、二次认证和端到端通信三个阶段。

在终端身份认证阶段，当终端节点有数据包发送需求，正常情况下将依次进行接入认证和二次认证过程，完成网络对其身份的认证和数据包接入。若此时网络中有攻击者伪装为合法节点，以中间人的身份干扰终端与核心网之间的正常认证与数据传输，则极易造成数据包通信传输失败。

假设攻击者冒充合法终端，不断向接入网基站发送无用消息请求，侵占基站可用通信通道，使得原先终端节点发送的数据包或指令没有可用通信通道支持，使得接入认证或二次认证失败；假设攻击者窃听终端与基站间的正常交互消息，并拦截、伪造终端向接入网发送的响应消息，引发终端身份认证失败，终端数据包无法进行传输；假设攻击者开展重放攻击，窃听并记录终端与接入网间的交互消息，随机等待一段时间间隔后再次发送该消息至基站，使得传输时延增加；假设攻击者实施恶意插入攻击，则攻击者基于自主学习与感知计算能力，通过窃听节点间的消息交互，估计下一次的交互时间，并在该时刻发送无效数据包干扰其正常交互，使得基站可能接收到无用数据包，中断正常数据包通信。

上述四种攻击下，若攻击执行成功，那么数据包在通信网络中将传输失败，接收节点将无法收到遭受攻击的数据包。

在端到端数据传输阶段，当不同类型、身份认证通过的终端节点通过 5G 网络向上层传输数据时，若网络切片的安全性受到威胁，则极易引起业务传输异常。在核心网中，多种新技术支持网络切片实现，从而使得 5G 网络能够为垂直行业提供个性化服务。虽然这些新技术也存在各样的安全威胁，但威胁最终目标都是破坏网络切片的可用性，造成端到端业务传输异常或失败。假设攻击者冒充某一应用场景的合法终端，不断向核心网发送无用消息请求，占用网络切片资源，使得网络切片没有可用的物理基础资源来支持原先终端节点发送的数据包或指令的传输，使得大量到达核心网的数据无法实现下一步的传输。

基于上述攻击行为的分析，并形式化描述具体攻击动作，即可完成攻击模型的构建。

5.2.4 5G 工业系统形式化建模

5G 通信引入的系统漏洞将影响系统业务传输的安全性和可靠性，从而影响 5G 工业系统的安全运行。因此，构建 5G 工业系统形式化模型，分析 5G 通信安全风险对系统运行的影响至关重要。5.2.2 节和 5.2.3 节详细介绍了构建 5G 网络形式化模型和攻击模型的方法。在此基础上，本节对工业系统抽象表征方法进行说明，包括系统建模约束分析、数学模型表达和系统建模过程三方面。

1. 系统建模约束分析

诸如电力、化工、船舶等工业对象，他们往往具有规模庞大、结构复杂、影响因素繁多的特征。为了真实模拟和表征系统对象的生产过程或运行特征，常见的机理建模方式聚焦采用精确的数学模型建立系统模型。而模型驱动的安全漏洞挖掘致力于分析系统潜在的安全隐患源头，并探究这些漏洞或隐患能否引发系统行为异常。因此，5G 工业系统的形式化建模重点关注系统拓扑结构以及运行行为的抽象表达[131,132]。为了能正确表征系统设备动作行为以及特征属性，首先对工业系统中的组件模块，如控制器、传感器和执行器等，定义基本属性。

1）行为：系统模块的功能表现，通常由模块的一系列动作序列实现。

2）性能：系统模块的行为特征表现，如模块平均利用率等。

3）状态：系统模块的执行过程表现，如空闲、忙碌或故障等。

2. 数学模型表达

定义 5.3 系统 *SOPN*：系统形式化模型是对系统拓扑结构、模块属性的抽象化表征。下面通过四元组表示系统模型如下：

$$SOPN = \{Object, Network, \Sigma, \Lambda^T\} \tag{5-7}$$

式中，$Object=(Ob_1,\cdots,Ob_i)$表示系统相关组件模块实体对象，包括生产过程单元、执行单元和控制中心单元等；$Network=(channel_{12},\cdots,channel_{ij})$表示系统网络实体对象，描述不同组件间的通信链路；$\Sigma$为系统颜色集，用于定义系统数据类型、变量和函数；$\Lambda^T$是系统各模块对象级的动作激发集合，用于反映该对象模块功能实现的成功率。

定义 5.4 基本模块 *Object*：表征系统各种模块的行为演化过程。任一模块对象 Ob_i 可以用九元组表示为：

$$Ob_i = (SP,IP,OP,T,\Lambda,I,O,C,CM) \qquad i \in [1,\cdots,n] \tag{5-8}$$

式中，Ob_i 表示系统的第 i 个对象；$SP=(sp_1,sp_2,\cdots,sp_{N(SP)})$表示对象的状态库所有限集合；$IP=(ip_1,ip_2,\cdots,ip_{N(IP)})$表示对象实体的输入信息库所有限集合；$OP=(op_1,op_2,\cdots,op_{N(OP)})$表示对象实体的输出信息库所有限集合；$T=(t_1,t_2,\cdots,t_{N(t)})$是对象实体动作变迁的有限集合；$\Lambda=(\lambda_1,\lambda_2,\cdots,\lambda_{N(t)})$表示对象实体各动作变迁的变迁激发率集合；$I(P,T)$表示从状态或信息库所（$P$）到变迁 T 的输入映射，对应 P 到 T 的有向弧；$O(P,T)$表示从变迁 T 到库所 P 的输出映射，对应 T 到 P 的有向弧；这里 $I(P,T)$ 和 $O(P,T)$ 均为矩阵，并且 $P=SP\cup IP\cup OP$；C 表示对象实体库所和变迁的颜色集合；CM 表示对象实体行为变迁 t_i 的触发约束条件的有限集合，即 $CM=(cm_1,cm_2,\cdots,cm_{N(T)})$，$cm_i$ 由输入映射 $I(P,t_i)$的触发约束函数组成，且 $cm_i=[conf(p_1,t_i),\cdots,conf(p_k,t_i)]_{1\times k}^T$（$k$ 为变迁 t 的关联输入库所总数目）。触发约束函数是对库所和变迁间动作关系的抽象表征。对于任意输入映射(p_m,t_i)，若库所 p_m 与变迁 t_i 间的触发动作为真，则对应的触发约束函数 $conf(p_m,t_i)=1$。反之，$conf(p_m,t_i)=0$。具体描述为

$$\forall(p_m,t_i)\in I(P,t_i),\ conf(p_m,t_i)=\begin{cases}1, & \text{变迁激发成功}\\ 0, & \text{其他}\end{cases} \tag{5-9}$$

定义 5.5 通信关系网 *Network*：表示系统信息域和物理域中组件模块间的跨域交互通道。

$$Network=(channel_{12},\cdots,channel_{ij}) \qquad i,j\in[1,\cdots,n] \tag{5-10}$$

式中，$channel_{ij}$ 表示系统组件实体 i 到实体 j 的通信通道，而 n 为系统实体的总数目。

另外，$channel_{ij}$ 用四元组具体表示如下：

$$channel_{ij}=(I,O,T,TA) \tag{5-11}$$

式中，I 和 O 分别表示发送端和接收端信息库所；T 为二者间的通信变迁过程；$TA=(Cprob, Cdelay)$为通信变迁属性，其中用 *Cprob* 代表通信概率（可靠性），*Cdelay* 代表通信时延。特别地，组件实体间的通信可靠性不仅反映了多域耦合程度，还是信息域和物理域交互脆弱程度的重要表征。

3. 系统建模过程

构建系统形式化模型的目标是分析 5G 通信引入的系统漏洞对系统运行的影响。因此，系统模型构建过程与网络和攻击建模类似，需要抽象表征系统的运行特征。具体来说，该过程主要包括系统需求分析、模型假设、功能模块描述和系统模块关联四个阶段[133]。详细步骤如下：

（1）系统需求分析

分析内容主要包括网络拓扑结构、不同业务场景的安全需求（uRLLC、mMTC、eMBB）、传输事件行为特征等。

（2）模型假设

为了保证系统建模结果的合理性，在形式化建模之前对5G工业系统做出如下假设：

1）5G工业系统中不同物理设备的业务类型存在差异，但通信行为原理相同。物理域设备与信息域组件交互均采用5G无线通信方式。

2）5G工业系统中实际复杂运行过程需要调度中心及时性和有效性调度策略支持。这里，假设系统调度运行正常，形式化模型不具体描述系统物理层运行机理等。

3）在仿真系统中，假设5G通信参数均符合实际工业场景需求。在正常工作中，物理层和信息层的业务交互都能被准确接收和发送。

（3）功能模块描述

定义5.4对系统基本模块进行了通用描述。对于工业系统的执行器、传感器和控制器等物理域设备以及控制中心的信息域组件，都可以利用该基本模块抽象表征。在基本模块基础上，采用Petri网即可实现对工业系统的各功能模块描述。

（4）系统模块关联

基于系统的运行特征，分析不同模块间的关联性，设置模块的输入输出接口，并关联系统模块，实现系统的正常运行。

5.3 5G工业系统安全漏洞挖掘

基于网络形式化模型和攻击渗透，并对网络通信性能的异常进行分析，可以发现潜在的安全漏洞。在此基础上，分析这些漏洞对于5G工业系统安全运行的影响，验证由于5G通信引入的系统漏洞的危害性。

通过集成系统模型和网络模型，利用挖掘的安全漏洞实施攻击渗透，分析系统安全性能变化，验证这些安全漏洞的危害性。5G工业系统安全漏洞验证流程（见图5-14）如下：

（1）攻击目标识别和安全漏洞发现

该步骤描述系统拓扑结构特征并识别组件资产，明确系统潜在的攻击目标。同时，对系统组件的安全漏洞进行扫描，发现潜在信息安全漏洞以及5G通信引入的漏洞。

（2）利用5G通信引入的漏洞开展动态攻击渗透

该步骤首先基于系统形式化模型开展系统运行仿真。在此基础上，针对攻击目标，利用5G通信引入的系统漏洞实施恶意攻击渗透。

（3）系统性能评估

该步骤结合系统运行信息，分析系统运行性能以及攻击目标的状态变化，并根据分析评估结果来验证这些由5G通信引入的系统漏洞的真实性。

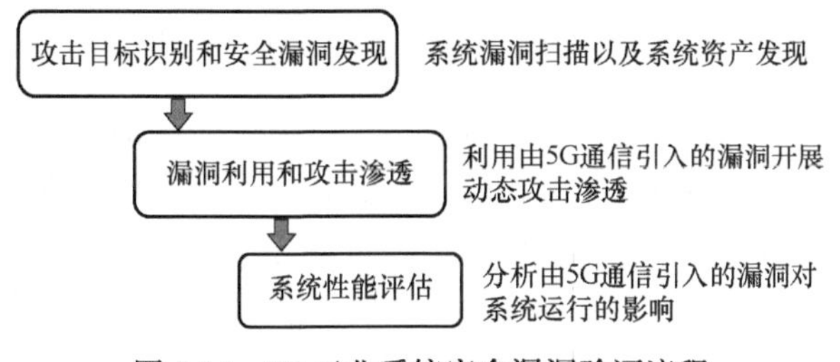

图5-14 5G工业系统安全漏洞验证流程

5.4 案例研究

工业系统主要分为基于连续控制的流程工业和基于离散控制的制造业。在工业互联网背景下，“5G+智能制造”是新一代信息技术发展推进的典型应用对象，也是5G工业系统的代表。因此，在本节的案例研究中，以5G离散数字化车间为例，对模型驱动的漏洞挖掘方法的可行性进行分析验证。

5.4.1 5G离散数字化车间对象描述

一个简单的5G离散数字化车间主要由基于工业私有云的信息域、5G网络以及基于现场控制的物理域组成，如图5-15所示。其中，系统信息域负责监控和管理现场运行过程，及时根据生产需求或现场状态下发控制指令，同时接收现场物理状态数据的周期性反馈。物理域通过工业集成设备或网关等实现车间设备的互联互通，并将相关数据通过5G通信网络上传至信息域的控制中心，同时接收上层的控制指令来保证现场正常运行。5G网络实现了系统信息域和物理域的高度耦合，是信息域和物理域数据交互的关键枢纽。

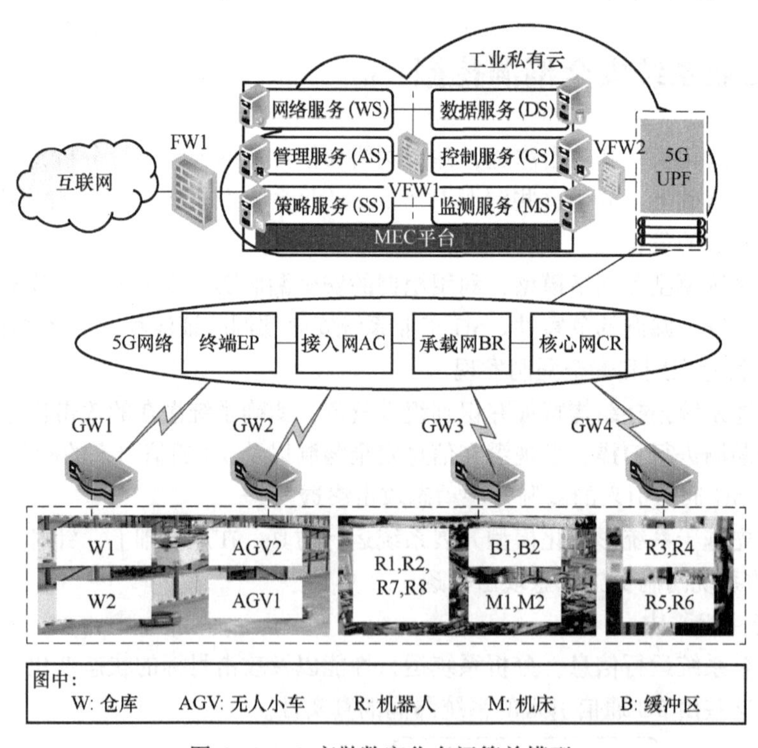

图5-15 5G离散数字化车间简单模型

图5-15所示的数字化车间系统主要负责生产某一固定类型的工件，工作流程如图5-16所示。首先控制系统采集终端设备状态，若设备正常，车间开始工作；控制系统命令搬运机器人R1从原料仓库中搬运一定数量的原材料到自动导向车AGV1上，AGV1将原材料运送到原料缓存区中；搬运机器人R2将AGV1卸载的原材料搬运到原料缓存区中的固定位置；原料缓存区上传入库原料信息，控制系统命令搬运机器人R3、R4分别将2单元的原材料

A、B搬运到加工区机床M1、M2的固定位置；待机床完成加工后，搬运机器人R5、R6将待组装的原料A、B搬运至待组装缓存区；当组装区的机床M3处于空闲状态时，搬运机器人R7接受控制命令，将待组装缓存区中待组装的工件搬运至机床M3中；在M3完成组装后，搬运机器人R8将加工好的工件搬运到AGV2上，待AGV2处工件达到一定数量时，AGV2将加工好的工件运输到产品仓库中，仓库上传入库的工件信息。

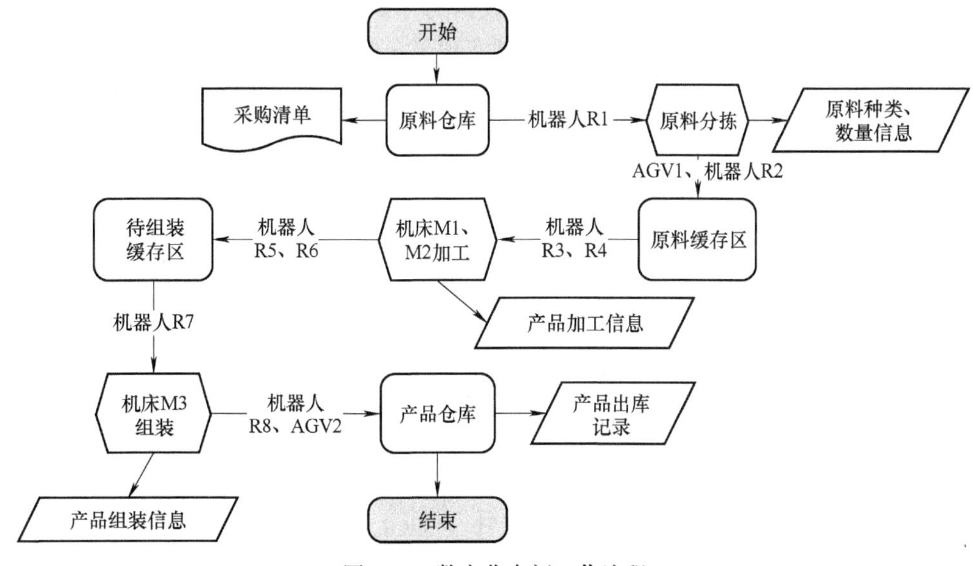

图5-16 数字化车间工作流程

5.4.2 形式化建模过程

1. 5G网络建模

由5.2节可知，5G网络的形式化建模需要构建终端、接入网、承载网和核心网四个关键实体。其中，在终端实体形式化描述中需要构建业务数据产生、业务消息接收和发送模块，以及与接入网进行接入认证和二次认证过程中的请求、响应处理模块，从而实现多业务终端实体的部署；在接入网实体中，需要建立基站与承载网的组网架构，形成有源天线单元（AAU）、前传网和回传网共同组成的接入网模块，并依据5G网络架构部署多接入边缘计算（MEC）模块，实现核心网用户面的分布式部署；核心网实体分为服务网实体和归属网实体。其中，服务网实体由多个公共功能网元组成，包括接入移动管理（AMF）、鉴权服务（AUSF）、统一数据管理（UDM）等，归属网实体描述不同切片的定制化服务，这里简化为由各切片自身所需网元与业务消息处理模块组成。在完成网络模型实体构建的基础上，连接实体和内部模块间的关联关系，以表征传输过程相互制约关系。最后通过基于不变量的分析方法和建模工具中状态空间分析功能进行模型的正确性验证，并进一步测试网络是否可模拟正常通信行为。若验证未通过，则根据验证结果修改优化模型，直至通过验证；若验证通过，则建模结束。具体建模流程如图5-17所示。

5G通信网络内部行为和功能作用的交互复杂性增加了模型清晰化表达的难度。工具CPN Tools具备层次化模型封装集成功能，能够将复杂模型层层抽象分解，通过框架组织使得模型建立过程更加清晰明了，提高了模型的可读性。面对5G通信网络复杂结构，这里基于面向对象的层次化建模思想，对网络模型进行分层构建。顶层模型作为5G通信网络的基本架构表征了内部各子对象间的交互关系，具体如图5-18所示。顶层模型将终端、接入网(含承载网功能)、核心网实体进行了封装，同时在这些实体之间部署输入输出库所，实现信息传输。具体地，终端通过接入网与核心网的服务网络实现终端的身份认证和会话建立，二者间的信息库所依次描述了以接入认证和二次认证为例的相关消息传输。来自终端的业务消息到达核心网后，服务网络通过识别业务数据的标识（SST值）分配给归属网对应的切片，从而反映不同的业务应用场景。顶层模型实现了一张网上不同端到端切片的业务数据传输，符合5G通信网络特性，为各实体模型提供了清晰的网络框架。在此基础上，按照5G通信网络形式化建模流程，即可进一步对不同实体模块依次进行形式化描述。

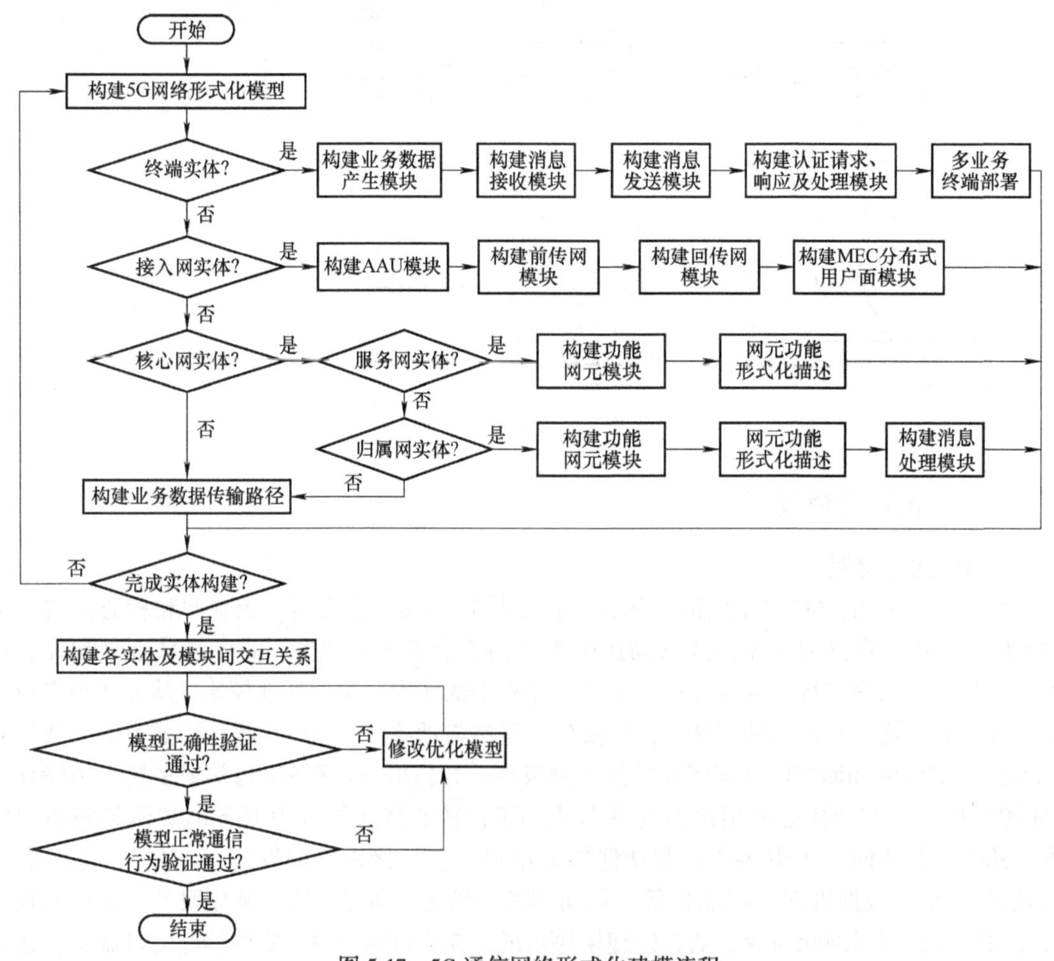

图5-17　5G通信网络形式化建模流程

5G网络传输事件模型主要用于描述网络通信的三个基本事件，具体模型如图5-19所示。模型中库所表征了网络不同作用域在身份认证、二次认证和基于网络切片的业务传输过程的工作状态，动作变迁主要描述不同作用域之间的交互行为。进一步地，网络影响因素关联的动作变迁的发生概率间接反映了网络的可靠性程度。例如，身份认证或二次认证动作变迁发生可能性越高，说明认证成功率越高，网络越可靠；切片选择服务动作变迁发生可能性越高，表明网络端到端服务成功率越高，网络越可靠。而在一般的Petri网模型中，动作变迁发生的概率通常为 1。随机 Petri 网定义变迁激发率是对象模型中某一事件单位时间内发生的次数，从而描述该事件或活动所需事件的非确定性。因此，在 5G 网络的传输事件模型中，通过定义变迁激发率为网络某一事件成功执行的概率，如接入认证成功率、二次认证成功率、切片服务成功率等，定义库所状态为网络某一状态的安全稳定性，从而综合反映网络模型在不同情况下的可靠性。具体的库所和动作变迁含义见表 5-2。

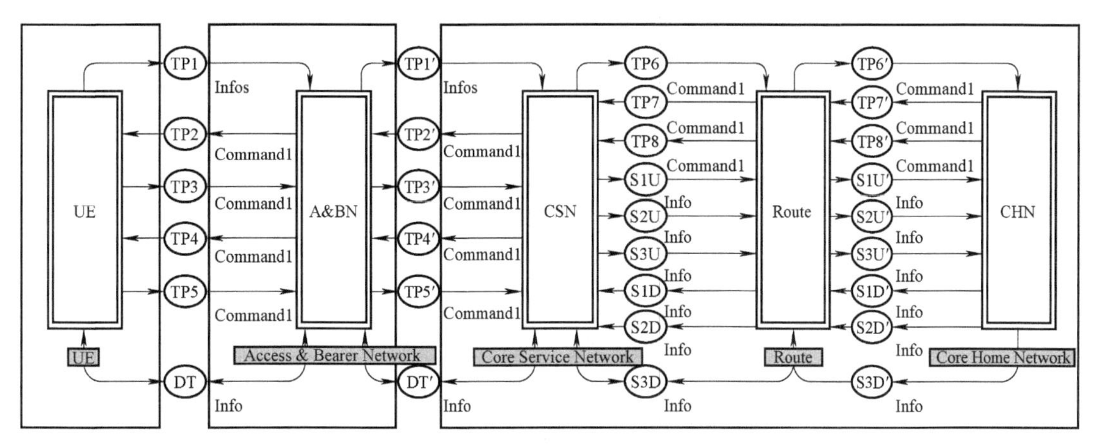

图 5-18　基于层次拓扑的 5G 通信网络形式化建模的顶层模型

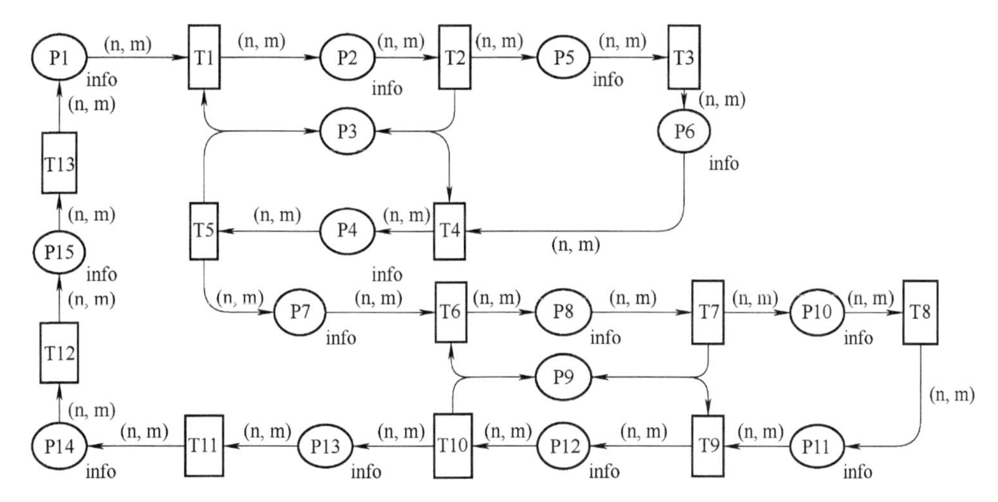

图 5-19　5G 网络传输事件模型

表 5-2　传输事件模型参数含义

参数类型	名　称	物理意义（工作状态）	所在网络作用域
库所	P1	多场景终端用户工作状态	终端 UE
	P2	服务网中功能网元处理接收注册请求，并处理生成认证请求指令	核心网中的服务网
	P3	支持虚拟化网元的基础物理设施	物理资源
	P4	服务网中功能网元二次认证处理	核心网中的服务网
	P5	接入网处理认证请求指令	接入网
	P6	终端处理请求并生成认证响应指令等待发送	终端 UE

（续）

参数类型	名　称	物理意义（工作状态）	所在网络作用域
库所	P7	二次认证等待 UPF 和认证服务器接收	核心网
	P8	核心网 UPF 及认证服务器处理	核心网中的归属网
	P9	支持虚拟化网元的基础物理设施	物理资源
	P10	UE 收到二次认证请求，并处理生成二次响应指令等待	终端 UE
	P11	归属网接收二次响应指令，等待发至外部服务器	接入网
	P12	核心网判断二次认证是否成功	核心网
	P13	UE 发送业务数据并等待识别和切片分配	终端 UE
	P14	核心网中功能网元部署业务转发策略	核心网中的服务网
	P15	核心网用户面接收业务数据并处理	核心网中的归属网
变迁	T1	UE 向接入网发起接入注册请求 AR	UE-接入网
	T2	核心网向终端发起接入认证请求指令 AREQ1	服务网-接入网
	T3	接入网向终端 UE 转发 AREQ1	接入网-UE
	T4	UE 向核心网中的服务网发送 ARES1	UE-服务网
	T5	服务网元通过 UPF 向 AAA 服务器发送二次认证请求	服务网-归属网
	T6	建立 UE 与 AAA 服务器认证通道	UE-归属网
	T7	AAA 服务器向 UE 发出二次认证请求 AREQ2	UE-归属网
	T8	UE 处理 AREQ2 并发送 ARES2 指令	UE-归属网
	T9	归属网及 AAA 服务器二次认证响应请求 ARES2	UE-归属网
	T10	告知终端 UE 二次认证成功	UE-归属网
	T11	核心网中的服务网业务类型识别及切片选择	核心网切片内功能网元
	T12	转发业务数据至核心网用户面	服务网-归属网

结合层次拓扑模型和传输事件模型，进行模型的仿真运行测试。这里，每次仿真发送 100 个数据包，仿真次数 $n=20$，得到所有数据包传输的时延分布如图 5-20 所示。从图 5-20 中不难发现，在网络正常通信情况下，数据包传输时延控制在 1~4ms 内。

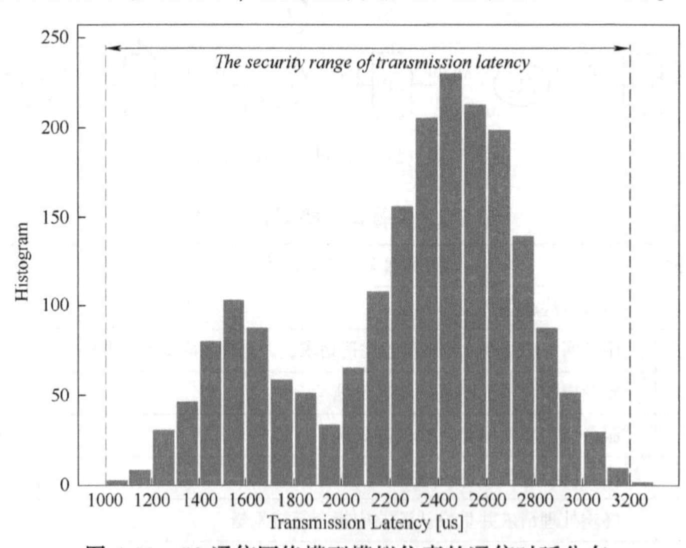

图 5-20　5G 通信网络模型模拟仿真的通信时延分布

2. 攻击建模

通过四种攻击行为分析，结合5G通信网络形式化模型，将进一步构建基于攻击者模型，从而还原四种类型的攻击，为后期网络安全性评估做铺垫。四种攻击的形式化建模流程如图5-21所示。

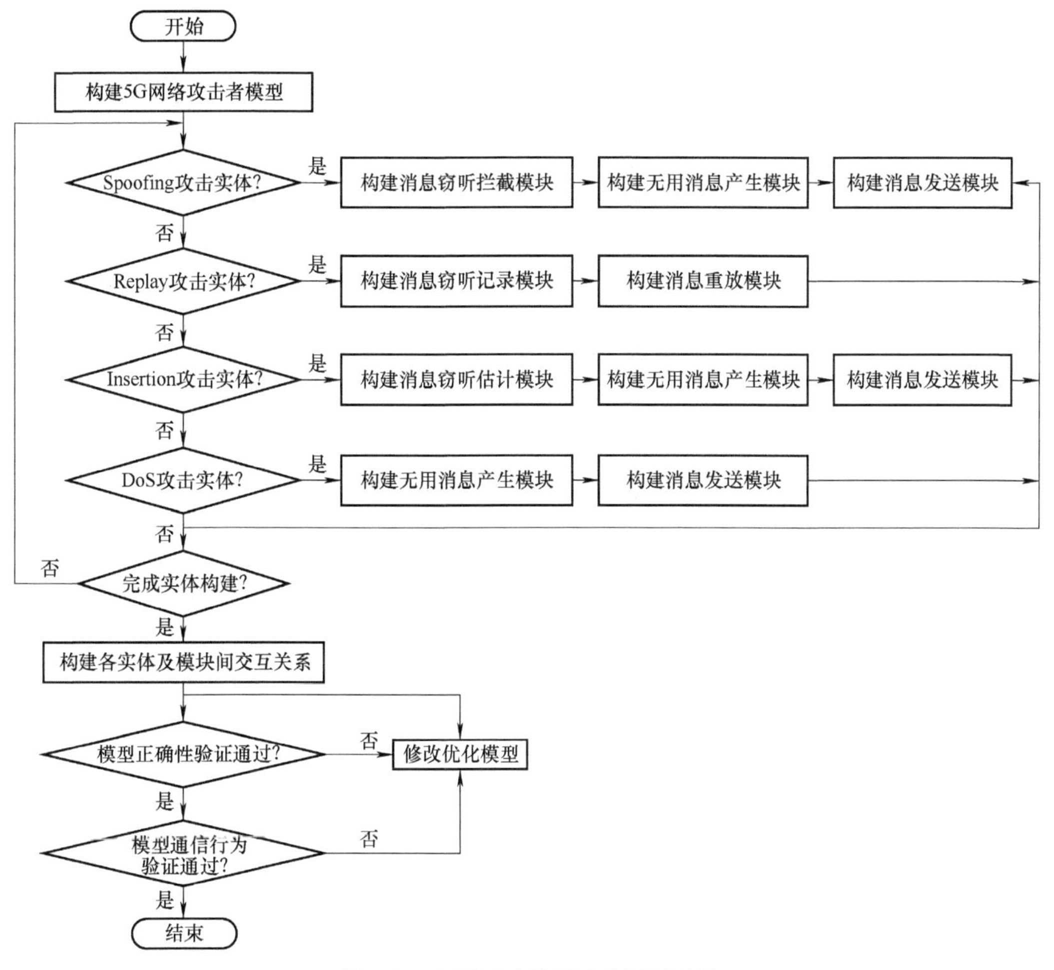

图5-21 四种攻击的形式化建模流程

攻击者实体模型以接入、二次认证和基于网络切片的业务传输为实例，描述了终端与核心网间遭受攻击的情形，并通过概率的方式来反映具体受到哪种攻击侵害。若遭受Spoofing、Replay和Insertion攻击，即Spoofing = True、Replay = True或Insertion = True，则将依次进入相应的攻击模块中进行数据包伪造、重放和干扰等恶意操作，以实现传输失效的目的。类似地，若DoS = True，则表明攻击者实施拒绝服务攻击成功，并进入DoS攻击模块，使得大量无用消息消耗网络资源。图5-22~图5-25分别给出了四种攻击场景的形式化描述。

3. 系统建模

5G数字化车间系统模型形式化构建需要充分结合基本模型对象、系统的形式化定义标准和实际生产车间场景。这里，将系统模型分为信息域实体、通信网络实体和物理域实体三大部分。其中，信息域实体表示信息层控制中心，主要由人机界面（HMI）监控和报警子系统组成；通信网络实体由相应业务场景切片间的上行链路和下行链路通道组成；物理域实体反映现场车间生产状况，由加工区、组装区、物流域和路由转发模块组成。在此基础上根据成生产车间运行机制和系统业务交互原理对各个实体内部进行模块化描述。具体建模流程如图 5-26 所示。

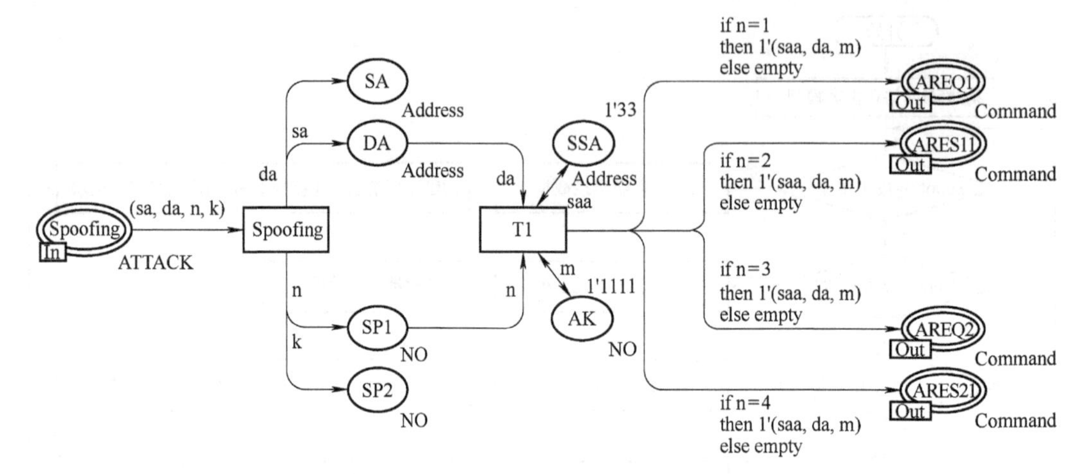

图 5-22　Spoofing 攻击的形式化描述

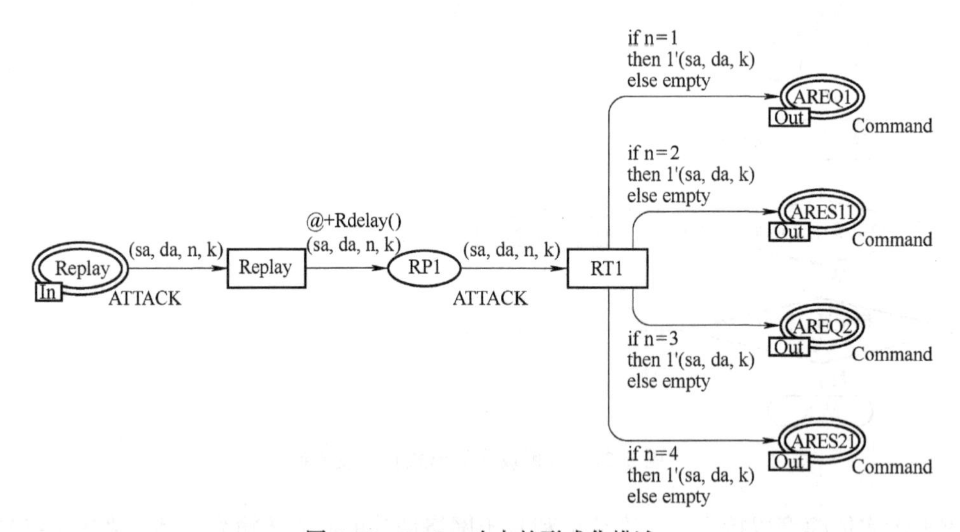

图 5-23　Replay 攻击的形式化描述

具体地，在信息域实体形式化描述中需要构建数据接收、数据发送、监控中心和报警模块，从而实现对现场设备状态信息的监测以及异常事件的报警与控制；在 5G 网络实体中，已构建的 5G 网络形式化模型基础上，建立多场景上行链路通道和下行链路通道模块，实现 5G 网络形式化模型与系统信息域和物理域的信息传输；在物理域实体中需要形式化描述 5G 数字化车间系统的生产车间基本区域，其中加工区负责对来自原料区的工件进行定制化加工，加工完毕的工件通过缓冲区送至组装区，成品工件在组装区由自动导向车（AGV）输送至相应的存储仓库。这里，在完成系统模型各实体模块形式化描述后，通过基于不变量的分析方法和建模工具中状态空间分析功能进行模型正确性验证，并在此基础上检验系统模型是否可正常工作。若验证未通过，则根据验证结果修改优化模型，直至验证通过；若验证通过，则建模结束。

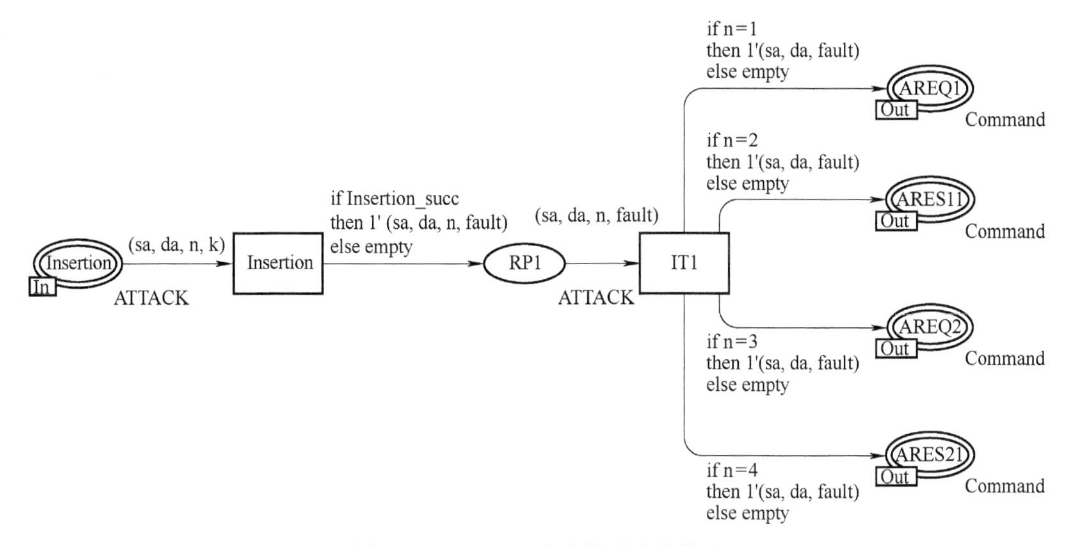

图 5-24　Insertion 攻击的形式化描述

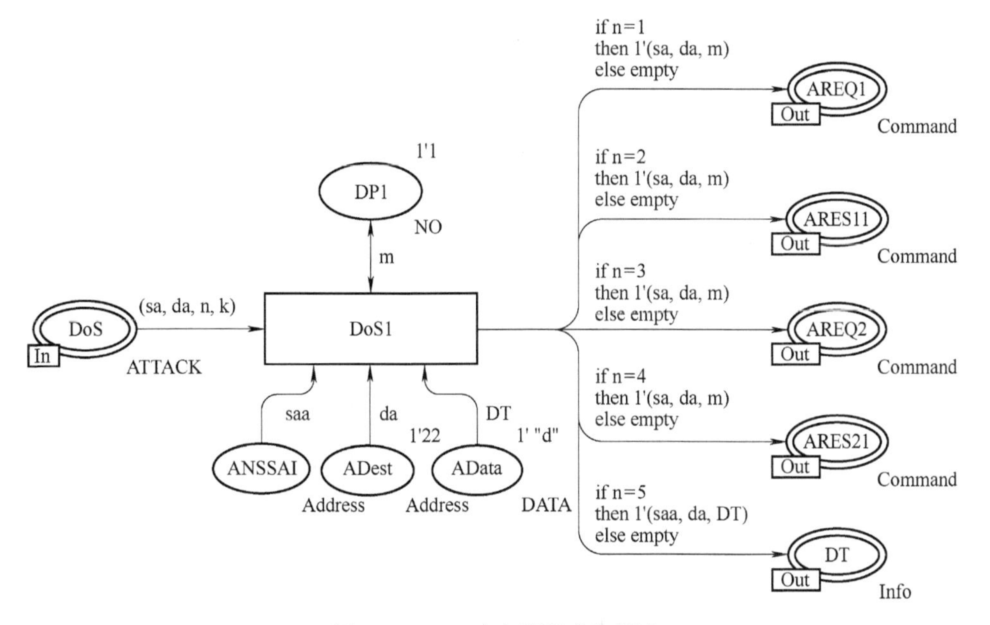

图 5-25　DoS 攻击的形式化描述

根据系统及相关模块的形式化描述，进一步构建基本模块模型，包括生产单元模块、通信网络模块和控制中心模块。根据这些基本单元模块，结合系统形式化建模流程，即可完成系统模型构建。

（1）生产单元模块

生产单元模块主要表征离散车间不同机床行为，如车床、磨床等，从而满足工件的加工和组装需求。一般地，生产单元模块输入端口负责将原料输入，输出端口负责将完成后的工件输出。另外，模块内部负责工件加工、组装或运输，包括忙碌、空闲和故障三种状态。利用面向对象随机 Petri 网对生产单元基本模块建模，其图形化描述形式如图 5-27 所示。

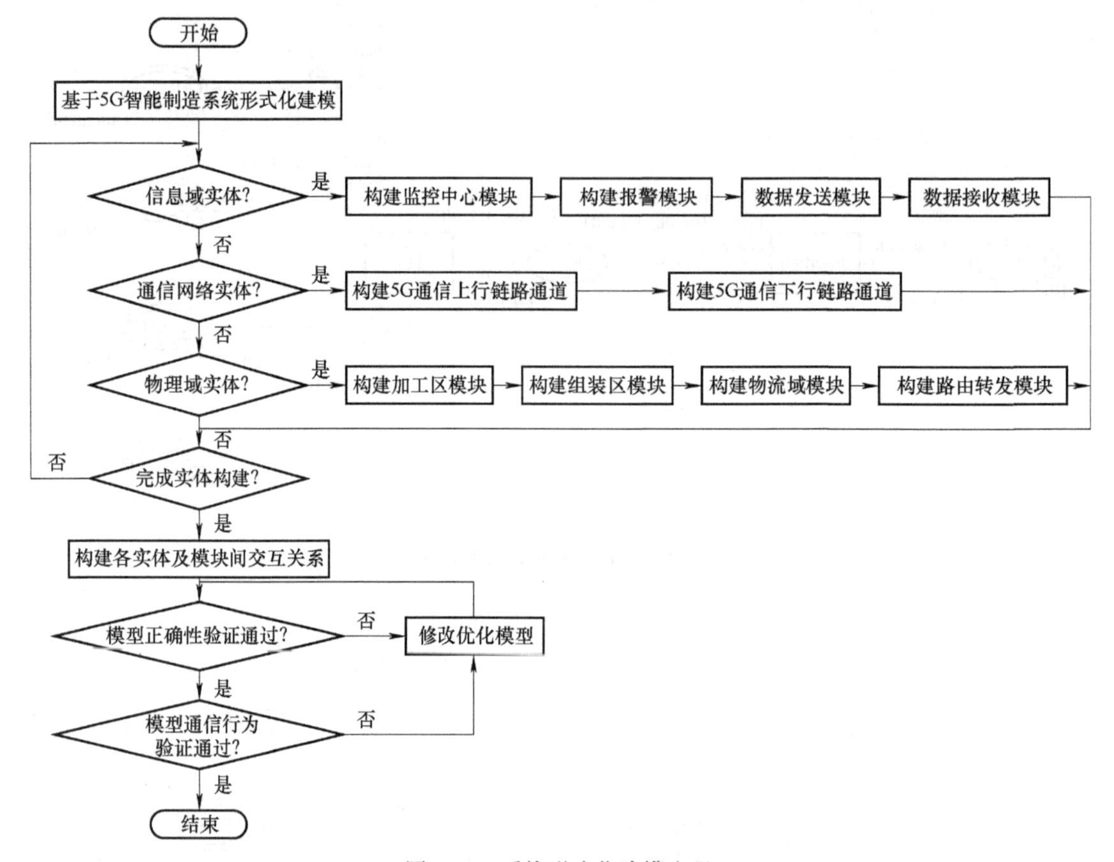

图 5-26　系统形式化建模流程

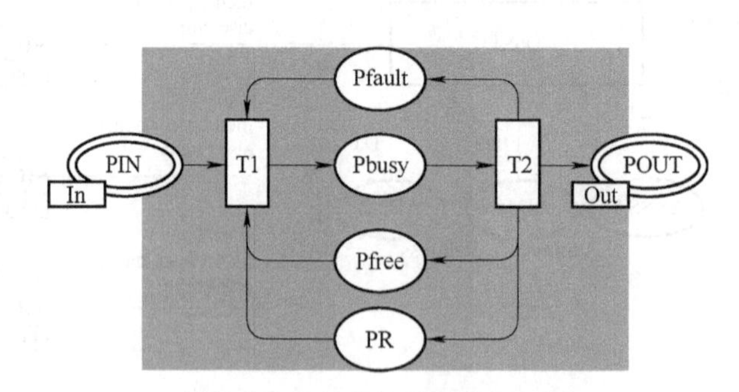

图 5-27　生产单元模块一般形式

(2) 通信网络模块

通信网络模块主要描述 5G 网络基本通信行为，支持系统物理层和信息层之间的消息交互。根据前期 5G 网络形式化建模可知，通信网络模块输入端口负责接收不同场景的业务数据（多切片）或控制指令，输出端口负责转发相应消息。同时，网络模块内部由不同切片的上行链路和下行链路传输通道组成。因此，通信网络模块形式化描述如图 5-28 所示。

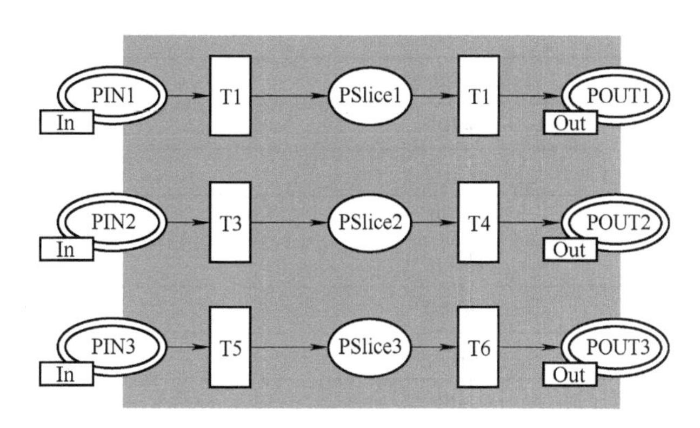

图 5-28　5G 通信网络模块一般形式

(3) 控制中心模块

控制中心模块描述系统信息层对物理层设备的监控与控制，负责定期监控设备状态信息，并进一步对异常状态进行紧急处理。这里，控制中心模块输入端口为设备业务状态信息输入，输出端口主要负责下发相关控制处理指令。模块内部由 HMI 监控元素和业务处理元素组成。控制中心模块形式化描述如图 5-29 所示。

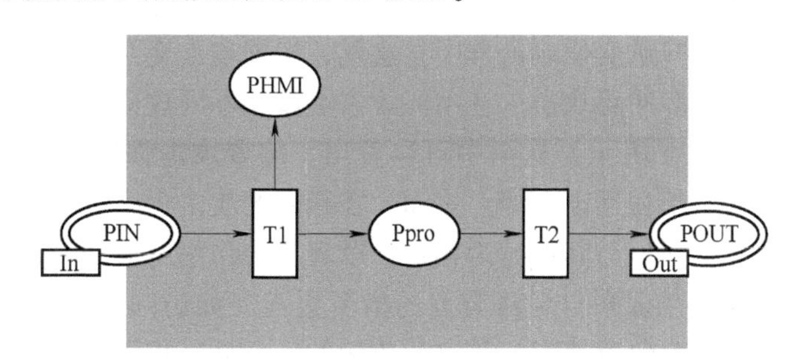

图 5-29　控制中心模块一般形式

5.4.3　5G 网络漏洞挖掘

在攻击者模型基础上分析不同攻击行为对网络通信产生的后果，根据相应的通信性能情况明确网络攻击状态下关键动作变迁触发的可能性，最终评估不同攻击下的网络模型安全状态。以接入认证事件为例，依次讨论该事件可能遭受的三种攻击对 5G 通信认证的影响，包括 Spoofing 攻击、Replay 攻击和 Insertion 攻击。表 5-3 是模型仿真参数。

表 5-3　攻击时延仿真参数

参数名称	场景类型	参数设置
切片类型	eMBB	SST=1（Slice 1）
	uRLLC	SST=2（Slice 2）
	mMTC	SST=3（Slice 3）
数据包大小	eMBB	1Mbit/个
	uRLLC	8kbit/个
	mMTC	40kbit/个

（续）

参数名称	场景类型	参数设置
发送周期	eMBB	20 个/s
	uRLLC	10 个/s
	mMTC	30 个/s
时延要求	eMBB	<30ms
	uRLLC	<10ms
	mMTC	<100ms
带宽	eMBB	12~40Mbit/s
	uRLLC	>50kbit/s
	mMTC	<1Mbit/s
仿真时间	3000ms	

由 5G 网络数据传输的三个阶段可知，在数据传输之前，合法终端需要实现身份认证和二次认证。5G 网络为异构终端提供了多种认证协议，但多数协议基本上包含三个阶段：终端请求、认证传递和认证响应。在这一过程中，攻击者不仅可能在任何阶段执行欺骗、恶意插入或重放行为，还可以肆意变化攻击程度。这里，根据攻击交互次数定义攻击程度，分为单回路攻击、双向攻击和多回路攻击。在不同攻击类型和不同攻击强度下，网络成功接入率变化趋势如图 5-30~图 5-32 所示。从图中可以看出，随着攻击强度的增加，不同类型攻击作用下的网络成功接入率都在逐渐下降。然而，在相同的攻击程度情况下，不同攻击行为下的网络成功接入率显著不同。与其他行为相比，欺骗攻击作用对成功接入认证影响最高，这是因为非法节点极易通过拦截来自合法节点的指令交互（如访问请求）来进行正常身份认证。相反，重放攻击需要确保重放指令与之前传输的指令处于相同的周期才能实现攻击。由于终端和 5G 网络之间的单次访问周期仅为毫秒左右，重放攻击很难成功，故影响最小。同样，由于恶意插入需要估计访问过程的周期并插入无用消息来干扰正常的身份验证，因此恶意插入攻击下的网络认证率虽然高于欺骗攻击影响，但仍低于重放攻击作用。

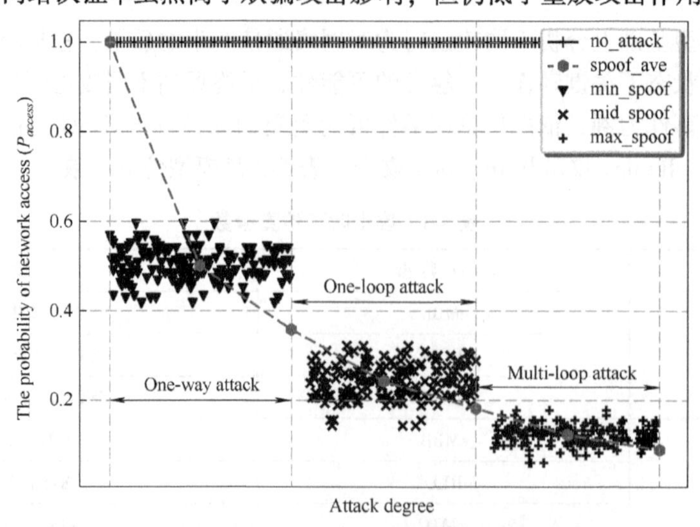

图 5-30 Spoofing 攻击下的网络成功接入率

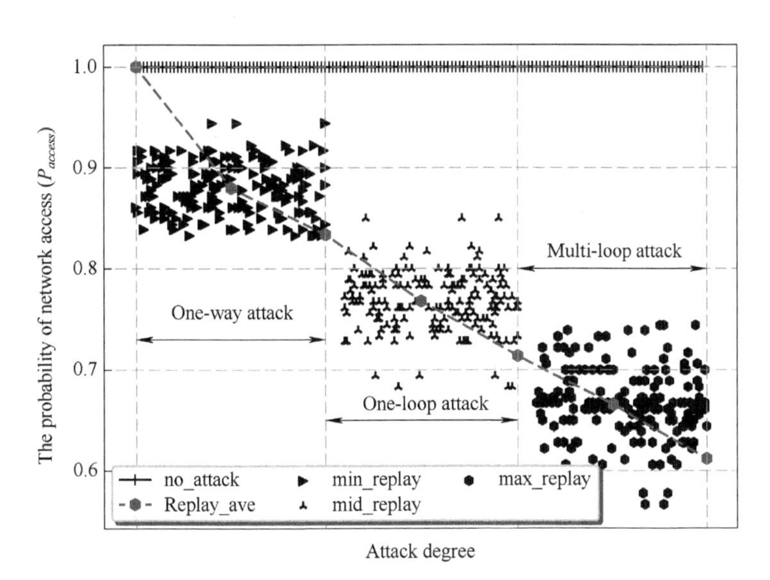

图 5-31 Replay 攻击下的网络成功接入率

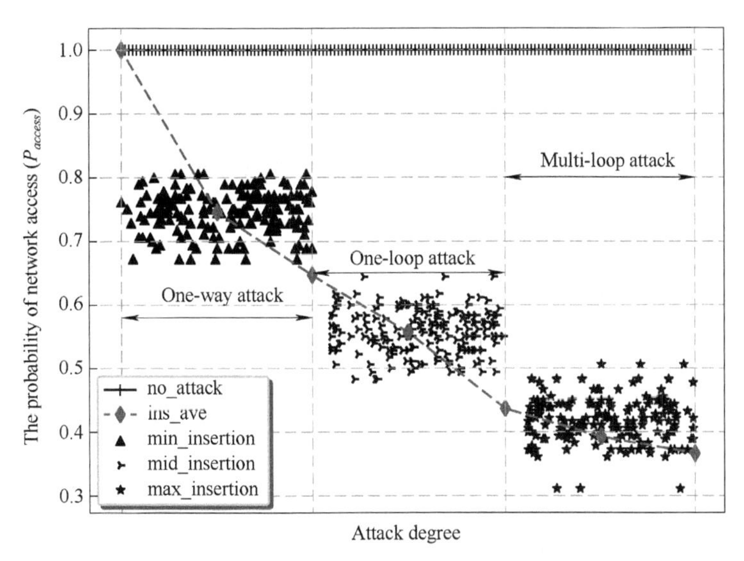

图 5-32 Insertion 攻击下的网络成功接入率

基于上述实验方法，能够依次针对 5G 通信网络不同传输事件，包括身份认证、二次认证和基于网络切片的业务传输过程，分别开展动态攻击渗透的漏洞挖掘。基于仿真实验结果，由 5G 通信引入的系统漏洞包括非法接入漏洞、虚拟网元非法访问漏洞、虚拟网元拒绝服务漏洞和网络切片资源竞争漏洞四类。

1. 非法接入漏洞

攻击者利用工业组件身份验证或权限漏洞，如数控机床控制器权限访问漏洞（CVE-2018-11462），控制合法节点，并在网络认证阶段非法接入 5G 网络，实施重放、欺骗或恶意插入等行为，扰乱正常传输过程，造成数据传输不满足 5G 网络业务场景通信需求，达到数据包传输失败的目的。

2. 虚拟网元非法访问漏洞

攻击者通过利用核心网服务器信息泄露漏洞（如 CVE-2018-7812）或代码注入漏洞（如 CVE-2018-17936）等，窃取并修改 5G 网络功能网元的身份信息和配置信息，实现对虚拟网元的非法访问，执行恶意操作使其无法进行正常工作。

3. 虚拟网元拒绝服务漏洞

虚拟网元身份的安全可信是核心网安全运行的前提，网元交互的安全更是核心网安全运行的关键。攻击者在利用虚拟网元非法访问漏洞基础上，向其交互网元发起特定无效指令，使得交互网元崩溃。

4. 网络切片资源竞争漏洞

网络切片是支持 5G 网络多业务场景安全运行的关键技术。其中，不同切片需要核心网虚拟网元的工作支持。在核心网的服务网中，虚拟网元共享基础物理资源以满足不同切片统一网络服务功能需求。攻击者利用 5G 网络非法接入漏洞成功伪装为合法节点并针对某场景持续发送无效请求，消耗切片的共享物理资源，使其他切片无法正常工作。

5.4.4 安全漏洞验证

在基于 5G 的离散数字化车间中，针对 5G 通信网络的攻击不仅直接影响网络通信可靠性，还间接影响系统正常运行，降低生产效率。因此，安全漏洞验证主要是基于系统形式化模型，利用已发现的漏洞发起模拟攻击，进而通过分析系统运行性能是否异常来判断这些安全漏洞对系统的危害性。下面以生产车间加工区的机器 M1 为示例对象，分析不同攻击下的服务时间变化情况。

1. 欺骗（Spoofing）攻击或重放（Replay）攻击

欺骗（Spoofing）攻击和重放（Replay）攻击状态下 M1 服务时间变化如图 5-33 所示。当模型刚开始运行时，机器 M1 的初始服务时刻是 $t=100\text{s}$。正常情况下，随着仿真时间的增加，M1 服务时间也随之线性增长，并完成所要求的工件任务。

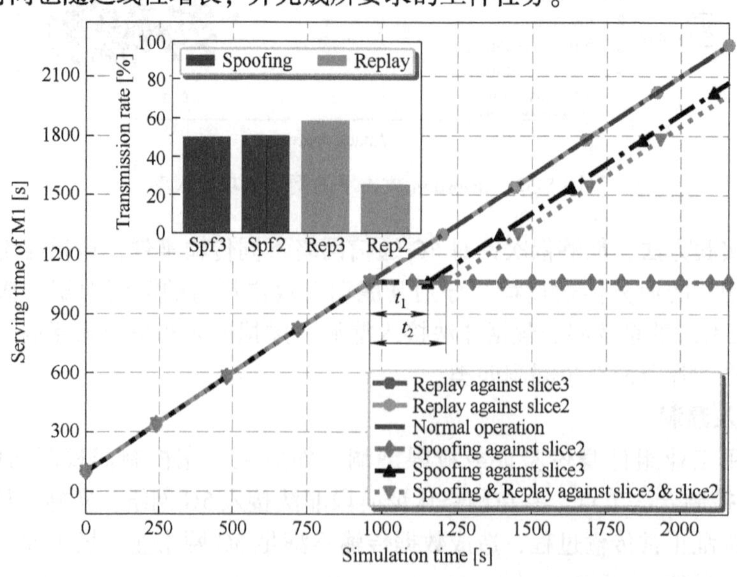

图 5-33　Spoofing 攻击或 Replay 攻击状态下的 M1 服务时间变化

首先考虑欺骗状态下的模型运行过程。当攻击者针对5G网络切片3实施欺骗操作，即对M1的状态信息进行窃听拦截，并伪造假冒状态消息送至控制中心。此时，控制中心被欺骗且认为M1资源可用，则不发起控制指令。与此同时，现场层M1一直运作消耗自身资源。当资源耗尽至资源不可用报警阈值时，M1发起uRLLC场景下的故障信息（切片2），控制中心根据故障请求后下达维护指令，对M1进行检修。从图5-33可以看出，当欺骗攻击作用于切片3时，M1在仿真时间$t=960s$处停止运行，这表明M1已无可用资源。等待一个时间段t_1后，M1在仿真时间$t=1150s$时重新开始提供加工服务，此时说明控制中心收到来自切片2的故障请求并下发维修控制指令，使得M1恢复正常状态。类似地，当攻击者针对5G通信网络切片2实施欺骗操作，即M1可以正常上传状态信息，但故障请求发起和控制指令下发过程将遭受攻击者攻击。从图5-33中不难发现，当欺骗攻击作用于切片2后，M1在$t=960s$时刻停止运行且不再恢复。这是因为控制中心虽然能够根据M1真实状态做出正确判断和控制指令，但是控制指令无法下达至现场车间，M1将运行至无资源可用从而停止服务。

在重放攻击下，当攻击者对5G通信网络切片3或切片2实施攻击时，图5-33中仿真结果表明重放攻击下的M1服务时间变化与正常运行的服务时间变化保持一致。这是因为重放攻击作用下，定期上传的状态信息或下发的控制指令将随机增加一段通信时延后到达目的节点。图5-33中子图表明在5G通信网络中，对系统发起重放攻击一定程度上增加了通信时延，尤其是针对切片2的重放攻击较大程度降低了网络数据包成功传输率，但是数据包时延仍是毫秒级分布，所以重放攻击后依然能满足系统正常情况下甚至毫秒级控制。因此，重放攻击虽然对5G通信网络有恶意时延影响，但是对现场生产过程运行而言，其攻击程度较小，几乎不影响现场正常服务。

进一步地，对欺骗攻击和重放攻击协同作用下的M1服务时间变化进行分析。从图5-33中可知，在欺骗攻击作用切片3且重放攻击作用切片2的情况下，M1在遭受欺骗攻击后上传故障请求，控制中心下发维修指令并延长一段时间到达现场，从而使得这种协同攻击作用下的M1维修等待时间t_2大于欺骗攻击作用下的维修等待时间t_1，最终M1在仿真时间大约$t=1212s$时重新开始提供加工服务。

2. 恶意插入（Insertion）攻击或拒绝服务（DoS）攻击

恶意插入（Insertion）攻击和拒绝服务（DoS）攻击状态下M1服务时间变化如图5-34所示。当模型刚开始运行时，机器M1的初始服务时刻是$t=100s$。正常情况下，随着仿真时间的增加，M1服务时间也随之线性增长，并完成所要求的工件任务。

首先考虑恶意插入攻击状态下的模型运行过程。当攻击者针对5G网络切片3正常业务传输过程实施无用消息插入操作，即对M1的状态信息上传过程进行长期窃听，并预估其交互规律，在预估的下一时刻发送无用消息干扰正常业务的传输。此时，控制中心被无用消息欺骗且认为M1资源可用，则不发起控制指令。与此同时，现场层M1一直运作消耗自身资源。当资源耗尽至资源不可用报警阈值时，M1发起uRLLC场景下的故障信息（切片2），控制中心根据故障请求后下达维护指令，对M1进行检修。从图5-34中可以看出，当恶意插入攻击作用于切片3时，M1在仿真时间$t=960s$处停止运行，这表明M1已无可用资源。等待时间段t_1后，M1在仿真时间$t=1158s$时重新开始提供加工服务，此时说明控制中心收到来自切片2的故障请求并下发维修控制指令，使得M1恢复正常状态。然而，当攻击者针对5G通信网络切片2实施恶意插入操作，即M1可以正常上传状态信息，但故障请求发起和控制指令下发过程将遭受攻击者攻击。从图 5-34 中可以发现，当恶意插入攻击作用于切片 2 后，机器 M1 服务时间变化与正常运行的服务时间变化保持一致。这是因为切片 2 中故障信息上传与指令下发是偶然事件，攻击者难以从随机发生的事件中学习业务交互的规律，故针对切片 2（uRLLC 场景）的恶意插入攻击为无效攻击。

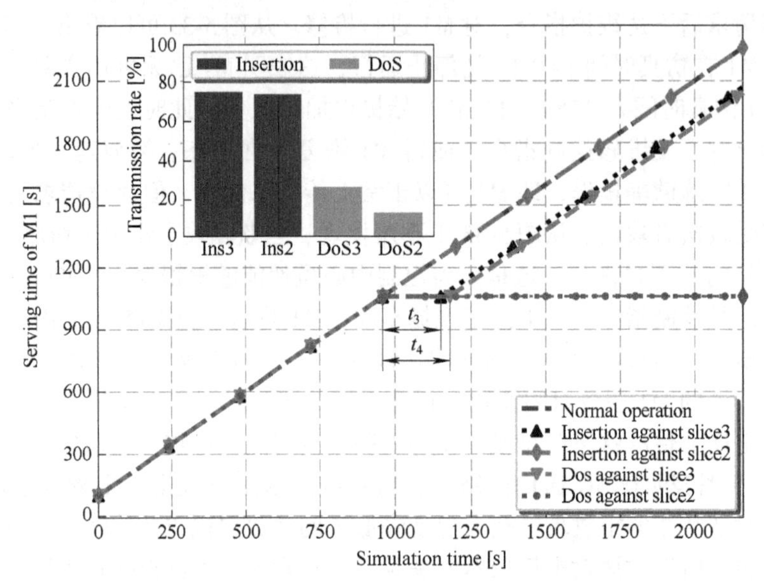

图 5-34　Insertion 攻击及 DoS 攻击下的 M1 服务时间变化

在拒绝服务攻击下，当攻击者对 5G 通信网络切片 3 实施攻击时，图 5-34 中仿真结果表明 M1 在仿真时间 $t=960$s 时停止运行，并发送故障信息至控制中心等待检修并补充资源，最终在仿真时间 $t=1181$s 时重新开始服务。然而，当攻击者对 5G 通信网络切片 2 实施攻击时，从图 5-34 中可知 M1 在 $t=960$s 时刻停止运行且不再恢复。这是因为拒绝服务攻击作用下控制中心虽然能够根据 M1 真实状态做出正确判断和控制指令（切片 3 安全），但是切片 2 遭受拒绝服务攻击后控制指令无法下达至现场车间，M1 将运行至无资源可用从而停止服务。

经过对生产单元 M1 进行四种攻击状态下的安全性分析可知，四种网络攻击虽然对 5G 通信网络业务传输有不同程度的作用影响（仿真结果子图表明不同攻击下的数据包传输成功率大小），但是在系统层面有些攻击对系统运行没有影响。结合 M1 服务时间变化可知，影响系统安全运行的有效攻击包括欺骗攻击、拒绝服务攻击和针对 mMTC 场景（切片 3）的恶意插入攻击；对系统安全运行没有影响的无效攻击包括重放攻击和针对 uRLLC 场景（切片 2）的恶意插入攻击。类似地，对于攻击对系统其他单元、区域以及系统整体生产率等性能的影响，都可以通过这种方法进行分析研究。

5.5　小结

本章讨论了工业控制系统漏洞挖掘技术以及研究现状，并结合 5G 工业系统特征，给出了一种模型驱动的漏洞挖掘方法框架，详细阐述了应用这种方法研究 5G 工业系统安全漏洞的基本思想和步骤，为广大研究者提供一种面向复杂系统漏洞挖掘的理论思路。在此基础上，以 5G 离散数字化车间为例，验证了该方法的可行性，并挖掘到四种由 5G 通信引入的系统漏洞，包括非法接入漏洞、虚拟网元非法访问漏洞、虚拟网元拒绝服务漏洞和网络切片资源竞争漏洞。然而，攻击者如何利用这些漏洞渗透入侵至 5G 工业系统内部的机理尚未明确。

第 6 章

5G 工业系统攻击路径预测

本章将介绍通过攻击建模来预测系统攻击路径的方法，以辨识 5G 工业系统的关键脆弱环节。和上一章的研究思路类似，首先分析工业系统攻击路径预测的常用方法以及近几年该领域的研究现状，再结合 5G 工业系统安全需求，提出面向 5G 工业系统的攻击路径预测方法整体框架。接下来详述框架中的每个研究环节，并通过案例方式给出攻击路径预测方法的验证。本章讨论的主要内容包括：

- 工业系统攻击路径预测。
- 基于多安全约束攻击图的攻击路径预测。
- 基于强化学习的最优攻击路径预测。

6.1 工业系统攻击路径预测

攻击路径预测可采用的分析建模方法很多，第 3 章中介绍了常用方法的原理和特点。本节首先对常用攻击路径预测方法进行分类分析，在此基础上对工业控制系统攻击路径预测的相关研究现状及趋势进行综述。

6.1.1 常见的攻击路径预测方法

预测攻击路径能够帮助分析攻击者利用目标网络或系统中安全漏洞间的关联关系进行风险传播的过程，从而找到系统中的潜在脆弱环节，是 IT 系统、工业系统等领域信息安全防护研究中的重要环节。图模型是预测攻击路径的主要方法，图的可视化方式能够直观揭示和表征系统内部攻击渗透过程。一般来说，基于图模型的攻击路径预测方法有多种，根据图模型结构特征可以划分为树结构、网结构和图结构的方法，如图 6-1 所示。其中树结构主要有

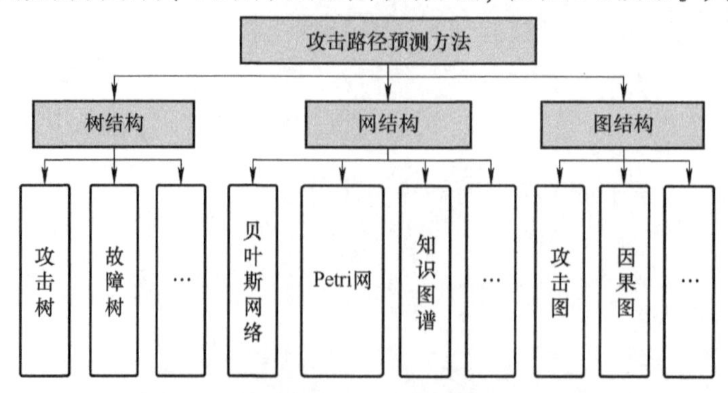

图 6-1　基于图模型的攻击路径预测方法分类

攻击树、故障树等，网结构包括贝叶斯网络、Petri网、知识图谱等，图结构有攻击图、因果图等。由于方法原理的差异性，这些方法各有优势和不足。在实际开展攻击建模和攻击路径预测过程中，需要考虑系统对象的特征以及安全需求等，选择合适的方法开展研究。

6.1.2 工业系统攻击路径预测研究现状及趋势

要对工业控制系统进行攻击路径的预测，往往首先需要进行攻击建模。通过建立攻击模型，分析系统内部威胁渗透过程，预测潜在攻击路径和最优攻击路径，从而揭示系统关键脆弱环节。

目前，有大量的研究工作专注于工业控制系统的攻击建模和分析。主流的攻击建模方法为攻击图模型，该方法是一种有效实现攻击路径的抽象描述的技术，相较于其他方法可以更加直观表达系统内部攻击渗透过程。具体来说，攻击图由多个攻击场景组合而成，每个场景是攻击者入侵系统而执行的动作序列，通过交互效应考虑局部漏洞关联过程，通过互联效应考虑全局攻击渗透过程，最终形成系统攻击路径[134]。Y. Feng等人[135]利用攻击图生成及其可视化技术构建工业控制网络模型，采用深度优先搜索算法搜索当前设备与上下层之间是否存在攻击条件，从而进行漏洞关联。

然而，随着系统或网络规模的扩大，攻击图模型中节点数目以及路径也会随之增加，这极易引发攻击图生成过程的状态爆炸问题。为了攻克大规模系统攻击图生成计算复杂的难点，有不少研究工作在传统攻击图技术基础上进行了改进。K. Kaynar等人[136]采用虚拟内存共享抽象方法改进深度优先搜索算法，构建可达超图，实现攻击路径的并行搜索。然而，这种方法更多考虑的是大型计算机系统安全的路径搜索问题。类似地，一些工作针对时间和成本约束下系统漏洞识别受限问题，提出迭代向后搜索算法，识别具有构成关键攻击集的最小标签数的割集[137]。

除此之外，也有一些研究专注于提高攻击图算法的可扩展性和灵活性。例如，Y. Zhang等人[138]提出一种基于图数据模型的攻击图生成算法，这种方法针对攻击图中大量的半结构化数据，将设备、网络和漏洞信息存储在图数据库中，从而利用交互式搜索算法构建攻击图。这种方法不仅实现了攻击知识的统一形式化表征，还提高了攻击图生成的可扩展性。A. Sahu等人[139]将贝叶斯网络引入到攻击图中以表征攻击者行为的不确定性，根据预定义的威胁模型和通信网络构建先验贝叶斯攻击图，并基于评分和约束的结构学习算法实现贝叶斯网络结构的动态更新。上述方法在一定程度上提高了算法效率，但会增加算法的复杂度，能否应用于资源有限且有严格实时性约束的工业系统还有待进一步验证。

针对工业系统进行攻击，会存在多条攻击路径。为了降低攻击成本，攻击者往往更倾向于选择攻击路径上设备节点和业务传输更加脆弱的路径展开入侵渗透。从攻击者角度来讲，这就是所谓的最优攻击路径。因此，攻击者选择的最优攻击路径及其节点也可被认为是系统的关键脆弱环节。为了加强系统关键脆弱环节的防护，不少研究工作对攻击图进行改进，结合各种优化算法以有效预测系统最优攻击路径。F. Dai等人[140]为了更好评估网络安全态势，提出了考虑多安全目标的攻击路径安全影响分析方法。他们将攻击图和人工免疫算法相结合，试图寻找可行攻击组合中可攻击性和安全影响最大化的攻击路径。类似地，N. Liu等人[141]采用攻击图和层次分析法实现电力控制系统中通信网络攻击路径的量化，最终得到网络攻击代价最低的可用路径，即系统运行的薄弱环节。基于概率模型的最优路径预测方法也得到了学者的关注。付亮等人[142]引入攻击收益和动态攻击概率要素，结合攻击图和蚁群算法来评估攻击路径风险，搜索计算机网络的最佳攻击路径。周余阳等人[143]提出了一种基于贝叶斯攻击图的网络攻击路径量化评估方法，利用贝叶斯网络处理不确定性问题的优势，建立贝叶斯攻击图来推断攻击者到达各状态的概率以及最大概率的攻击路径。同样地，A. Xie等人[144]考虑攻击搜索过程的先验概率、匹配概率和转移概率三个描述攻击可能性的要素，并应用在攻击图中实现网络攻击可能性最大的攻击路径预测。滕翠等人[145]从攻击收益、攻击难易程度和攻击隐蔽程度三个角度建立网络攻击意图的概率模型，从而分析在已知攻击意图条件下所有可攻击的路径概率，进而识别网络最优攻击路径。

总体来说，在传统工业系统中，基于攻击图的攻击建模方法主要是利用图模型来描述攻击者如何利用系统漏洞因果关联关系形成攻击路径。这种攻击行为及演化路径重点考虑了漏洞间的依赖关系，不涉及通信控制过程的不确定性或不安全性。另外，在现有的最优攻击路径预测工作中，研究人员通过概率因子来反映攻击的可能性，但这个概率总是一个定值，本质上这仍属于一种对不确定性的静态描述。然而，实际运行中的工业系统必须具有实时、动态的安全防护能力。在攻击入侵过程中，系统在某攻击时刻的安全防护响应可能影响系统节点后续受攻击的概率，即系统中攻防状态是一个动态变化的过程，针对攻击可能性的不确定性描述也应该反映其动态特性。强化学习是一种智能体在环境中不断进行动作尝试和期望最大化的学习过程[146]。该方法可以很好地反映攻防状态的动态过程，通过不断与所有可行攻击路径下的环境进行学习交互，最终选择攻击期望最大的最佳攻击路径[147]。目前，有学者将攻击者看作智能体（Agent），应用强化学习方法实现攻击路径寻优。李凯江等人[148]将攻击者模拟为智能体，并将已有的攻击路径模拟为智能体的学习环境，以可达收敛节点为目标，利用 Q-learning 机制最终实现网络最短攻击路径搜索。类似地，李腾等人[149]应用强化学习的自主决策优势，以弱化攻击路径中间过程和提高目标节点绝对影响为寻优依据简化奖赏函数设计，并进一步寻求攻击代价最小的攻击路径。针对实际网络安全测试，赵海妮等人[150]采用强化学习方法将渗透测试中多回合漏洞选择转为强化学习动作选择过程，并通过学习训练得到最佳渗透路径。以上研究成果证明了强化学习在路径寻优中的可行性。

综上可知，攻击图和强化学习的结合有望提高攻击路径预测的有效性和准确性，并且已经有学者开始了相关研究。M. Yousefi 等人[151]提出一种基于强化学习的攻击图分析方法：首先利用攻击图生成所有路径，接着采用强化学习方法分析并寻找最大累积奖赏的攻击路径。在该方法中，由于强化学习被引入，攻击图的分析能力被大大增强；同时，该方法的有效性在具有特定服务的 IT 网络中得到验证。相信未来会有更多智能学习算法应用于工业系统的攻击路径预测。

6.2 5G 工业系统攻击路径预测框架

5G 工业系统可能遭受来自传统信息网络的攻击，同时面临 5G 网络带来的安全风险。面向传统工业系统的攻击往往以非法控制系统中某一设备为目标，利用设备或系统的安全漏洞实现攻击权限的逐步提升，完成对设备的控制。进一步地，攻击者对控制的系统设备执行恶意操作，并入侵下一目标，直到攻击最终的目标为止。也就是说，每一步攻击的执行（攻击权限提升）都依赖于信息安全漏洞。但在5G工业系统中，和传统信息安全攻击不同的是，面向5G网络的攻击致力于干扰、中断5G通信网络的传输过程，而非恶意控制。在5G端到端网络传输中，业务由终端发起，经过接入网、承载网和核心网，最终到达用户面下的第三方应用。因此，只要在端到端传输的任一阶段或多阶段成功利用5G网络的漏洞就能达到攻击的目的。由于5G网络端到端的数据传输需要从发送终端开始，经过接入网、承载网和核心网到达目的终端，面向5G网络的攻击可以被认为是一种基于拓扑关联的入侵渗透方式。这和传统工业系统中的信息攻击存在本质上的差异。因此，5G工业系统的攻击路径预测首先需要针对面向5G网络的攻击机制进行分析和形式化表征。

基于上述分析，本章研究一种结合攻击图和强化学习的5G工业系统攻击路径预测方法，具体方法框架如图6-2所示。从图中可以看出，该方法包括攻击路径预测和最优攻击路径预测两部分。其中，攻击路径预测部分通过设计多安全约束来刻画不同的攻击行为，如信息攻击、面向5G网络的攻击等。在此基础上，将其与攻击图集成，实现多类型攻击在同一框架下的行为描述，最终生成系统所有可达攻击路径。最优攻击路径预测部分采用强化学习方法，以可达攻击路径为输入，将攻击者模拟为智能体进行攻击训练，并揭示5G工业系统最优攻击路径。

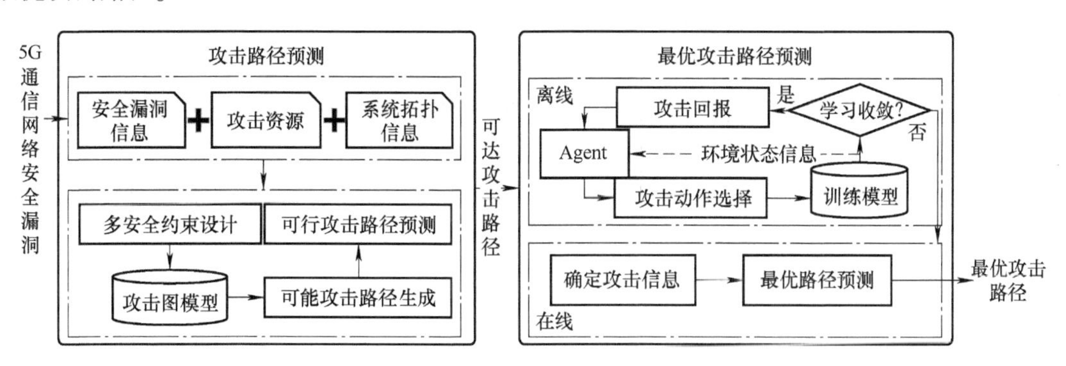

图6-2 5G工业系统攻击路径预测方法框架

6.3 基于多安全约束攻击图的攻击路径预测

6.3.1 5G工业系统攻击场景

攻击场景可以从不同角度进行划分。根据攻击来源可以分为外网攻击和内部攻击；基于安全要素可以分为可用性攻击、完整性攻击和机密性攻击。5G工业系统是传统工业系统和5G通信网络的融合，因此从系统拓扑结构出发，将5G工业系统的信息攻击场景分为面向传统工业系统的攻击、面向5G网络的攻击和组合攻击三种场景。

1. 面向传统工业系统的攻击场景

面向传统工业系统的攻击一般是指采用多步攻击方式并利用传统信息安全漏洞发起恶意行为的攻击，攻击步骤如图6-3所示。在该场景下，攻击者会扫描服务器、路由器等信息空间设备组件的漏洞，并利用这些漏洞获得组件的控制权限，从而使得攻击者自身权限提升，再生成错误控制指令。接下来，这些错误指令通过5G网络通信方式传输至物理域的控制器或执行器，从而导致系统运行异常。

图6-3 面向传统工业系统的攻击步骤

2. 面向5G网络的攻击场景

面向5G网络的攻击是攻击者干扰或破坏5G网络业务传输过程，从而间接影响系统信息域和物理域间的数据传输，最终造成现场运行异常，攻击步骤如图6-4所示。在该场景下，攻击者会利用5G网络中相关终端的漏洞控制该设备，从而以中间人身份干扰5G网络其他业务通信过程，如实施重放、欺骗或拒绝服务等恶意行为。

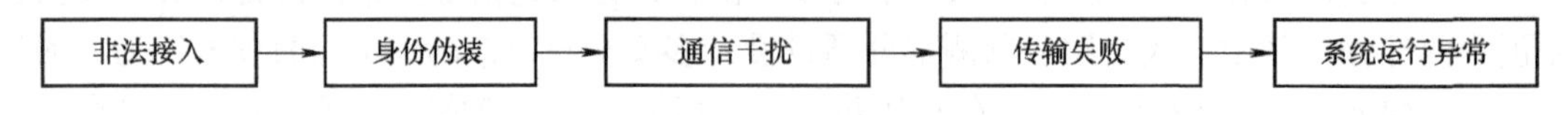

图6-4 面向5G网络的攻击步骤

3. 组合攻击场景

顾名思义，组合攻击是将面向传统工业系统的攻击和面向5G网络的攻击进行结合，两种方式共同完成攻击过程，具体攻击步骤如图6-5所示。首先，攻击者利用工业系统信息域的设备组件漏洞获取控制权限，并伪装成5G网络中的合法终端。接着，攻击者以中间人身份破坏信息物理域间的业务传输。在单纯面向5G网络的攻击场景中，攻击者需要首先冲破5G网络外部终端安全接入认证防护后才能实施攻击，但组合攻击是通过控制5G网络已授权的设备进行通信干扰，无需绕开5G网络的身份认证，因此攻击执行难度相对较低。一旦组合攻击成功执行，5G工业系统将面临极大安全风险。

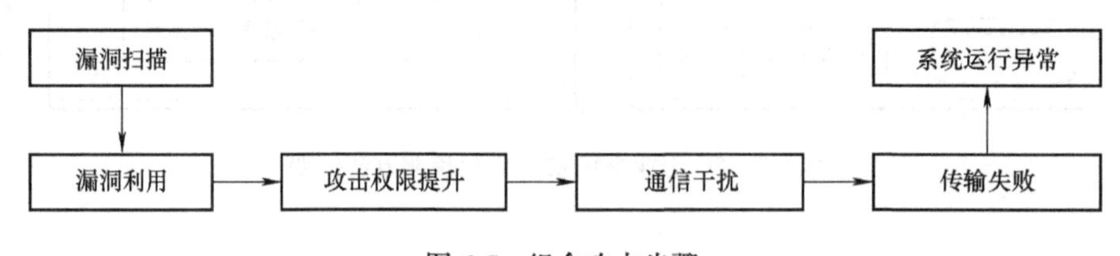

图6-5 组合攻击步骤

6.3.2 多安全约束攻击图模型

传统攻击图方法主要用于信息攻击行为描述以及路径分析，不涉及系统通信过程，即缺乏针对通信过程攻击行为的描述。5G工业系统中存在面向5G网络的攻击和针对传统工业系统的攻击，且两者的攻击方式存在较大差异。为了在同一建模分析框架下实现两种攻击的统一描述，对传统攻击图模型进行优化和改进：通过多安全约束的设计来统一描述三种攻击场景的攻击行为准则，并将其集成在攻击图中，最终实现系统攻击路径预测。具体步骤如下：首先结合5G工业系统拓扑结构和网络特征，定义模型要素，包括网络拓扑、漏洞集合、设备信息、攻击模板和攻击图模型；在此基础上，结合面向5G网络的攻击和传统信息攻击机制，设计三种攻击场景下的安全约束；最后进行安全约束与攻击图的集成。

1. 网络拓扑

将系统设备组件视为节点，节点间的连接关系用边表示，网络拓扑 G 利用无向图表示如下：

$$G = < N_c , N_{5G} , N_p , E , C > \tag{6-1}$$

式中，N_c 表示系统信息域组件节点；N_p 为物理域组件节点；E 是系统信息域和物理域中组件的边集合，用于描述这些节点间的连接关系；C 是 5G 通信网络拓扑节点的连接关系。结合公式（6-1），图 6-6 展示了 5G 工业系统的简要结构示意图。

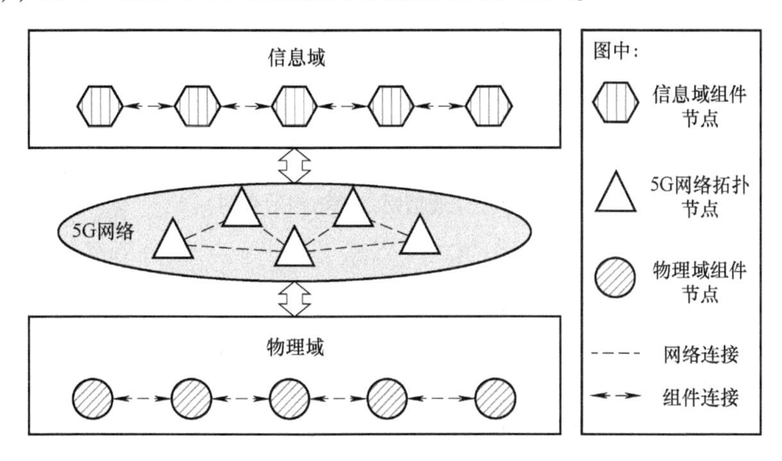

图 6-6　5G 工业系统的简要结构示意图

特别地，N_{5G} 是 5G 网络拓扑形式化节点。通常，5G 通信网络主要包括终端、接入网、承载网和核心网四个区域。为了深入分析攻击者如何利用 5G 通信网络的漏洞开展攻击并造成网络通信异常，需要对 5G 网络进行抽象化描述，因此有必要进一步明确 5G 网络的内部结构。这里，首先对 5G 网络进行基于功能的网络分区，包括终端区、接入网区、承载网区和核心网区。不同网络区域内部由多个通信设备节点组成。接着，每个区域抽象为一种类型节点，而不同类型节点间的跨区连通性采用关联矩阵表达。5G 网络拓扑模型 G 定义如下：

$$G = < N_E , N_A , N_B , N_R , \boldsymbol{EA} , \boldsymbol{AB} , \boldsymbol{BR} > \tag{6-2}$$

式中，$N_E = \{ e_1 , e_2 , \cdots , e_n \}$，$N_A = \{ a_1 , a_2 , \cdots , a_m \}$，$N_B = \{ b_1 , b_2 , \cdots , b_k \}$ 与 $N_R = \{ r_1 , r_2 , \cdots , r_w \}$ 依次表示 5G 通信网络终端节点集合、接入网节点集合、承载网节点集合和核心网节点集合，且这些集合中依次包括 n、m、k 和 w 个通信设备节点。

$$\boldsymbol{EA} = \begin{pmatrix} C(e_1 , a_1) & \cdots & C(e_1 , a_m) \\ \vdots & \ddots & \vdots \\ C(e_n , a_1) & \cdots & C(e_n , a_m) \end{pmatrix}_{n \times m} \tag{6-3}$$

$$\boldsymbol{AB} = \begin{pmatrix} C(a_1 , b_1) & \cdots & C(a_1 , b_k) \\ \vdots & \ddots & \vdots \\ C(a_m , b_1) & \cdots & C(a_m , b_k) \end{pmatrix}_{m \times k} \tag{6-4}$$

$$\boldsymbol{BR} = \begin{pmatrix} C(b_1 , r_1) & \cdots & C(b_1 , r_w) \\ \vdots & \ddots & \vdots \\ C(b_k , r_1) & \cdots & C(b_k , r_w) \end{pmatrix}_{k \times w} \tag{6-5}$$

EA，***AB*** 和 ***BR*** 表示不同区域设备节点间的跨区连通性。图 6-7 是一个简单 5G 通信网络的结构示意图，包括终端、接入网、承载网和核心网四个区域。在每个区域中，都包含相应的通信设备节点。在此基础上，不同区域设备节点间的连接关系由模块之间的连接关系 ***EA***，***AB*** 和 ***BR*** 表示。在 ***EA*** 矩阵中，若 $C(e_1,a_1)=1$，则表示终端区通信节点 e_1 和接入网区通信节点 a_1 间是连通的。

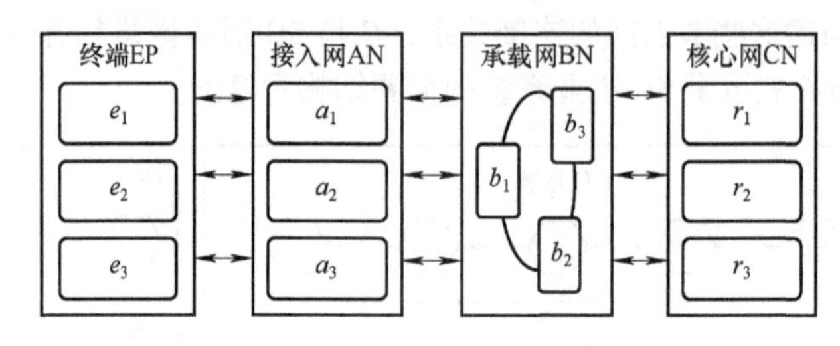

图 6-7　5G 通信网络的结构示意图

2. 漏洞集合

漏洞集合表示系统节点内部或通信网络的所有脆弱点或缺陷的集合。对于任何漏洞 v_i，

$$v_i = <VId_i, VIn_i, VTy_i, precon_i, postcon_i> \tag{6-6}$$

式中，VId_i 为漏洞节点的唯一标识（如 CVE 编号）；VIn_i 表示漏洞的详细信息；VTy_i 是漏洞类型；$precon_i$ 和 $postcon_i$ 分别表示该漏洞的前置条件和后置条件，即描述利用该漏洞的条件以及利用这一漏洞的后果。前置条件和后置条件由用户在主机上所具备的访问权限表示。一般来说，访问权限包括无控制、部分控制和完全控制三种。

3. 拓扑节点

对于任一属于 N_c、N_{5G} 或 N_p 的节点 n_i，该节点的关键属性都可以用四元组表示如下：

$$n_i = <DId_i, Vuls_i, Ast_i, DTy_i> \tag{6-7}$$

式中，DId_i 用于系统设备节点的标识；$Vuls_i = <v_1, \cdots, v_m>$ 表示该节点上存在的 m 个漏洞；Ast_i 反映设备节点在系统中的资产价值；DTy_i 为节点的类型，如控制器、服务器或交换机等。

工业系统一般由监控设备和一些控制闭环组成。其中，控制闭环包括控制器、执行器、被控过程和传感器。通常情况下，可根据设备的功能作用分为五类节点，每类节点有对应的资产等级。表 6-1 是工业系统设备资产等级划分，供读者参考。

表 6-1　工业系统设备资产等级划分（参考）

类别编号	设备类型	资产等级
1	监控设备，如 SCADA 系统	Ⅴ级（最高）
2	控制器，如液位控制器、压力控制器	Ⅳ级
3	执行器，如电动机、阀门	Ⅲ级
4	过程单元，如双容水箱	Ⅱ级
5	传感器，如温度传感器、红外传感器	Ⅰ级

4. 攻击模板

一次完整的网络攻击行为可分为攻击筹备、攻击进行和攻击结束三个阶段。面向 5G 工业系统的攻击往往是多步攻击的结果。为明确并描述每一步攻击行为，攻击模板 $atmp$ 可定义如下：

$$atmp = \langle v_i, precon_i, postcon_i \rangle \tag{6-8}$$

从攻击者角度来说，漏洞的前置条件和后置条件均可表示为攻击者当前的控制权限，从而通过成功攻击而提升自身的权限。

具体来说，单步攻击是由被利用的漏洞和满足该漏洞的前置条件与产生结果组成。只有单步攻击初始状态满足某一漏洞前置条件时，才可利用该漏洞发起单步攻击。当单步攻击成功执行后，原子攻击的状态被更新为漏洞后置条件。也就是说，对任一单步攻击 $a \in atmp$，当且仅当其攻击权限满足 $precon_i$，则漏洞 v_i 可以被成功利用，从而使得攻击权限更新为 $postcon_i$。进一步地，新状态下的原子攻击继续寻找满足前置条件的下一个漏洞，直至达到攻击目标，最终形成多步攻击序列。图6-8展示了多步攻击过程，即漏洞利用路径和拓扑攻击路径的形成过程。其中，攻击者通过成功利用漏洞实现单步攻击，并与之对应地控制拓扑节点。根据漏洞关联性利用下一个漏洞，控制拓扑节点，最终形成漏洞利用路径和拓扑攻击路径。

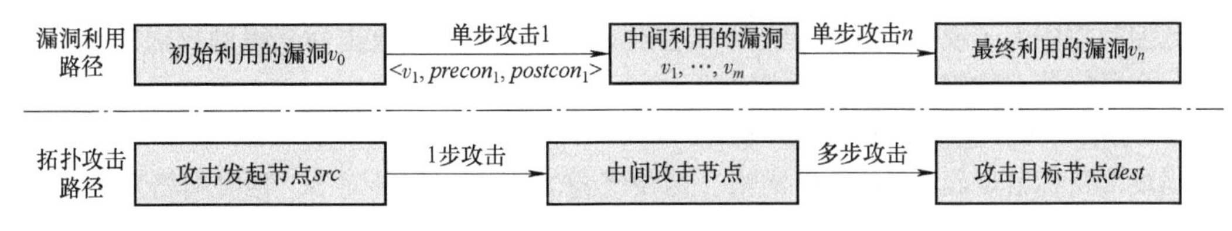

图6-8 多步攻击过程

5. 攻击图模型

攻击图模型用于描述系统多步攻击状态迁移过程，攻击图模型定义如下：

$$AG = (AS, AT)$$
$$\begin{cases} as = \langle attnode, attvul, attpri \rangle, as \in AS \\ atmp = \langle v_i, precon_i, postcon_i \rangle, atmp \in AT \end{cases} \tag{6-9}$$

式中，AS 为攻击图中攻击状态节点集合；AT 为攻击图中状态迁移边的集合，用于描述单步攻击转移条件；as 代表攻击状态，包括攻击节点 $attnode$、漏洞节点对 $attvul$ 和攻击权限 $attpri$。其中，$attnode = \langle src, dest \rangle$，$src$ 是攻击发起节点，$dest$ 是攻击目标节点；$attvul = \langle v_i, v_j \rangle$是利用漏洞节点对，$v_i$ 为发起节点被利用漏洞，v_j 是目标节点的漏洞；$attpri = \langle cybpri, compri, phypri \rangle$，其中 $cybpri$ 是信息域攻击权限，$compri$ 是通信攻击权限，$phypri$ 是物理域攻击权限。

攻击图模型中关键要素的结构关系具体如图6-9所示。

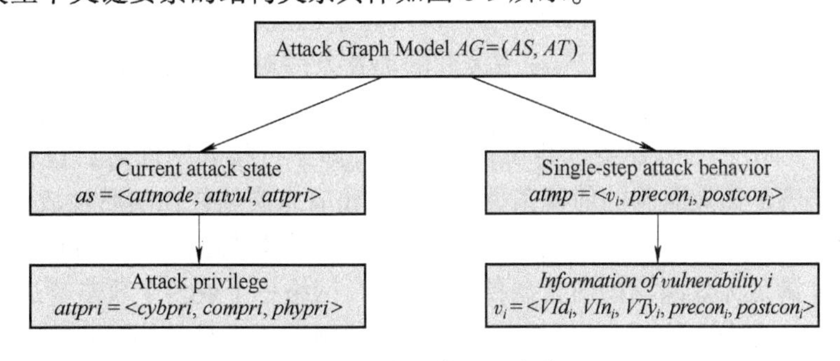

图6-9 攻击图模型要素关联

6. 约束1：信息域攻击约束 CT_1

当攻击目标节点属于系统信息域，基于攻击图的多步攻击路径预测和传统信息系统攻击一致，都是探究攻击者权限如何提升的过程。攻击者需要首先扫描信息域的设备组件漏洞，并判断当前权限能否满足攻击者在该节点上利用漏洞的最低权限，若满足该条件，则可执行一次原子攻击。另外，攻击成功执行后，漏洞利用的结果使得攻击者权限提升，从而关联下一节点漏洞利用的最低条件，进而形成攻击者在信息域的多步渗透路径。因此，攻击者只要满足如下安全约束条件 CT_1，即可实现对信息域的攻击渗透。

$$CT_1=\begin{cases} cybpri \geqslant precon_i \\ postcon_i \geqslant precon_j \\ e(src,dest)=1, \text{同时 } src,dest\in N_c \\ v_i\in Vuls_{src}, \text{同时 } v_j\in Vuls_{dest} \end{cases} \tag{6-10}$$

由信息域攻击的安全约束可知，攻击者在信息域发起攻击需要满足目标节点在信息域内，同时发起节点和目标节点间的连接为真。在该前提条件下，攻击行为执行不仅需要保证信息域控制权限大于或等于攻击起点最低控制权限，还需满足攻击后获得的权限能够满足其对下一个目标节点发起攻击的最低要求。

7. 约束2：5G通信网络攻击约束 CT_2

当攻击目标节点属于5G通信网络，需要考虑攻击者如何针对5G通信网络发起攻击从而影响物理域的安全运行。和面向传统工业系统的攻击不同，面向5G网络的攻击行为并不是提高攻击者权限，攻击者往往通过非法入侵5G网络，造成网络瘫痪或作为中间人节点攻击信息域和物理域间的正常交互过程，最终导致物理域的不安全控制。

具体来说，面向5G网络的攻击是一种基于拓扑关联的攻击渗透方式，渗透过程中不一定要利用节点通信漏洞。假定5G网络的形式化节点包含一种无效漏洞 v_i^*。对于任何一次面向5G网络的攻击，单步攻击中无效漏洞利用动作被认为是攻击者穿过（渗透）当前的网络域，并未实施任何实质性的恶意行为。面向5G网络的攻击约束 CT_2 定义如下：

$$CT_2=\begin{cases} compri \geqslant precon_{i^*}, src\in N_E, dest\in N_A, \boldsymbol{EA}\cdot\boldsymbol{AB}\cdot\boldsymbol{BR}=True \\ compri \geqslant precon_i \& compri < postcon_j, src\in N_E, dest\in N_A, \boldsymbol{EA}\cdot\boldsymbol{AB}\cdot\boldsymbol{BR}=False \\ compri \geqslant precon_{i^*}, src\in N_A, dest\in N_B, \boldsymbol{AB}=True \\ compri \geqslant precon_{i^*}, src\in N_B, dest\in N_R, \boldsymbol{BR}=True \\ v_i\in Vuls_{src} \& v_j\in Vuls_{dest} \end{cases} \tag{6-11}$$

当 $src\in N_E$ 且 $dest\in N_A$，如果 src 不是5G网络中已经注册的节点，即 $\boldsymbol{EA}\cdot\boldsymbol{AB}\cdot\boldsymbol{BR}=False$，通信攻击权限不仅需要大于 src 中漏洞的前置条件对应的权限，还需要小于 $dest$ 中漏洞的后置条件对应的通信权限，才能发起攻击。如果 src 是5G网络已注册的节点，即 $\boldsymbol{EA}\cdot\boldsymbol{AB}\cdot\boldsymbol{BR}=True$，攻击者不需要绕过身份认证环节，即穿过接入网即可。这种情况下，通信攻击权限只需要满足无效漏洞的前置条件，表征攻击者未实施任何实质性攻击。类似地，当 $src\in N_A$ 且 $dest\in N_B$ 或 $src\in N_B$ 且 $dest\in N_R$ 时，如果不同区域通信节点间相连通，则用通信攻击权限 $compri$ 满足无效漏洞的前置条件来描述5G网络一个或多个攻击渗透过程。

由 CT_2 可知，攻击者针对5G网络的攻击利用规则需要满足目标节点在交互域，同时满足发起节点和目标节点网络连接为真两个条件。在该前提条件下，如果攻击发起节点是5G

网络终端设备，则需要利用设备内部安全漏洞实现对终端的控制，从而作为非法节点入侵5G网络；如果攻击发起节点是接入网节点、承载网节点或核心网节点，则只要满足攻击者在相应节点上的最低权限即可，无需考虑下一步原子攻击发生的可能。

8. 约束3：组合攻击约束 CT_3

组合攻击约束是上述两种攻击约束的组合形式。对于一个组合攻击来说，攻击首先从信息空间出发，通过判断是否满足 CT_1，逐步执行单步攻击。当攻击入侵至5G网络，CT_1 不再满足。此时，攻击图通过触发 CT_2 并判断面向5G网络的攻击是否成功，最终完成组合攻击的过程。组合攻击约束定义如下：

$$CT_3 = \begin{cases} CT_1, src, dest \in N_c \\ CT_2, src, dest \in N_{5G}/N_E \end{cases} \tag{6-12}$$

6.3.3 攻击图生成

1. 图遍历算法

攻击图是系统攻击建模的基础。在图模型基础上生成攻击图并得到系统潜在攻击路径，需要通过图遍历算法实现路径的搜索。图遍历算法目前有深度优先搜索法和广度优先搜索法两大类[152,153]。

（1）深度优先搜索法

深度优先搜索算法（Depth First Search，DFS）是一种用于遍历、搜索树或图的搜索算法。它从初始节点出发，按预定的顺序扩展到下一个节点，然后从下一个节点出发继续扩展新的节点，并不断递归执行这个过程，直到某个节点不能再扩展下一个节点为止。当某节点无法扩展时，返回上一个节点重新寻找一个新的扩展节点。如此搜索下去，直到找到目标节点，或者搜索完所有节点为止。

（2）广度优先搜索法

广度优先搜索算法（Breadth First Search，BFS）是一种盲目搜索方式，它的核心是层序遍历。它从初始节点出发，沿着边界不断向外扩展寻找下一个节点，直到这一层级遍历完成，再深入下一层搜索，最终完成所有节点的搜索。

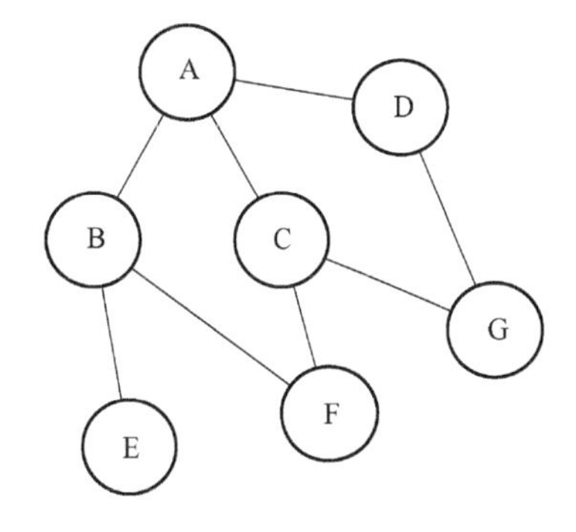

图6-10　简单的树形结构

图6-10展示了一个简单的树形结构，以这一树结构为例阐述两类算法的应用。假设搜索源节点是节点A，若采用深度优先搜索算法进行遍历，则搜索顺序为ADGCFBE；若采用广度优先搜索算法进行遍历，则搜索路径为ABCDEFG。根据该示例，对这两类遍历算法进行分析比较，具体见表6-2。

表6-2　两类图遍历算法的对比

图遍历算法	遍历方式	优点	缺点	应用
深度优先搜索	先序遍历	未遍历全部节点，资源占用少	访问速度较慢	连通性问题
广度优先搜索	层序遍历	访问速度较快	遍历全部节点，资源占用大	最短路径问题

2. 攻击图生成流程

根据系统运行特征和攻击知识，生成系统攻击图以获得系统潜在攻击路径。基于攻击图模型和多安全约束条件，攻击图生成步骤大致如下：

（1）确定攻击信息

要实现系统攻击路径的预测，首先需要明确基本攻击信息，主要包括攻击源节点和攻击的目标节点。明确攻击基本信息后，再利用图遍历的方式即可筛选出两个节点间的所有可能路径。

（2）搜索可能攻击路径

依据攻击基本信息，利用图遍历算法，如深度优先搜索算法对系统图模型进行遍历搜索，即可找到攻击源节点和目标节点间所有的连通路径，即可能的潜在攻击路径。

（3）预测可行攻击路径

可能的潜在攻击路径只是源节点和目标节点间物理拓扑有关联的路径。要判断基于这些路径是否可以成功实施攻击，还需要进一步明确攻击者是否能够满足多安全约束，并执行恶意行为。既满足物理拓扑连通条件，又同时满足多安全约束逻辑条件的路径才是最终可行的攻击路径。

综上，攻击图生成流程示意图如图 6-11 所示。

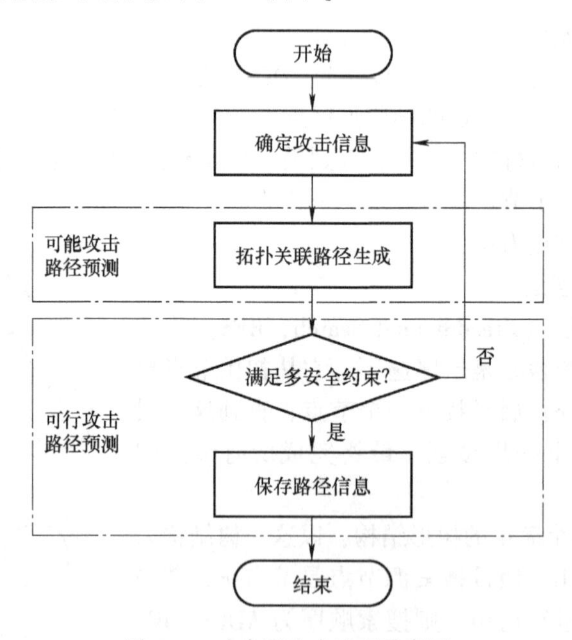

图 6-11　攻击图生成流程示意图

6.4　基于强化学习的最优攻击路径预测

6.4.1　基于强化学习的双层网络模型

为了更有效地预测 5G 工业系统的最优攻击路径，发现系统关键脆弱环节，可以引入强化学习来描述系统攻防状态的动态变化。需要注意的是，在 5G 工业系统中任一设备节点往往存在多种不同的信息漏洞，即系统设备和漏洞间呈现“一对多”关系。如何描述拓扑节点和漏洞节点间“一对多”的关系，是构建强化学习预测算法首先要解决的问题。本节提出构建双层网络模型的方法，如图6-12所示。首先将5G工业系统对象看成是一个拓扑网络和一个漏洞网络的融合结构。在此基础上，将强化学习的关键元素与双层网络结构相结合，从而得到基于强化学习的双层网络模型和关键要素。最后，通过探究攻击在双层网络入侵过程中的奖励分配过程，并进行攻击训练以寻找最优攻击路径。基于强化学习的双层网络模型构建包括模型关键要素构建和模型奖励过程设计两方面。

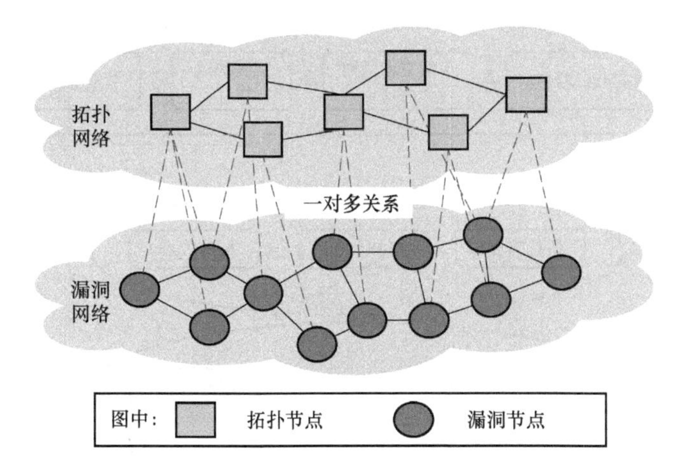

图6-12　5G工业系统拓扑节点和漏洞节点间“一对多”关系示意图

1. 模型关键要素构建

针对双层网络的特点，对于强化学习中的关键要素建模。

（1）环境。将系统拓扑层网络和漏洞关联层网络共同定义为环境E，包括系统拓扑节点（N_C、N_{5G}和N_P），漏洞节点，攻击者（Agent），物理渗透过程和漏洞利用过程。

（2）智能体。系统中所有攻击者可以看作智能体集合AGT，每次攻击过程的攻击发起者定义为$Agent$，且$Agent \in AGT$。智能体模拟攻击者处理环境信息，以确定下一次具有最大回报的攻击行为。

（3）状态。在智能体的攻击训练过程中，智能体的状态有两种类型：拓扑攻击状态和漏洞利用状态。智能体在t时刻攻击的拓扑节点为n_i，其拓扑攻击状态定义为cs_i^t。同时，智能体的漏洞利用状态由vs_i^t表示，表示智能体在t时刻利用漏洞节点v_i。

（4）动作。攻击者执行攻击动作时会发生状态转换。和智能体的状态相对应，这里定义两种类型的攻击动作，即拓扑攻击动作和漏洞利用动作。拓扑攻击动作ac_i^t表示拓扑节点n_i在t时刻遭受攻击的行为。漏洞利用动作av_i^t表示智能体在t时刻利用漏洞节点v_i的行为。对于t时刻的智能体来说，可选的拓扑攻击动作集合和漏洞利用动作集合分别由ac和av表示。

（5）奖赏。为了从ac和av集合中确定攻击过程中的最优动作，设计两种奖赏函数，包括基于拓扑的全局奖赏和基于漏洞的局部奖赏。

2. 模型奖励过程设计

基于以上关键要素定义，接下来确定攻击过程中单步行为执行的奖赏机制。具体来说，攻击者在漏洞利用状态下采取漏洞利用动作，将与下一漏洞节点目标关联的“状态-动作”

值定义为 QV，将局部奖赏表示为攻击者在当前漏洞节点下选择执行动作所得到的局部奖励；与此同时，漏洞关联网络将该执行动作反馈给拓扑网络，以确定攻击者在渗透状态 cs 下所需采取的动作 ac，并将拓扑网络中的“状态-动作”值定义为 QT。智能体的具体学习过程如图6-13所示。对于一个成功的攻击，智能体首先计算在 t 时刻的漏洞利用状态下所有可选动作的局部奖赏，然后将确定的漏洞利用动作反馈至拓扑网络。智能体根据拓扑攻击状态和相应的全局奖赏，从可选的拓扑攻击动作中选择 $t+1$ 时刻的最优动作。最后，当目标节点遭受攻击时，迭代训练终止。

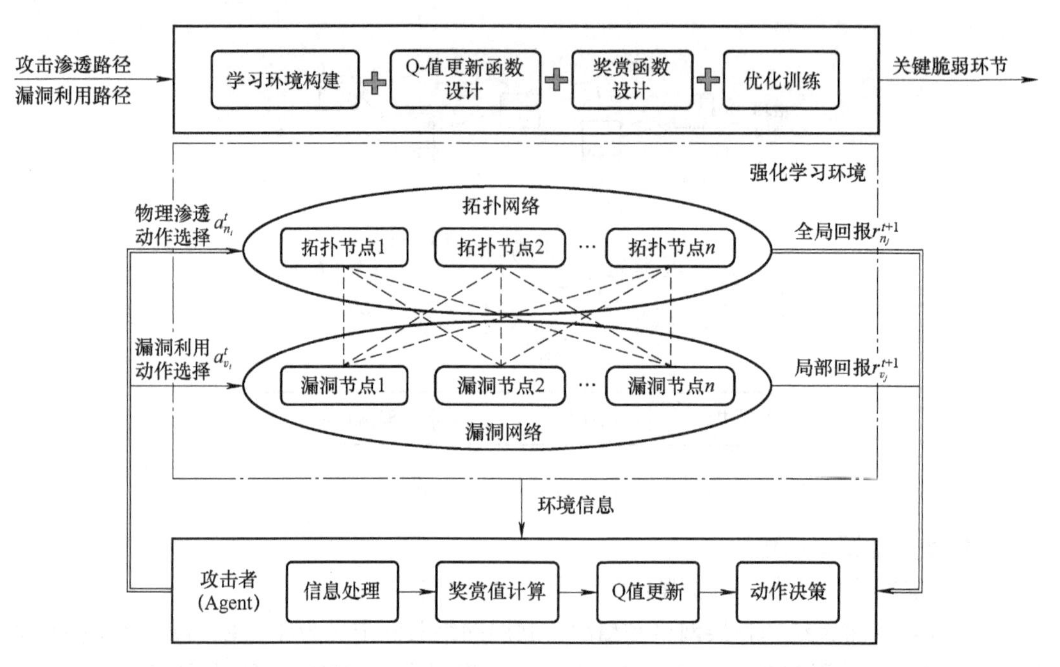

图6-13　智能体的具体学习过程

6.4.2　最优攻击路径预测方法

本节将详细介绍基于强化学习的最优攻击路径预测方法，包括Q-value更新方程设计和奖赏函数设计两部分。

1. Q-value更新方程设计

在5G工业系统的双层网络环境中，漏洞节点属性直接反映攻击者利用该漏洞的能力和可能性，而组件节点属性是该节点在系统全局拓扑中的重要性度量，间接反映攻击者攻击拓扑节点造成的影响。因此，在模型奖励过程中，可以将漏洞利用动作的奖赏视为一种局部的奖励，将拓扑攻击动作的奖赏当作全局的奖励。在此基础上，根据5G工业系统路径寻优的两个奖励需求，分别设计拓扑节点和漏洞节点的Q-value方程，计算 QT 和 QV 值，从而指导模型更准确地寻找最优攻击路径，识别关键脆弱环节。结合传统强化学习算法的Q值更新定义，拓扑攻击节点和漏洞利用节点的Q-value更新函数如下：

$$QT_i^{t+1}(cs_i^t,ac_i^t)=(1-\alpha)QT_i^t(cs_i^t,ac_i^t)+\alpha\{GR(cs_j^{t+1})+\gamma\max_{ac\in AC_j}QT_j^t(cs_j^{t+1},ac)\}\tag{6-13}$$

$$QV_i^{t+1}(vs_i^t,av_i^t)=(1-\alpha)QV_i^t(vs_i^t,av_i^t)+\alpha\{r^{t+1}(vs_j^{t+1})+\gamma\max_{av\in AV_j}QV_j^t(vs_j^{t+1},av)\}\tag{6-14}$$

式中，$QT_i^{t+1}(cs_i^t, ac_i^t)$表示攻击者在状态$cs_i^t$时采取动作$ac_i^t$后，在$t+1$时刻的累积奖赏；$GR(cs_j^{t+1})$表示当攻击者在$t+1$时刻从状态$cs_i^t$转为状态$cs_j^{t+1}$后获得的间接全局奖赏；类似地，$QV_i^{t+1}(vs_i^t, av_i^t)$表示攻击者在状态$vs_i^t$时采取动作$av_i^t$后在$t+1$时刻的累积奖赏；$r^{t+1}(vs_j^{t+1})$表示当攻击者在$t+1$时刻从状态$vs_i^t$转为状态$vs_j^{t+1}$后获得的直接局部奖赏；$\alpha$和$\gamma$分别为强化学习模型的学习率和折扣率。

2. 奖赏函数设计

与双层网络模型的两种Q-value对应，下面对基于漏洞的局部奖赏函数和基于拓扑的全局奖赏函数依次进行说明。

（1）基于漏洞的局部奖赏

局部奖赏是漏洞利用动作执行后，基于漏洞可利用性和漏洞的影响对动作执行结果的反馈。影响局部奖赏的主要因素包括基于漏洞可利用性的攻击向量（Attack Vector，AV）、攻击复杂度（Attack Complexity，AC）和身份认证（Priviledge Required，PR）三个关键要素，以及基于漏洞影响的机密性（Confidentiality，C）、完整性（Integrity，I）和可用性（Availability，A）。特别地，上述六项关键要素在通用漏洞评分系统（CVSS）基本评分标准中有明确的定义，并进行了定性描述。同时，与漏洞的高中低定性描述有对应的具体量化值来进一步表征漏洞的危害影响。例如，漏洞CVE-2019-0625的上述六个影响要素的描述见表6-3。

表6-3　漏洞CVE-2019-0625的六个影响要素描述

漏洞CVE-2019-0625						
影响要素	AV	AC	PR	C	I	A
定性描述	Local	Low	None	High	High	High
定量评分	0.7	1	1	1	1	1

虽然目前CVSS自身评价标准被广泛接受和应用，但从本质上来说其度量标准的选用以及评估指标权重分配上是具有一定的主观性的。为了尽量实现局部奖赏的客观评估，可以采用基于漏洞属性融合分析的局部奖赏计算方法，利用熵权法，确定不同属性要素的权重，从而综合计算漏洞被利用后的奖励值。具体计算过程包含漏洞属性要素指标集合描述、漏洞属性要素指标归一化处理、漏洞属性要素指标比重归一化变换、信息熵确定及各要素指标权重计算和局部奖赏计算五步。

漏洞属性要素指标集合描述

对于任一漏洞节点i，均具有以下漏洞属性要素指标集合$vulF_i$：

$$vulF_i = \{f_{i1}, \cdots, f_{ik}\} \tag{6-15}$$

式中，f_{ik}表示漏洞节点i的漏洞属性，如攻击向量、攻击复杂度、身份认证、机密性、完整性或可用性。

漏洞属性要素指标归一化处理

由于不同属性的评估标准不一样，故首先对各指标进行归一化处理。对于任一漏洞节点v_i，对应的所有归一化漏洞属性要素为：

$$S_{ij} = \frac{f_{ij} - \min(f_j)}{\max(f_j) - \min(f_j)},\ j = 1, \cdots, k \tag{6-16}$$

式中，k表示漏洞属性要素指标总数。

漏洞属性要素指标比重归一化变换

在指标归一化基础上，计算各指标在任一漏洞节点 v_i 中的比重为

$$p_{ij} = \frac{f_{ij}}{\sum_{i=1}^{n} f_{ij}},\ i = 1,\cdots,n,\quad j = 1,\cdots,k \tag{6-17}$$

其中，n 为网络漏洞节点总数目。

信息熵确定及各要素指标权重计算

计算任一属性要素指标对应的信息熵值，具体如下：

$$e_j = - ln(n)^{-1} \sum_{i=1}^{n} p_{ij} ln(p_{ij}),\ i = 1,\cdots,n,\quad j = 1,\cdots,k \tag{6-18}$$

进一步地，各要素指标对应的权重 w_j 为

$$w_j = \frac{1 - e_j}{k - \sum_{j=1}^{k} e_j} \tag{6-19}$$

局部奖赏计算

攻击者执行动作并在 $t+1$ 时刻从状态 vs_i^t 转为状态 vs_j^{t+1} 后获得的直接局部奖赏 $r^{t+1}(vs_j^{t+1})$ 计算如下：

$$r^{t+1}(vs_j^{t+1}) = \sum_{m=1}^{k} w_m \cdot f_{jm} \tag{6-20}$$

（2）基于拓扑的全局奖赏

拓扑节点在系统拓扑结构中的重要性往往反映了该节点在系统中的关键程度。在系统中连接程度高的节点通常被认为是核心节点。攻击者往往倾向于通过攻击这些核心点来达到“单点到多点攻击传播”的目标。中介中心性是图模型中衡量顶点重要程度的关键指标，表示网络或系统中任一节点处于其他两个节点间最短路径的次数。对于任一拓扑节点 n_i，它的中介中心性 $B(n_i)$ 定义如下：

$$B(n_i) = \sum_{s \neq n_i \neq t} \frac{p(n_i)}{pnum} \tag{6-21}$$

式中，s 和 t 分别是起始节点和目标节点；$pnum$ 是 s 和 t 之间最短路径的总数；$p(n_i)$ 为 s 和 t 之间通过拓扑节点 n_i 的最短路径的数量。

拓扑节点的中介中心性有效表征了其在系统拓扑中的关键程度。然而，攻击任一拓扑节点，也将对其关联的邻居节点造成一定的影响。因此，拓扑攻击动作执行的奖励不仅与其目标节点的重要性有关，也与该节点的邻居节点的重要性间接相关。也就是说，攻击者执行拓扑攻击动作并在 $t+1$ 时刻从状态 cs_i^t 转为状态 cs_j^{t+1} 后获得的间接全局奖赏 $GR(cs_j^{t+1})$，需要综合考虑当前拓扑攻击动作对应的节点和相应邻居节点的拓扑重要性的影响，具体计算公式如下：

$$GR(cs_j^{t+1}) = \alpha \cdot B(cs_j) + \beta \cdot \sum_{cs_m \in Adj(cs_j)} B(cs_m) \tag{6-22}$$

式中，$B(cs_j)$ 表示当前拓扑攻击动作造成的影响；α 和 β 为权重。

6.5 案例研究

6.5.1 5G 离散数字化车间拓扑模型

本章选用和第 5 章相同的 5G 离散数字化车间对象开展案例分析。首先，结合数字化车间系统的结构特点和拓扑交互特征，构建系统拓扑模型，如图 6-14 所示。其中，中间虚线方框以上为信息域节点，包括节点 1 至节点 9。虚线框中四个节点用于表征 5G 网络的形式化拓扑节点（终端、接入网、承载网和核心网），负责连接信息域和物理域。节点 15 至节点 33 用于代表物理域的节点，处于虚线方框之下。节点 0 表示系统的攻击者，可以发起面向传统工业系统信息域或 5G 网络的攻击，并逐步实现系统的入侵渗透。同时，假设 5G 离散数字化车间系统的不同拓扑节点存在一些漏洞，详细信息见表 6-4。这里，为了保证攻击建模与路径预测的一致性，我们定义由 5G 通信引入的系统漏洞编号为“Com5G-x-x”。

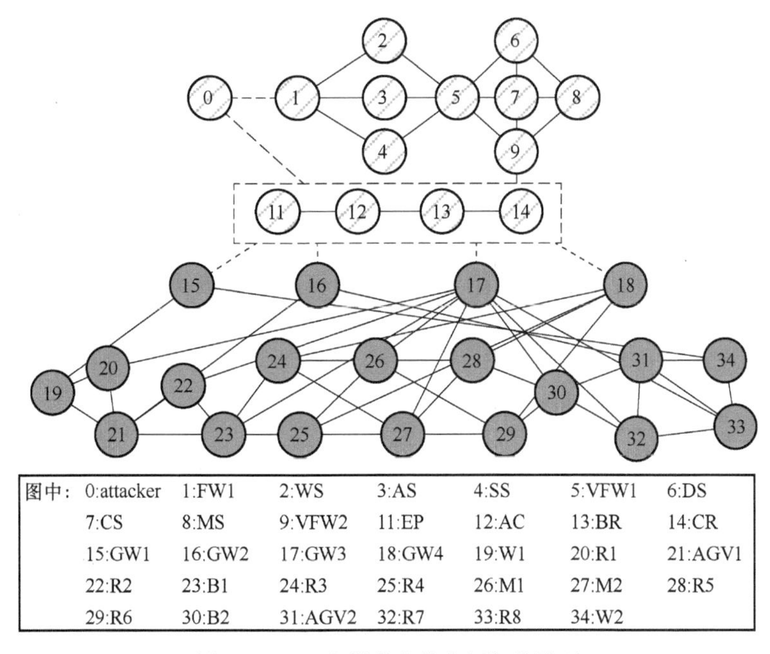

图 6-14 5G 离散数字化车间拓扑模型

表 6-4 5G 离散数字化车间系统的不同拓扑节点的漏洞信息表

漏洞 ID	漏洞编号	所在设备（拓扑节点）	攻击类型
1	CVE-2022-0342	FW1、VFW1、VFW2	身份认证绕过
2	CVE-2017-9833	WS	权限窃取
3	CVE-2017-2684	AS	认证绕过-未授权操作
4	CVE-2018-8652	SS	恶意脚本运行
5	CVE-2019-0596	DS	信息窃取（本地）
6	CVE-2016-2289	MS	目录遍历漏洞-配置文件获取
7	CVE-2019-6523	CS	SQL 注入漏洞-远程

（续）

漏洞 ID	漏 洞 编 号	所在设备（拓扑节点）	攻 击 类 型
8	CVE-2010-4742	GW1、GW2、GW3、GW4	任意代码执行
9	CVE-2021-31882	R1、R2、R7、R8	缓存区错误
10	CVE-2020-10054	AGV1、AGV2	输入验证错误
11	CVE-2020-18756	M1	缓冲区错误
12	CVE-2013-0659	M2	任意代码执行
13	CVE-2017-7921	R3、R4、R5、R6	授权问题
14	CVE-2013-0659	W1、W2	调试功能漏洞
15	CVE-2018-13816	B1、B2	通信身份认证失效
16	Com-5G-1-1	EP	外部网络终端非法控制
17	Com5G-2-1	AC	接入认证失败
18	Com5G-3-1	BR	数据完整性破坏
19	Com5G-4-1	CR	网元非法控制
20	Com5G-4-2	CR	共享切片资源竞争
21	Com5G-0-0	AC、BR、CR、CR	5G 通信网络无效漏洞

6.5.2 攻击路径预测过程

6.3.1 节详细剖析了三种 5G 工业系统的攻击场景。基于三种攻击场景，即可依次分析不同攻击作用下系统潜在的入侵渗透路径，具体攻击路径预测实验流程如图 6-15 所示。

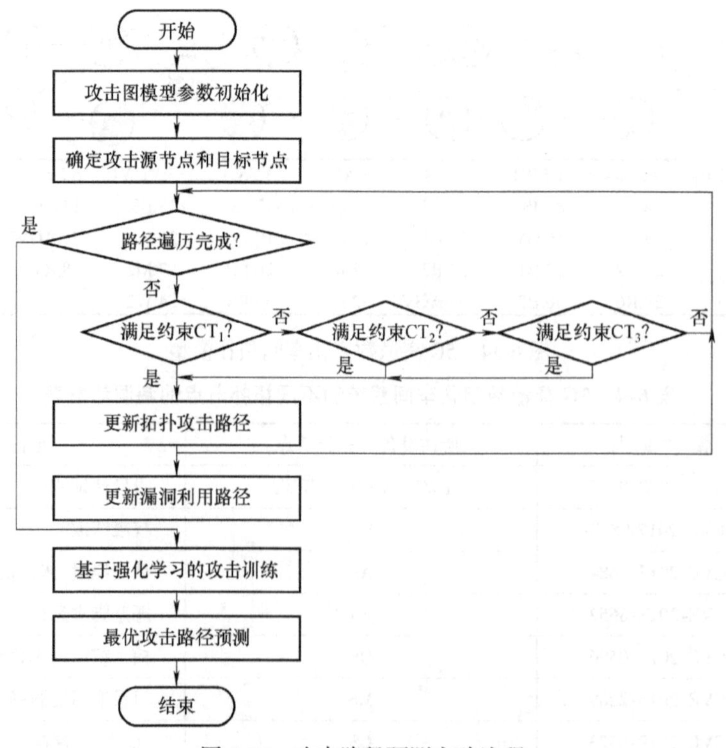

图 6-15 攻击路径预测实验流程

在攻击路径预测实验中，首先需要选择攻击场景并明确攻击源节点和目标节点。在此基础上，根据多安全约束攻击图模型开展攻击路径遍历，预测系统潜在的拓扑攻击路径和漏洞利用路径。在完成路径遍历搜索后，进一步根据这些可达攻击路径结果，进行基于强化学习的攻击训练，积累攻击经验知识。最后，根据训练好的模型来预测系统最优攻击路径。

6.5.3 攻击路径预测结果

表 6-5 给出了案例对象在三种攻击场景下，攻击者入侵系统物理域设备的预测结果。从表中可以看出，本章方法既能预测针对传统工业系统的攻击路径，也能揭示攻击者通过 5G 网络实现系统入侵渗透的路径。虽然面向 5G 网络攻击对应的拓扑攻击路径只有 1 条，但是其对应漏洞利用路径高达 24 条。这是因为面向 5G 网络的攻击是以网络拓扑关联特征作为入侵路线，单步的通信攻击不一定会利用漏洞，所以面向 5G 通信网络的攻击会呈现多种漏洞利用过程。进一步地，在组合攻击场景下，拓扑攻击路径数目是其他两种攻击作用下拓扑攻击路径数目总和，但是其漏洞利用路径呈现多倍数增长。因此，在这种情况下，一旦 5G 离散数字化车间攻击面多点暴露并遭受组合攻击，系统将面临严峻的安全风险。

表 6-5　系统攻击路径预测结果

拓扑攻击路径数目			漏洞利用路径数目		
面向传统工业系统的攻击场景	面向 5G 网络的攻击场景	组合攻击场景	面向传统工业系统的攻击场景	面向 5G 网络的攻击场景	组合攻击场景
27	1	28	760	24	4560

为了直观表征攻击作用下的系统攻击路径，这里以组合攻击为例，生成可视化攻击图。图 6-16 展示了从攻击源节点 n_0 至拓扑节点 n_{31} 的部分攻击图，图中清晰描述了 1 条拓扑攻击路径下的 6 条漏洞利用路径。该攻击图共包括 30 个状态节点和 32 条边，其中 14 个矩形

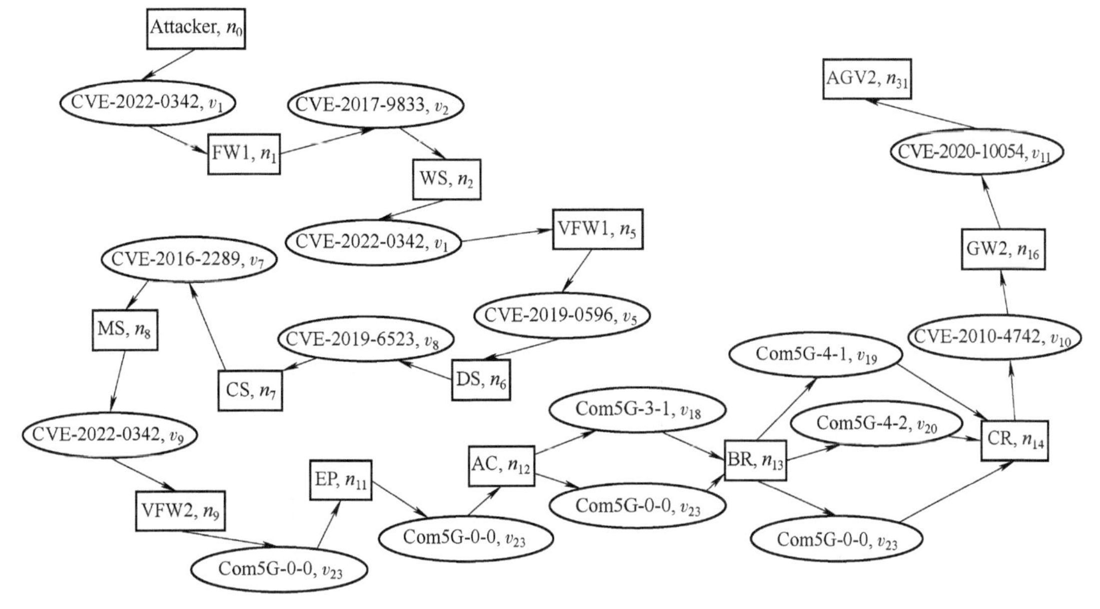

图 6-16　部分可视化攻击图

节点为组件节点，16个椭圆形节点为漏洞节点，32条边表示了攻击者的整个攻击状态转移过程，且物理域组件节点指向漏洞节点表示攻击的前提条件，而漏洞节点指向物理域组件节点表示攻击的后果。

具体来说，攻击者首先从工业系统外部通过防火墙入侵至系统内部。接着，通过对信息域拓扑节点攻击，非法控制这些节点并进行攻击传播。在此基础上，攻击者伪装为5G网络的合法节点，通过中间人方式干扰网络业务传输过程，如利用5G漏洞（Com5G-3-1）实施数据完整性破坏攻击，从而导致信息域和物理域间的业务交互出现异常，错误的控制指令进入物理域控制节点，最终传送至目标节点AGV2。

进一步地，对上述实验获得的系统的所有攻击路径，再采用强化学习方法进行训练即可预测最优攻击路径，为系统精准安全防护提供关键防护目标等信息。基于上述实验案例，以追求最短攻击路径为学习目标，得到系统最短攻击路径结果（见表6-6）。

表6-6　追求攻击路径最短的最优攻击路径结果

相关属性	结　果
攻击源节点	n_0
攻击目标节点	n_{31}
拓扑攻击路径	$[n_0 \to n_1 \to n_2 \to n_5 \to n_8 \to n_9 \to n_{11} \to n_{12} \to n_{13} \to n_{14} \to n_{16} \to n_{31}]$
漏洞利用路径	$[v_1 \to v_2 \to v_1 \to v_7 \to v_9 \to v_{23} \to v_{23} \to v_{23} \to v_{23} \to v_{10} \to v_{11}]$

6.5.4　安全漏洞挖掘

在5G通信网络形式化模型和攻击模型基础上，通过攻击动态渗透，分析网络通信性能变化，最终实现潜在安全漏洞识别。挖掘5G通信引入的系统漏洞的具体流程（见图6-17）如下：

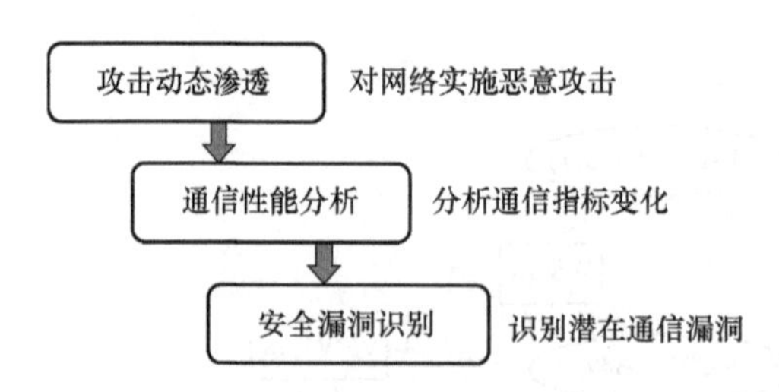

图6-17　针对5G通信引入的系统漏洞挖掘流程

（1）攻击动态渗透

该步骤基于5G通信网络形式化模型，触发攻击模型中的不同攻击行为来干扰网络业务传输过程，实现对网络的非法渗透。

（2）通信性能分析

该步骤在攻击动态渗透作用下，分析业务传输过程攻击前和攻击后的性能指标，如传输时延、带宽和数据包到达率等。

（3）安全漏洞识别

5G通信网络遭受攻击前后的通信指标变化在一定程度上能够反映出攻击是否成功。结合网络攻击行为和攻击目标，分析网络通信性能是否超出通信安全范围，从而进一步明确由5G 通信引入的系统漏洞。

6.6 小结

本章通过梳理现有攻击路径预测方法以及研究现状，结合 5G 工业系统攻击路径预测的挑战，探究了一种结合攻击图和强化学习的攻击路径预测方法，希望能为致力于 5G 网络、多域耦合系统等类似系统安全问题研究的学者提供些许参考。案例部分以 5G 离散数字化车间作为 5G 工业系统的代表，根据本章的攻击路径预测方法，实现了面向传统工业系统的攻击、面向 5G 网络的攻击和组合攻击三种场景下的潜在攻击路径和最优攻击路径的预测。到现在为止，已经完成了 5G 工业系统的漏洞挖掘和漏洞利用过程研究。然而，攻击者沿着攻击路径实施攻击对系统造成的影响仍不明确。

第7章 5G工业系统脆弱性评估

第5章和第6章分别通过模型驱动的漏洞挖掘方法和基于攻击图、强化学习的攻击路径预测方法对5G工业系统进行了漏洞挖掘和漏洞利用的分析和研究。不同的漏洞、不同的漏洞利用路径，对系统运行的破坏和影响是不一样的，需要针对系统中不同脆弱程度的环节采取不同的防护措施。为了明确系统中不同环节的脆弱性程度，分析和量化系统的脆弱性，本章将重点探究5G工业系统脆弱性评估的方法。本章沿循第5章和第6章的研究思路，首先梳理目前工业系统常见的脆弱性评估方法，分析脆弱性评估研究现状及趋势，进而结合5G工业系统特征提出面向5G工业系统的脆弱性评估方法框架，对框架中的具体方法进行深入分析和详细介绍。本章讨论的主要内容包括：

- 工业系统脆弱性评估。
- 5G工业系统静态脆弱性评估。
- 5G工业系统动态脆弱性评估。

7.1 工业系统脆弱性评估

本节首先对工业系统脆弱性评估方法进行分类。在此基础上，分析工业系统脆弱性评估研究现状及趋势，并进一步讨论面向5G工业系统的脆弱性评估的理论研究方法。

7.1.1 常见的脆弱性评估方法

工业系统的脆弱性程度与系统被利用的安全漏洞属性和攻击入侵路径等有关。只有明确了漏洞特征以及攻击行为，才能分析具体的攻击对系统造成的影响，进而揭示系统的脆弱性。因此，漏洞挖掘和攻击路径预测是脆弱性评估的前提。不少学者在漏洞信息和攻击路径的分析方法基础上，深入开展了工业系统的脆弱性评估。现有的工业系统脆弱性评估工作大致可以分为基于指标体系的评估和基于模型的评估两类，详细分类如图7-1所示。

基于指标体系的评估一般是根据公开漏洞数据库中漏洞属性要素或系统安全属性特征，如漏洞可利用性、危害性、攻击可能性和系统资产价值等，采用层次分析、主成分分析等方法建立指标评价体系，实现系统脆弱性评估。这类方法是对已有指标的整合处理，是一种静态方式。

基于模型的评估方法是指标评估的延伸，其通过构建系统模型和攻击模型，根据攻击传播过程，分析动态攻防下系统脆弱程度的变化。具体方法包括攻击图模型、复杂网络或仿真模型等。第3章已对攻击图、复杂网络等理论方法都进行了详细的介绍和说明，这里不再一一赘述。

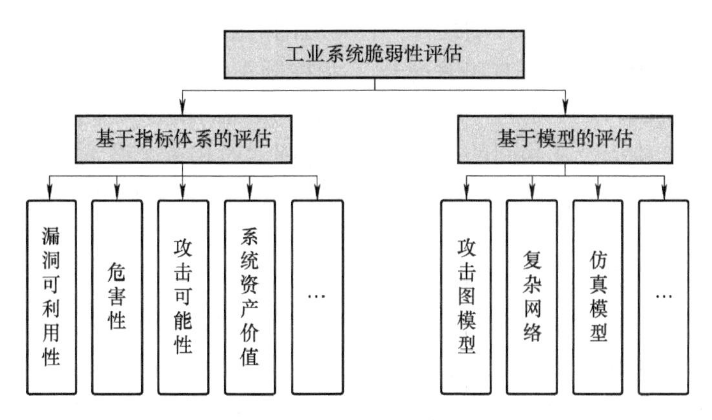

图 7-1　工业系统脆弱性评估指标及相关方法分类

7.1.2　工业系统脆弱性评估研究现状及趋势

评估工业系统的脆弱性能够为系统安全防护提供针对性指导。目前，不少学者开展了对工业系统脆弱性评估方法的研究。

基于指标体系的脆弱性评估往往侧重于前期攻击场景和攻击过程的研究，分析脆弱性指标对应的系统性能特征。常用方法是采用联合仿真方式构建系统运行和攻击场景，模拟工业系统中信息域和物理域间的动态交互以及稳态运行过程等，进而对系统的脆弱性进行测试验证。方锡康等人[154]采用分层联合仿真的方法搭建电力系统的简化仿真平台，其中物理系统采用 MATLAB/Simulink 软件实现，通信网络采用网络仿真软件 OPNET 进行模拟，信息系统由数字仿真主站和物理仿真主站组成。在仿真平台基础上，研究人员模拟不同的攻击场景，分析系统节点异常状态变化过程。Kang T 等人[155]采用电力实时仿真软件 RT-LAB、网络仿真软件 OPNET 和 Visual Studio 开发的 C 语言编程系统控制平台实现对配电网信息物理系统的联合建模，从而定量评估系统安全性。这些工作基于联合仿真模型直接表征系统遭受威胁时的动态运行过程，有利于直观评估系统脆弱性。但是，为了提高系统模拟的真实性，联合仿真往往要求物理系统、通信网络中相关参数具有极高的准确性[156]。另外，联合仿真方法通常需要利用两种或两种以上的异构仿真软件联合仿真，但目前不同仿真软件间的数据交换、时钟同步等方面仍存在一定缺陷，精确有效的一体化仿真难度较高。

基于理论模型的评估方法常用复杂网络、相依网络、元胞自动机等模型开展系统脆弱性评估。基于复杂网络的脆弱性评估是结合系统的拓扑模型，分析攻击传播下系统结构脆弱性[157]。1998 年 6 月，Watts 和 Strongatz[158]首次将复杂网络与电力系统相结合，并以美国西部电网为例构建拓扑结构模型，指出其具有小世界特性。谭玉东等人[157]利用复杂网络理论中度数、介数等特征指标评估某基础设施网络的结构脆弱性。进一步，Han S 等人[159]结合电力网的物理性质改进节点的脆弱性评估指标，提高了电力网脆弱节点识别的准确性。除了节点外，连接边也是复杂网络模型中的关键要素。王佳伟[160]采用复杂网络理论中的边度数、边介数等特征指标评估网络中连接边的结构脆弱性。同样，高晗星[161]结合系统拓扑结构、通信链路业务综合评估连接边的脆弱性。这些研究工作表明，系统的物理拓扑结构会直接影响系统的脆弱程度[162]。因此，外部攻击作用下的系统拓扑结构特性是系统脆弱性的关键因素之一。

在工业系统中，信息域和物理域耦合，且两域间的数据交互过程极易遭受威胁攻击。为此，不少学者提出利用相依网络模型来分析工业控制系统多域间的耦合程度。一些研究工作[163-165]从相依网络拓扑结构出发，将信息、物理节点间的耦合关系设为假定常量，分析耦合强度、单层网络结构以及网络间的拓扑相似性等因素对相依网络脆弱性的影响，发现网络间相互依赖程度越高，系统的脆弱性越大。马斐[166]在相依网络脆弱性影响因素研究的基础上，提出通过保护脆弱节点、对相互依存的节点进行“解耦”、调整单侧网络拓扑结构等方法来降低耦合系统的脆弱性。

基于复杂网络和相依网络的脆弱性评估是针对系统的结构开展研究。在系统运行过程中，攻击者会沿着攻击路径不断深入系统内部，逐步引发系统设备或运行出现异常。为深入理解攻击过程中的脆弱性机理，相关学者利用元胞自动机模型模拟系统运行过程中各设备的状态变化情况，用以分析攻击渗透下的系统脆弱程度。杨佳湜等人[167,168]利用元胞自动机模型分析了跨域攻击传播概率固定为 1 的情况下的电力信息物理系统的脆弱性演化过程，但未分析攻击作用下信息域和物理域间数据正常交互的不确定性。有研究工作先构建电力信息物理系统的相依网络模型，利用网间耦合强度表征信息域和物理域间数据正常通信的概率，在此基础上，建立元胞自动机模型模拟系统脆弱性动态演化过程，分析网间耦合强度、元胞自愈系数等因素对系统脆弱程度的影响[169]。这项研究考虑了信息-物理节点的耦合强度对脆弱性传播的影响，但未深入探究电力信息物理系统的网间耦合强度的具体量化方法。

结合上述研究现状可知，工业系统的脆弱性评估聚焦于结构脆弱性和攻击过程中系统运行功能脆弱性两方面。在结构脆弱性研究方面，大多数研究基于复杂网络或相依网络进行脆弱性评估，但往往聚焦系统局部的结构脆弱性或是将信息域和物理域间的相依关系量化为常数值，理想化地分析网间耦合强度对系统脆弱性的影响。在系统运行功能脆弱性研究方面，元胞自动机是常用且有效的方法，但现有研究仅仅关注多域间通信概率为确定值情况下的系统脆弱程度。下一步的工业系统脆弱性评估研究需要针对以上不足进行改进。

7.1.3 5G 工业系统脆弱性评估框架

在 5G 工业系统中，5G 网络和工业系统的融合使得工业系统信息域和物理域之间高度耦合，5G 工业系统的结构脆弱性不仅需要考虑传统单域内部结构特征，还需要考虑多域间结构相依程度。另外，5G 工业系统可能存在通过 5G 网络入侵系统内部的安全风险，这种未知风险对系统运行功能脆弱性的影响也需要明确，且系统信息域和物理域间的数据交互通常基于 5G 网络传输，5G 网络的安全隐患使得多域交互过程存在不确定性。

为了全面揭示和评估 5G 工业系统的脆弱性，不仅需要考虑攻防作用下系统结构的脆弱性，还需要描述和量化系统状态变化带来的功能脆弱性。在实际工业系统中，传感器、控制器和执行器等设备与交换机、集成器间的物理连接关系在系统运行阶段一般不会被变更和调整。因此，从拓扑结构角度分析外部攻击作用对 5G 工业系统的影响，可以看作一种基于系统固有属性的静态脆弱性评估。在针对 5G 工业系统的攻击作用下，系统功能状态在运行过程中会动态变化，并可作为衡量抵御外来攻击能力的重要表征。因此，从系统功能角度分析外部攻击作用给 5G 工业系统造成的损失和影响，可以看作一种基于系统实时运行性能的动态脆弱性评估。

基于上述分析，本节给出了结合系统静态脆弱性评估和系统动态脆弱性评估的 5G 工业系统脆弱性评估方法解决方案。具体方法框架如图 7-2 所示。

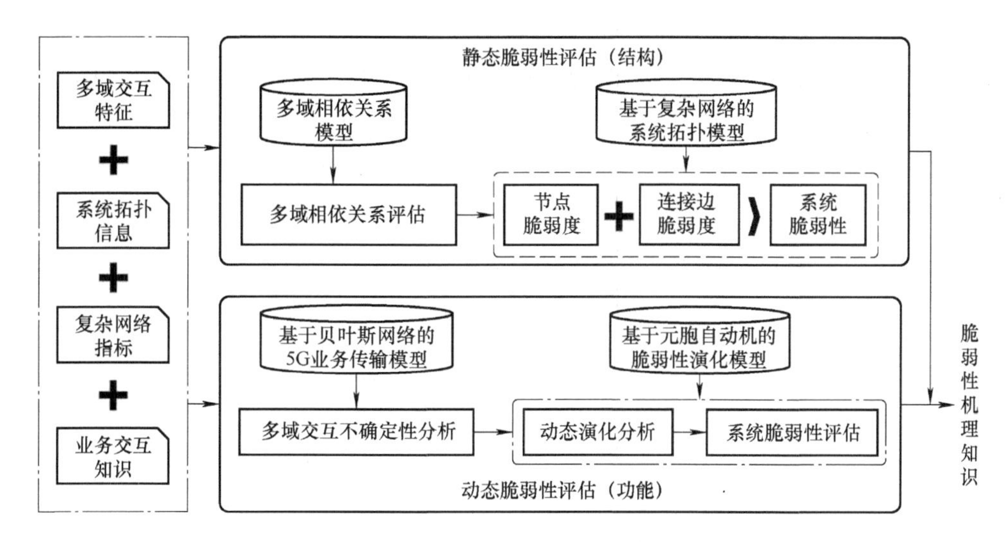

图 7-2　5G 工业系统脆弱性评估框架

（1）系统静态脆弱性评估聚焦分析系统拓扑结构的脆弱程度。考虑到 5G 工业系统信息域和物理域间的高度耦合特征，首先基于相依网络构建多域相依关系模型，分析网络间的耦合程度。在此基础上，采用复杂网络分析方法构建系统拓扑模型，评估系统拓扑节点和连接边的脆弱度，综合揭示系统的结构脆弱性。

（2）系统动态脆弱性评估关注系统抵御攻击的能力。考虑到 5G 网络安全风险对系统信息域和物理域间数据交互的不确定影响，首先构建基于贝叶斯网络的 5G 业务传输模型，分析基于 5G 网络的系统多域交互不确定性，表征多域间的交互耦合程度。在此基础上，建立系统元胞自动机模型，通过元胞状态变化评估动态攻击作用下的系统运行功能脆弱性。

7.2　5G 工业系统静态脆弱性评估

面向 5G 工业系统的静态脆弱性评估，从系统结构特征出发，分析多域间的结构相依关系，并在此基础上探究节点和连接边的结构脆弱性，最终实现对系统静态脆弱性的综合评估。具体实现包括基于相依网络的多域结构相依关系评估和基于复杂网络的系统结构脆弱性评估两部分。

7.2.1　基于相依网络的多域结构相依关系评估

评估 5G 工业系统信息域和物理域间的相依关系，明确多域间基于结构的耦合程度，有助于从全局角度评估系统的结构脆弱性。本小节介绍采用相依网络方法建立 5G 工业系统多域相依关系模型，确定多域间结构相依指标，评估多域之间的结构相依关系，为结构脆弱性评估提供量化指标。

1. 多域相依关系模型构建

从网络角度来看，5G 工业系统是一个由信息网络和物理网络组成的二元复合网络，符合相依网络的特征。图 7-3 是一个 5G 工业系统简单拓扑结构示意图。从图中可以看出，5G 工业系统的拓扑模型主要包括信息域中拓扑节点（信息节点）、物理域中拓扑节点（物理节点）、单域内部节点连接边以及基于5G网络通信的结构相依边。对于5G工业系统的信息域或物理域，都可以看作系统的一个子网络，图中上层为信息子网而下层是物理子网。在此基础上，基于复杂网络理论，信息子网和物理子网被抽象为节点和边的形式。和复杂网络相比，相依网络中更多关注网间节点交互关系，即图中由虚线双箭头表示的基于5G网络通信的结构相依边。

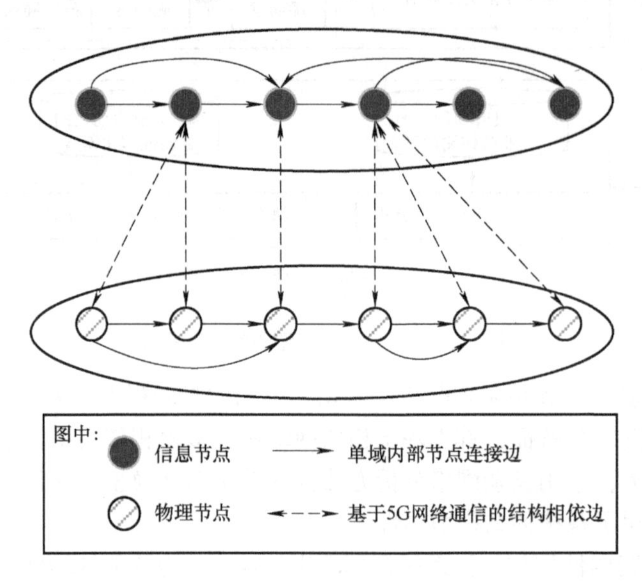

图 7-3　5G工业系统简单拓扑结构

综上所述，由5G工业系统信息域和物理域子网络构成的双层相依网络模型 *5GINet* 可描述如下：

$$
5GINet = \{V, \boldsymbol{M}, \boldsymbol{CRL}, W\}
\begin{cases}
V = \{V_{cn}, V_{pn}\}, \\
\boldsymbol{M} = \{\boldsymbol{M}_{cn}, \boldsymbol{M}_{pn}\}, \\
\boldsymbol{CRL} = \{\boldsymbol{CRL}_{c-p}, \boldsymbol{CRL}_{p-c}, NSI\} \\
W = \{W_{cn}, W_{pn}\}
\end{cases}
\tag{7-1}
$$

式中，V表示信息域子网络（Cyber Network，CN）和物理域子网络（Physical Network，PN）的节点集合，且V_{cn}和V_{pn}依次是信息节点和物理节点；$\boldsymbol{M}$为系统节点的拓扑连接矩阵，且$\boldsymbol{M}_{cn}, \boldsymbol{M}_{pn}$分别为CN和PN各自内部的连接矩阵，表示信息节点间和物理节点间的连通性。$\boldsymbol{CRL}$表示系统多域间的结构相依程度，$\boldsymbol{CRL}_{c-p}$和$\boldsymbol{CRL}_{p-c}$分别为信息域到物理域、物理域到信息域的跨域节点有向连接矩阵；$NSI=\{[sst_1, sd_1], [sst_2, sd_2], \cdots, [sst_k, sd_k]\}$是5G切片标识集合，用于标记子网有向关联的多路通信通道。例如，切片标识为sst_1的切片通信通道sd_1表示支持传输的业务类型为超低时延业务；W是CN和PN中不同拓扑节点的权重因子。

2. 结构相依关系指标分析

多域间结构相依关系是分析5G工业系统结构脆弱性的关键指标。为了确定结构相依关系，需要分析影响结构相依的因素。一般来说，网间结构相依的前提是信息域和物理域的拓扑节点之间存在连通关系，即网间连通性。网间连通性越高，结构相依程度越高。业务一个节点同其他节点的连通性越高，结构相依程度也越高。同时，工业系统中节点间的业务交互真实反映了系统的运行状况。网间业务交互的数据规模在一定程度上影响着网间的结构相依程度。对于任一网间的交互节点对来说，节点间的通信业务量和结构相依程度呈正比关系。因此，评估5G工业系统多域结构相依关系，需要考虑网间连通性和业务关联性两个影响因素。

（1）网间连通性

多域间的物理连接关系，即网间连通性，是系统的固有特征[170]。在复杂网络理论中，度数、介数指标常用于衡量网络的连接程度。其中，度数指标是通过计算节点的连接边数目来反映节点的局部重要性；介数是通过节点经历网络最短路径的数目来反映节点的全局重要性。因此，节点度数和介数越大，其在网络中越关键。在这种情况下，若节点失效，将严重影响网间连通程度，进而间接影响网间结构相依关系的大小。5G 工业系统网间连通性 $RS(i,j)$ 定义为

$$RS(i,j) = \alpha \times RS_D(i,j) + (1-\alpha) \times RS_B(i,j)$$
$$\begin{cases} RS_D(i,j) = d_i^C d_j^P \left(e_{d_i^C} e_{d_j^P} - P_{d_i^C} P_{d_j^P}\right) \\ RS_B(i,j) = b_i^C b_j^P \left(e_{b_i^C} e_{b_j^P} - P_{b_i^C} P_{b_j^P}\right) \end{cases} \tag{7-2}$$

式中，$RS(i,j)$ 表示网间节点对 i 和 j 之间的连通程度。其中，$RS_D(i,j)$ 表示基于“度数-度数”的度量值；$RS_B(i,j)$ 表示基于“介数-介数”的度量值，且 α 为指标权重；d_i^C、d_j^P 分别表示信息节点 i、物理节点 j 的度数；$e_{d_i^C}$ 和 $e_{d_j^P}$ 表示度数为 d_i^C 的信息域拓扑节点与度数为 d_j^P 的物理域拓扑节点相互连通的概率；$P_{d_i^C}$、$P_{d_j^P}$ 分别表示相依网络中节点度数为 d_i^C、d_j^P 的概率；b_i^C、b_j^P 分别为信息域拓扑节点 i 和物理域拓扑节点 j 的介数；$e_{b_i^C}$ 和 $e_{b_j^P}$ 表示介数为 b_i^C 的信息域拓扑节点与介数为 b_j^P 的物理域拓扑节点相互依存的概率；$P_{b_i^C}$ 和 $P_{b_j^P}$ 分别表示信息域拓扑节点介数为 b_i^C、物理域拓扑节点介数为 b_j^P 的概率。

（2）业务关联性

5G 工业系统网间节点的业务关联程度也会影响多域结构相依关系的大小。为了分析网间业务关联性，首先需要明确网间节点间的业务数据量大小。在实际工业系统中，系统物理域的传感器等设备需要周期性上传 h 种状态信息，那么，在一个生产周期内，物理域拓扑节点 i 与信息域拓扑节点 j 间的数据量 $\gamma(i,j)$ 可定义为

$$\gamma(i,j) = \sum_{r=1}^{h} (t_{r2} - t_{r1}) \times f_r \times k_r \tag{7-3}$$

式中，$t_{r1} \sim t_{r2}$ 表示第 r 类数据在一个生产周期内的生存时间；f_r 表示第 r 类数据的采集频率；k_r 表示第 r 类数据的大小。

另外，信息节点根据系统现场状态信息下发控制指令。那么，一个生产周期内，信息域拓扑节点 i 与物理域拓扑节点 j 间的控制指令数据量 $\delta(i,j)$ 可定义为

$$\delta(i,j) = \sum_{r=1}^{m} E_r(j) \times k_r(j) + E_b(j) \times k_b(j) \tag{7-4}$$

式中，$k_r(j)$ 表示物理节点 j 中正常运行所需的控制指令 r 的数据大小；$E_r(j)$ 表示控制指令 r 在一个生产周期内下发的次数；$k_b(j)$ 表示对于设备 j 中故障维护指令的数据量大小；$E_b(j)$ 表示节点 j 在一个生产周期内的平均故障次数。设备的平均故障次数与其故障概率有关，由工业控制系统中设备故障统计数据可知，故障概率一般服从韦布尔分布[171]。韦布尔分布常

用于设备的可靠性计算，可以分析故障数据较少的产品寿命数据。其中，韦布尔分布的概率密度函数$f(t)$和累积分布函数$F(t)$具体计算公式为

$$f(t)=\frac{\beta}{\eta}\left(\frac{t}{\eta}\right)^{\beta-1}\exp\left[-\left(\frac{t}{\eta}\right)^{\beta}\right] \tag{7-5}$$

$$F(t)=\int_0^t f(t)\mathrm{d}t=1-\exp\left[-\left(\frac{t}{\eta}\right)^{\beta}\right] \tag{7-6}$$

结合$f(t)$、$F(t)$可计算设备的故障概率函数$\lambda(t)$为

$$\lambda(t)=f(t)/(1-F(t)) \tag{7-7}$$

那么，设备在一定时间段$T_P \sim T_q$内的故障次数E为

$$E=\int_{T_P}^{T_q}\lambda(t)\mathrm{d}t \tag{7-8}$$

控制指令数据量$\delta(i,j)$的大小与设备j在一个生命周期内的平均故障次数有关。随着设备运行时间的增加，设备老化程度增大，那么故障频率也会升高。为了提高计算结果的准确性，拟先求取设备在较长时间内的故障次数，再计算一个生产周期内故障次数的平均值。那么，假设5G工业系统的生产周期为T，则设备j在一个周期内的平均故障次数$E_b(j)$为

$$E_b(j)=\int_{T_P}^{T_q}\lambda(t)\mathrm{d}t/((T_q-T_P)/T) \tag{7-9}$$

为了计算式（7-5）和式（7-6）中的参数β和η，首先需要收集该设备在实际生产过程中的故障间隔时间$t_i(i=1,2,\cdots,n)$，并用近似公式估计累积失效概率$F(t_i)$。然后，对式（7-6）做线性变换，得

$$\ln\ln 1/(1-F(t))=-\beta\ln\eta+\beta\ln t \tag{7-10}$$

将上式按一元线性回归方程$y=ax+b$形式整理，可得

$$\begin{cases} y=\ln\ln 1/(1-F(t)) \\ x=\ln t \\ a=-\beta\ln\eta \\ b=\beta \end{cases} \tag{7-11}$$

依据最小二乘法计算线性回归方程参数a、b，从而求解概率密度函数中的参数β和η，将其值代入式（7-9），可得设备在一个生产周期内的平均故障次数$E_b(j)$。将$E_b(j)$代入到式（7-4）中，计算得到一个生产周期内信息-物理节点间的控制指令数据量$\delta(i,j)$。

3. 多域间结构相依关系评估

多域间结构相依关系评估的因素包括网间连通性和业务关联性两种。为了综合评估系统多域间结构相依关系，可以采用层次分析法进行综合量化评估。基于层次分析方法的指标评估，首先应根据影响因素建立多域间结构相依关系评估模型，具体如图7-4所示。在评估模型中，目标层为相依关系评估值，准则层是为实现目标所涉及的中间环节，包括拓扑结构和业务类型。指标层是结构相依关系和业务相依关系的各项影响指标。

在确定评估指标的层次结构模型后，需对该模型中同一层级下的所有指标项两两比较，构造判断矩阵$\boldsymbol{B}=[b_{ij}]_{m*m}$，$m$为指标项总数。判断矩阵中的元素$b_{ij}$是用来定量描述各指标的相对重要度，其取值需采用1~9的数量标度，含义见表7-1。

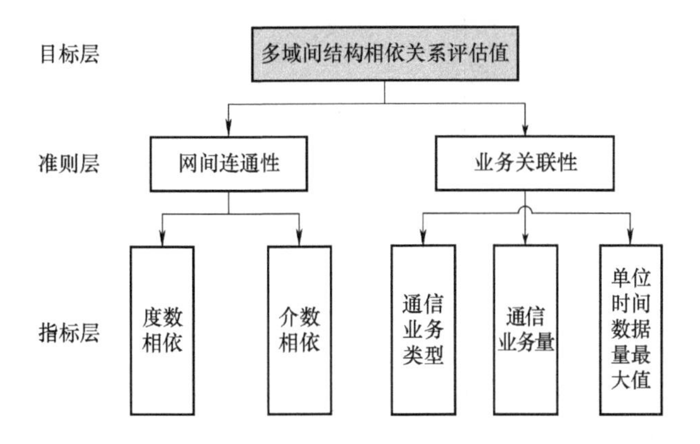

图7-4 多域间结构相依关系评估模型

表7-1 数量标度含义[172]

标　度	含　义
1	元素 A_i 与元素 A_j 相比较时，两者同等重要
3	元素 A_i 比元素 A_j 稍微重要
5	元素 A_i 比元素 A_j 明显重要
7	元素 A_i 比元素 A_j 重要得多
9	元素 A_i 比元素 A_j 极端重要
倒数	反比较，若元素 A_i 与元素 A_j 相比较时得到 b_{ij}，则元素 A_i 比元素 A_j 相比较得到 $b_{ij}=1-b_{ij}$

确定矩阵 $\boldsymbol{B}$ 后，需计算一致性校验指标 CI：

$$CI=\frac{\lambda_{\max}-m}{m-1}$$

实现对矩阵 $\boldsymbol{B}$ 的一致性检验；若未通过检验，则需重新比较各指标。通过一致性检验后，计算最大特征值 $\lambda_{\max}$ 对应的特征向量，对该向量进行归一化处理，即可得到各指标的权重值 $W_z=\{W_{z1},W_{z2},\cdots,W_{zm}\}$。

上述基于层次分析法的权重计算依赖于决策者的主观判断，具有较强的主观性。而熵值法利用各指标项的实际数据计算权重系数，具有客观的加权标准。下面通过熵值法计算各指标权重，并在此基础上进行多域间结构相依关系的量化评估。这里，多域间结构相依关系分为信息-物理节点相依关系和物理-信息节点相依关系两种。其中，信息节点 i 与物理节点 j 间的相依关系 $F_{C-P}(i,j)$ 用于表征物理节点 j 对信息节点 i 的依赖程度，具体公式如下：

$$F_{C-P}(i,j)=\omega_1\times F_{C-P}^{S}(i,j)+\omega_2\times F_{C-P}^{L}(i,j)$$

$$\begin{cases}F_{C-P}^{S}(i,j)=\sum\limits_{r=1}^{k}w_{C-P}^{Sr}\times z_{C-P}^{Sr}(i,j)\\F_{C-P}^{L}(i,j)=\sum\limits_{r=1}^{h}w_{C-P}^{Lr}\times z_{C-P}^{Lr}(i,j)\end{cases}\tag{7-12}$$

式中，ω_1、ω_2 分别为网间连通性 $F_{C-P}^{S}(i,j)$ 和业务关联性 $F_{C-P}^{L}(i,j)$ 的权重，$\omega_1+\omega_2=1$；k 为网间连通性指标项总数；$z_{C-P}^{Sr}(i,j)$ 为网间连通性的第 r 项指标评价结果；w_{C-P}^{Sr} 为网间连通性

第 r 项指标权重；h 为业务关联性指标项的总数；$z_{C-P}^{Lr}(i,j)$ 为业务连通性第 r 项指标评价结果；w_{C-P}^{Lr} 为业务连通性第 r 项指标权重。

同理，物理-信息节点间结构相依关系 $F_{P-C}(i,j)$ 计算公式如下：

$$F_{P-C}(i,j) = w_1 \times F_{P-C}^{S}(i,j) + w_2 \times F_{P-C}^{L}(i,j)$$

$$\begin{cases} F_{P-C}^{S}(i,j) = \sum\limits_{r=1}^{k} w_{P-C}^{Sr} \times z_{P-C}^{Sr}(i,j) \\ F_{P-C}^{L}(i,j) = \sum\limits_{r=1}^{h} w_{P-C}^{Lr} \times z_{P-C}^{Lr}(i,j) \end{cases} \tag{7-13}$$

针对多域间结构相依关系的评估，上述方法综合考虑了系统物理连接关系和通信业务对多域间的结构相依关系的影响，可以更加全面地描述系统的信息-物理交互特性。

7.2.2 基于复杂网络的系统结构脆弱性评估

前文介绍了通过建立多域间结构相依关系模型实现对系统结构相依关系的量化评估，用以表征多域间的连接关系。在此基础上，可进一步结合复杂网络理论及评估指标实现对系统结构脆弱性的量化，具体包括结构脆弱性评估指标分析、节点脆弱性评估和连接边脆弱性评估。

1. 结构脆弱性评估指标分析

现有的结构脆弱性评估工作通常基于复杂网络理论，利用其结构特征指标，如度数、介数、紧密度、聚集系数等评估系统的结构脆弱性。这可以认为是系统连通脆弱度的衡量。然而，在5G工业系统中，业务数据的特征对系统结构脆弱程度有着直接影响。基于业务来源角度，5G工业系统的通信业务包括生产业务，如设备控制及运行信息等类型，以及诸如信息、办公等类型的管理业务[173]。不同类型的业务对服务质量的要求也有较大的差别。例如，系统运行中的实时监控要求生产类业务通信具有实时性需求，需由uRLLC场景支持；管理类业务则对通信带宽的要求较高，可以由eMBB切片实现。因此，影响5G工业系统结构脆弱性的影响因素可以分为节点连通度和业务重要度两种。

（1）节点连通度

节点连通度是节点度数与介数的结合，计算公式如下：

$$\begin{aligned} ST_i &= \alpha k_i' + (1-\alpha) b_i' \\ k_i &= \sum_{j=1}^{N} a_{ij} \\ b_i &= \sum_{j \neq k} \frac{\delta_{jk}(i)}{\delta_{jk}} \end{aligned} \tag{7-14}$$

式中，k_i 表示节点 i 的度数；a_{ij} 表示节点 i 和 j 间的物理连接关系；N 表示复杂网络节点总数；b_i 表示节点 i 的介数；δ_{jk} 为节点 j 和 k 间的最短路径数目；$\delta_{jk}(i)$ 为节点 j 和 k 间最短路径经过节点 i 的数目；k_i' 和 b_i' 分别为节点 i 的度数、介数归一化处理后的结果；α 为度数指标项的权重。

（2）业务重要度

业务重要度可通过各节点业务丢失、错误或存在部分缺陷情况下，对系统稳定运行的影响程度来衡量。一般来说，系统节点承担的业务种类、数量越多，业务重要程度越高，节点发生故障后对系统的影响也越大。因此，节点的业务重要度能够间接反映节点的脆弱程度。业务重要度的评估可通过业务对通信服务的要求来体现。影响节点业务重要度的因素主要包括通信处理时延、实时性、通信数据量三方面。那么，节点 i 的业务重要度的计算公式如下：

$$SY_i = \sum_{j=1}^{k} \omega_j \gamma_j \tag{7-15}$$

式中，SY_i 为节点 i 的业务重要度；k 为业务重要度的评价指标数；γ_j 为业务重要度影响因素 j 的具体值；ω_j 为指标 j 的权重。

2. 节点脆弱性评估

在明确节点连通度和业务重要度两个评估指标基础上，进一步即可确定系统任一拓扑节点的单域脆弱度和多域脆弱度。

对于信息域节点，其单域脆弱度 $V^C(i)$ 计算公式如下：

$$V^C(i) = \sum_{j=1}^{s} \omega_j^c z_j^c(i) \tag{7-16}$$

式中，$z_j^c(i)$ 为信息域节点 i 的第 j 项指标值；ω_j^c 为信息域节点脆弱性评估指标 j 的权重；s 为脆弱性评估指标总数目。

同理，物理域节点 i 脆弱度 $V^P(i)$ 计算公式如下：

$$V^P(i) = \sum_{j=1}^{s} \omega_j^p z_j^p(i) \tag{7-17}$$

式中，$z_j^p(i)$ 为物理域节点 i 的第 j 项指标值；ω_j^p 为物理域节点脆弱性评估指标 j 的权重；s 为脆弱性评估指标总数目。

系统任一拓扑节点多域脆弱度和多域间结构相依关系有关，具体计算公式如下：

$$V_{cps-p}(i) = V^p(i) + \sum_{j=1}^{N} \frac{F_{c-p}(i,j)}{F_{c-p}} * V^c(i) \tag{7-18}$$

$$V_{cps-c}(i) = V^c(i) + \sum_{j=1}^{M} \frac{F_{p-c}(i,j)}{F_{p-c}} * V^p(i) \tag{7-19}$$

式中，$V_{cps-p}(i)$ 为物理域拓扑节点 i 的多域脆弱度；$V_{cps-c}(i)$ 为信息域拓扑节点 i 的多域脆弱度；F_{c-p} 为所有信息-物理相依节点间的结构相依关系之和；F_{p-c} 为所有物理-信息相依节点间的结构相依关系之和。

3. 连接边脆弱性评估

在多域相依关系模型中，连接边表示的是信息域拓扑节点或物理域拓扑节点的内部通信链路，其连接边的脆弱度与网络拓扑结构、通信业务等因素有关。在复杂网络的分析和研究中，常采用边介数评估连接边的脆弱程度。一般地，介数越高的链路故障对网络传输影响越大。边介数的计算方法和节点介数计算类似，计算公式如下：

$$EB(e_{ij}) = \sum_{s \neq k} \delta_{sk}(e_{ij}) / \delta_{sk} \tag{7-20}$$

式中，$EB(e_{ij})$ 为节点和节点的连接边 e_{ij} 的边介数；δ_{sk} 为节点 s 和节点 k 间的最短路径数目；$\delta_{sk}(e_{ij})$ 为节点 s 和 k 之间的最短路径经过连接边 e_{ij} 的数目。

另外，通信链路在系统中承担的通信业务量越大，链路数据传输过程对通信质量的要求越高，说明该链路在系统中越重要，其脆弱程度也就越大。基于业务重要度指标评估连接边的脆弱度，具体可参考节点的业务重要度评估方法。

在此基础上，对各项结果进行归一化处理。设连接边 e_{ij} 的各指标评估值被处理后依次为 $z_1(e_{ij}),z_2(e_{ij}),\cdots,z_r(e_{ij})$。接着，利用主客观综合赋权的方法为各指标分配权重。由此可得连接边 e_{ij} 的脆弱度计算公式如下：

$$V(e_{ij}) = \sum_{l=1}^{r} \omega_l z_l(e_{ij}) \tag{7-21}$$

式中，$V(e_{ij})$ 为连接边 e_{ij} 的脆弱度；$z_l(e_{ij})$ 为连接边 e_{ij} 的第 l 项指标值；ω_l 为连接边脆弱性评估指标 l 的权重。

4. 静态脆弱性评估

5G 工业系统的拓扑结构是系统的固有属性，属于系统静态脆弱性评估的一部分。然而，节点、连接边的脆弱度只是局部体现系统各组件的脆弱程度，无法反映系统基于结构的静态脆弱性。一般来说，当系统中的所有节点和连接边的脆弱度平均值较大时，说明系统本身的脆弱程度也较高。另外，结合相依网络理论可知，当各拓扑节点的脆弱度分布不均匀时，攻击者通过攻击网络中脆弱度较高的节点或连接边，将会导致系统性能迅速下降。结合上述分析可知，系统相依网络中节点或连接边的平均脆弱度越小、脆弱度分布越均匀，那么系统基于结构的静态脆弱性也就越小。综上，系统的静态脆弱性评估公式如下：

$$V_{5G-cps} = \omega_1 \overline{V}_E + \omega_2 \sqrt{\frac{1}{L}\sum_{e_{ij}\in E}(V(e_{ij}) - \overline{V}_E)^2} + \omega_3 \overline{V}_{c-p} + \omega_4 \sqrt{\frac{1}{N+M}\sum_{i\in N,\ j\in M}(V_{cps-c}(i) - \overline{V}_{c-p})^2 + (V_{cps-p}(j) - \overline{V}_{c-p})^2} \tag{7-22}$$

其中，

$$\overline{V}_E = \sum_{e_{ij}\in E} V(e_{ij})/L \tag{7-23}$$

$$\overline{V}_{c-p} = \left(\sum_{i=1}^{N} V_{cps-c}(i) + \sum_{j=1}^{M} V_{cps-p}(j)\right)/(N+M) \tag{7-24}$$

式中，V_{5G-cps} 表示系统静态脆弱性；$\overline{V}_E$ 表示连接边的脆弱度平均值；L 表示连接边总数；$\overline{V}_{c-p}$ 为所有节点的脆弱度平均值；N 表示信息域拓扑节点总数；M 是物理域拓扑节点总数；ω_1、ω_2、ω_3、ω_4 分别为信息域拓扑节点的脆弱度平均值、标准差与物理域拓扑节点的脆弱度平均值、标准差四项指标的权重。

7.3 5G 工业系统动态脆弱性评估

7.3.1 基于贝叶斯网络的 5G 通信不确定性分析

5G 网络自身的安全风险可能会对 5G 工业系统多域间的数据上传和下发造成危害影响，从而导致数据传输的不确定性。这种业务数据传输的不确定性也可表征系统在动态运行状态下的多域间交互耦合程度。本节结合 5G 通信引入的系统漏洞知识和 5G 网络拓扑结构特征，构建基于贝叶斯网络的 5G 多业务通信传输模型，通过条件概率表计算和通信不确定性近似推理，分析不同攻击下的 5G 网络业务传输的不确定性。

1. 基于贝叶斯网络的5G多业务通信传输模型

5G通信网络攻击者在攻击过程中往往需要不断利用网络终端、接入网、承载网和核心网的通信安全漏洞，采取多种攻击行为，最终获得相应的通信权限并达到攻击目标。基于此，结合5G网络拓扑特征和通信机制，可定义四种类型节点构成贝叶斯网络来描述5G业务传输过程。这四种节点包括漏洞节点、拓扑节点、攻击节点和目标节点。

(1) 漏洞节点(v)

5G网络中被攻击者利用的漏洞表示为漏洞节点，包括定义的无效漏洞。其中，若攻击者成功利用网络中漏洞，则表示攻击行为发生；若攻击者利用5G网络任一网络域的无效漏洞，则表明攻击者仅渗透该5G网络域，未执行恶意操作。

(2) 拓扑节点(tp)

拓扑节点是5G网络拓扑结构的抽象化描述，包括终端、接入网、承载网和核心网，相应地由tp_1、tp_2、tp_3和tp_4表示。

(3) 攻击节点(a)

攻击节点用于表示攻击者的具体行为动作。为了清楚描述攻击行为在模型中的有效性，将攻击节点主要分为有效攻击和无效攻击两类。若攻击者触发有效攻击节点，则执行相应的恶意行为；若攻击者触发无效攻击节点，则表明攻击者未执行动作。

(4) 目标节点(s)

目标节点s表示攻击者发起攻击拟达到的最终目标。考虑5G网络的三种切片场景，将攻击目标定义为成功攻击eMBB、uRLLC和mMTC三种通信场景，具体由s_1、s_2和s_3表示。

图7-5为基于贝叶斯网络的5G多业务通信传输模型。其中，菱形节点是漏洞节点，矩形节点为拓扑节点，圆形节点为攻击节点，星形节点为目标节点。在5G工业系统中，基于5G网络的业务传输存在不确定性的原因主要是面向5G网络的攻击可能会间接导致系统内业务传输中断或失效。具体攻击过程是，攻击者通过5G通信引入的系统安全漏洞，再根据面向5G网络的攻击渗透机制，执行攻击行为，最终导致通信失效。与这一过程相对应，贝叶斯网络的攻击传播过程由漏洞节点→攻击节点→拓扑节点→目标节点来表示。由图7-5可知，终端节点tp_1包括有效漏洞v_{11}和无效漏洞v_{10}，攻击者可以通过攻击行为触发攻击节点a_{11}或a_{10}进行漏洞利用，从而控制当前终端节点。若节点a_{11}被触发，表明漏洞节点v_{11}被攻击者利用，终端节点tp_1被攻击者非法控制。进一步地，接入网节点tp_2包括漏洞v_{21}和无效漏洞v_{20}。利用v_{21}的攻击方式主要包括欺骗攻击、重放攻击和恶意插入攻击，分别由攻击节点a_{21}、a_{22}和a_{23}表示。a_{24}于描述利用无效漏洞v_{20}的无效攻击行为。若触发与接入网节点tp_2相关联的攻击节点，可进一步判断tp_2是否被入侵或非法控制。类似地，承载网节点和核心网节点也是通过触发攻击节点与漏洞节点来描述5G网络承载网或核心网遭受攻击的过程。攻击5G网络的目标通常是使得网络业务传输异常。在图7-5中，将节点s_1、s_2和s_3表征5G网络三大应用场景业务传输。若任一节点被触发，则表明相应场景的业务传输过程遭受攻击，业务传输失效。

2. 条件概率表计算

面向贝叶斯网络的条件概率表计算是推理传输不确定性的前提。图7-5所示的基于贝叶斯网络的5G多业务传输模型是一个网络结构给定的模型，即不同节点之间的连接关系是已知的。因此，基于贝叶斯网络模型计算节点间攻击传播的条件概率，属于已知网络结构而参数未知的问题。在这种情况下，表 7-2 给出了图 7-5 所示的模型中不同节点的含义及取值，从而保证概率推理的正确性。

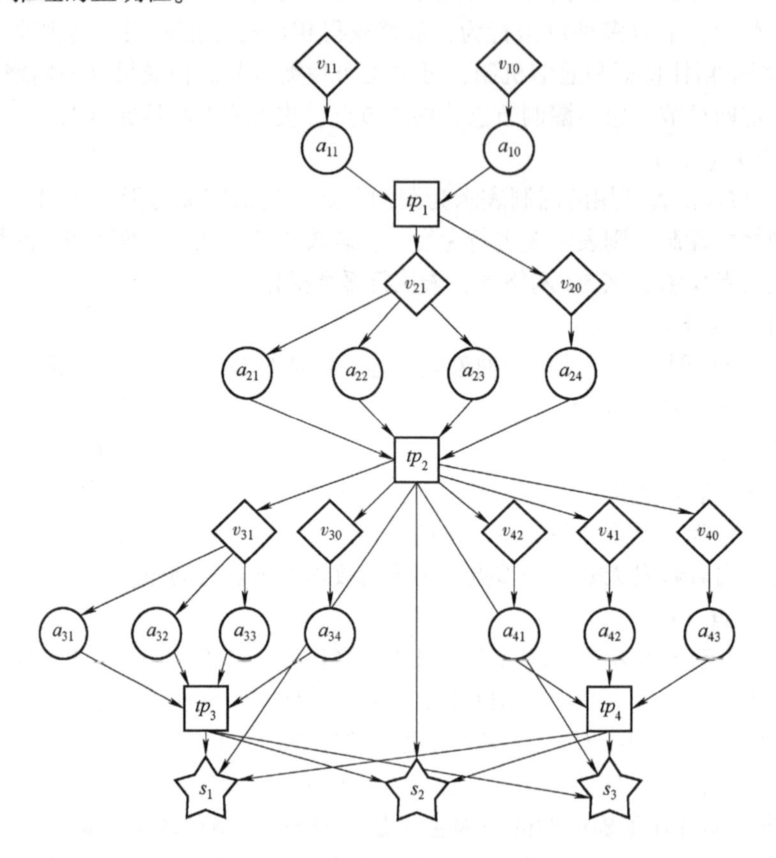

图 7-5　基于贝叶斯网络的 5G 多业务传输模型

表 7-2　贝叶斯网络节点取值及含义

节点类型	含　义	取　值		结　果
漏洞节点	有效漏洞	利用=1	未利用=0	漏洞为 1 的概率情况下的结果是通信异常
	无效漏洞	未利用=1	利用=0	
攻击节点	有效攻击行为	执行=1	未执行=0	攻击为 1 的概率情况下的结果是通信异常
	无效攻击行为	未执行=1	执行=0	
拓扑节点	通信权限	被控制=1	未控制=0	被控制为 1 的概率情况下结果是通信异常
目标节点	遭受攻击	成功=1	失败=0	目标为 1 的概率情况下的结果是通信异常

5G 网络支持三大应用场景业务传输，不同应用场景的通信需求存在差异。因此，针对不同类型业务的传输过程，其通信不确定性的影响因素不同。为了通过贝叶斯网络模型推理三类业务（切片）的通信不确定性，结合 eMBB、uRLLC 和 mMTC 的通信需求，定义三类切片的通信异常约束如下：

(1) 对于任一切片 $NSI_{sd_j}^{sst_i} \in$ eMBB，若 $traffic[NSI_{sd_j}^{sst_i}] < traffic_{lim}$，则 $NSI_{sd_j}^{sst_i}$ 通信异常。

(2) 对于任一切片 $NSI_{sd_j}^{s\,st_i} \in$ uRLLC，若 $Tdelay[NST_{sd_j}^{sst_i}] > Tdelay_{lim}$，则 $NSI_{sd_j}^{sst_i}$ 通信异常。

(3) 对于任一切片 $NSI_{sd_j}^{sst_i} \in$ mMTC，若 $1-\dfrac{N_{normal}}{N_{sum}} > Tolerance[NST_{sd_j}^{sst_i}]$，则 $NSI_{sd_j}^{sst_i}$ 通信异常。

基于上述约束，对于任一通信事件 C_{ij}，即切片 i 在第 j 个攻击场景下的通信异常概率可表示为

$$P(C_{ij}=1)=\alpha_{ij}\times(1-NR_j) \tag{7-25}$$

式中，α_{ij} 为第 i 个切片在第 j 中攻击场景下的界定系数，用于衡量切片在不同攻击场景下满足异常约束条件的概率；NR_j 为第 i 个攻击场景下的网络平均可靠性。

第 5 章已经构建了 5G 通信网络的形式化模型，该模型包括了层次拓扑模型和传输事件模型。其中，基于层次拓扑模型的模拟运行能够得到正常情况和不同攻击下单步攻击行为执行和漏洞成功利用的概率；基于传输事件模型的模拟运行能够得到正常情况和不同攻击下的三种业务通信的通信可靠性。因此，对于任一通信事件 C_{ij}，α_{ij} 可以通过层次拓扑模型获取，NR_j 能够通过传输事件模型得到。进一步地，结合已知信息安全漏洞在通用漏洞评分系统（CVSS）中的漏洞属性和 5G 通信网络形式化模型，就能够得到贝叶斯网络中所有节点的完整观测值，并结合式（7-25）确定业务传输的概率。

3. 多业务场景通信不确定性近似推理

针对 5G 业务传输的贝叶斯网络模型，考虑到训练实例数据的完整性，故可直接使用近似推理算法直接获取条件概率表参数。下面利用极大似然估计方法进行模型参数估计。

将模型任一节点变量 i 视为第 i 类样本，则模型训练样本集合为 $D=\{D_1,\cdots,D_m\}$，且 m 为样本类别数目。假设这些样本独立同分布，则对于任一样本 D_i，参数 θ_i 对于数据集 D_i 的似然可表示为

$$P(D_i|\theta_i)=\prod_{x\in D_i}P(x|\theta_i) \tag{7-26}$$

相应地，θ_i 的对数似然可表示为

$$LL(\theta_i)=\log P(D_i|\theta_i)=\sum_{x\in D_i}\log P(x|\theta_i) \tag{7-27}$$

那么，参数 θ_i 的极大似然估计 $\hat{\theta}_i$ 为

$$\hat{\theta}_i=\underset{\theta_i}{\arg\max}\,LL(\theta_i) \tag{7-28}$$

根据上述公式，结合基于贝叶斯网络的 5G 多业务通信传输模型，即可完成对模型参数的估计。在此基础上，计算每个节点变量的极大似然估计参数，表征节点的条件概率。目标节点的条件概率代表不同业务通信的不确定，具体的参数估计流程如图 7-6 所示。

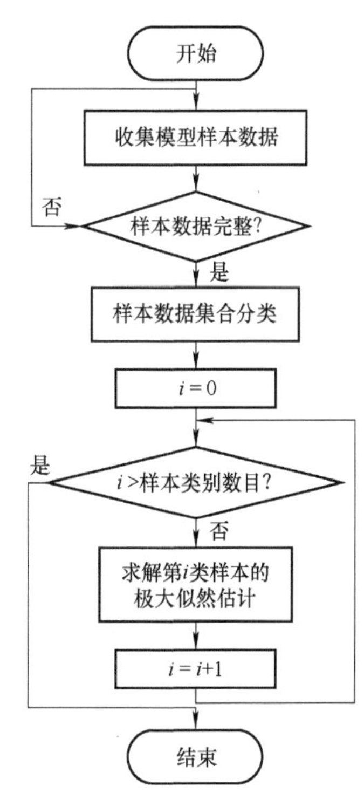

图 7-6　基于极大似然方法的参数估计流程图

7.3.2　基于元胞自动机的系统脆弱性演化

基于元胞自动机的系统动态脆弱性评估采用贝叶斯网络，推理 5G 工业系统多域间业务传输的不确定性，量化了多域间数据安全交互的概率。然而，在实际运行过程中，业务交互的不确定性和系统拓扑节点的状态变化都反映了系统抵御外来攻击的能力。为了全面揭示运行过程中系统动态脆弱性的演化过程，本节结合系统结构特征和节点属性构建元胞自动机模型，并采用基于功能的脆弱性评估指标进行模型演化，评估 5G 工业系统动态脆弱性。

1. 元胞自动机模型

元胞自动机模型是研究复杂系统演化过程的重要方法。对于 5G 工业系统的元胞自动机模型构建，可基于系统多域结构划分元胞类型，基于系统多域关联关系定义二维元胞空间，根据系统拓扑节点是否异常设计元胞状态。5G 工业系统的元胞自动机模型能够充分结合系统特征进行模型匹配，不仅清楚映射系统中信息域和物理域拓扑节点之间的关联关系，还有利于分析攻击传播下拓扑节点异常状态的变化，从而揭示系统动态脆弱性的演化过程。下面，结合 5G 工业系统特征，从元胞状态、元胞空间、元胞邻居和状态转换规则四方面对模型展开介绍。

（1）元胞状态

5G 工业系统的所有拓扑节点被视为模型中的元胞。根据系统多域空间特征，将信息域拓扑节点定义为信息元胞，物理域拓扑节点由物理元胞表示。在此基础上，定义两种元胞状态：正常状态和脆弱状态。其中，正常状态表示该元胞未遭受任何攻击，元胞功能正常。脆弱状态表示该元胞遭受攻击且无法抵御外来攻击作用，元胞的功能呈现异常。不同类型元胞间的状态转换如图 7-7 所示，元胞状态如何转换取决于元胞的状态转换规则。元胞正常状态和脆弱状态分别用 0 和 1 表示。

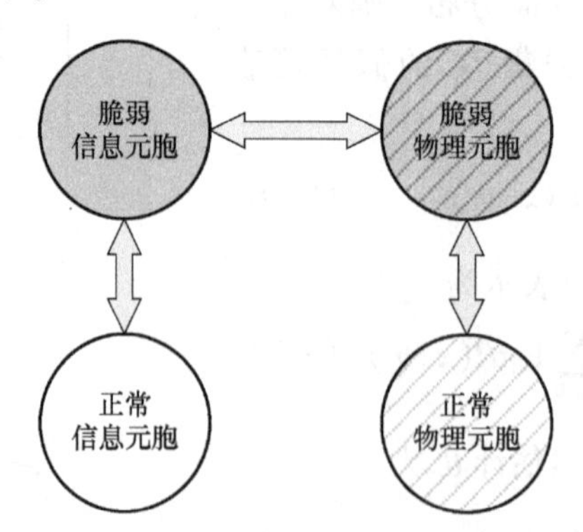

图 7-7　信息元胞和物理元胞间的状态转换

（2）元胞空间

元胞空间是细胞按照某一规则进行分布的一维或多维空间。考虑到系统单域内部和多域间节点及交互的复杂特征，在演化模型中，将由 N 个信息节点和 M 个物理节点为代表的元胞构成二维空间，综合反映系统节点及其交互状态。

（3）元胞邻居

任一元胞的邻居元胞是指与该元胞存在连接关系的所有元胞。由于 5G 工业系统存在信息元胞和物理元胞两种类型，所以可确定四种邻居关系。这四种邻居关系包括信息域内部、信息域至物理域、物理域至信息域和物理域内部，分别用矩阵 $\boldsymbol{A}$、$\boldsymbol{B}$、$\boldsymbol{C}$ 和 $\boldsymbol{D}$ 表示。对此，元胞邻居矩阵具体定义为

$$\boldsymbol{Z} = \begin{bmatrix} \boldsymbol{A}_{N\times N} & \boldsymbol{B}_{N\times M} \\ \boldsymbol{C}_{M\times N} & \boldsymbol{D}_{M\times M} \end{bmatrix} \tag{7-29}$$

由于不同邻域空间的元胞间的交互关联属性不同，故节点间关系如何反映节点脆弱状态演化的可能性需要分别讨论。对于邻居矩阵 $\boldsymbol{A}$ 可表示为 $\boldsymbol{A}=(a_{ij})_{N\times N}$，且

$$a_{ij} = \begin{cases} P(i,j)\text{，} j \neq i \\ P_A(i)/\sum\limits_{k\in N} P_A(k)\text{，} j = i \end{cases} \tag{7-30}$$

式中，$P(i,j)$ 为下一步攻击目标选择为信息元胞 j 的概率；$P_A(i)$ 为信息元胞 i 被当作攻击起始点的概率。当 $i=j$ 时，a_{ij} 表示归一化处理后，信息元胞 i 被攻击者选为攻击起始点的概率；当 $i\neq j$ 时，a_{ij} 表示攻击者从信息元胞 i 出发，选择信息元胞 j 作为下一步攻击目标的概率。

邻居矩阵 $\boldsymbol{D}$ 表示物理元胞间的连接关系，即 $\boldsymbol{D}=(d_{ij})_{M\times M}$，且

$$d_{ij} = P(i,j) \tag{7-31}$$

式中，d_{ij} 表示物理元胞 i 状态影响物理元胞 j 的概率。

模型中信息元胞和物理元胞间的跨域过程由邻居矩阵 $\boldsymbol{B}$ 和 $\boldsymbol{C}$ 表示，其中矩阵 $\boldsymbol{B}$ 反映信息域至物理域的交互过程，而矩阵 $\boldsymbol{C}$ 反映物理域至信息域的交互过程。结合基于贝叶斯网络模型的多域交互分析，能够有效推理和量化5G工业系统信息域和物理域间上下行业务传输的不确定性，以此可对矩阵 $\boldsymbol{B}$ 和 $\boldsymbol{C}$ 进行参数赋值。

（4）状态转换规则

状态转换规则是元胞自动机模型的核心，是元胞不同状态间相互转换的依据。在利用元胞自动机模型模拟5G工业系统动态脆弱性的演化过程中，每个元胞空间都应遵循相应的转换规则，从而实时更新自身的状态。

为了确定信息元胞 j 在 $t+1$ 时刻的状态，需要同时考虑该元胞及邻居元胞 t 时刻的状态。具体来说，信息元胞的状态转换规则如下：

$$S_j(t+1) = \begin{cases} S_j(t), \theta \leqslant r \\ \overline{S_j(t)}, \theta > r \end{cases} \tag{7-32}$$

$$\theta = P_j(t+1)\overline{S_j(t)} + \gamma S_j(t)$$

式中，$S_j(t)$ 为元胞 j 在 t 时刻的状态；$S_j(t+1)$ 为元胞 j 在 $t+1$ 时刻的状态；$r\in[0,1]$ 是元胞自动机模型的随机系数，用于难以量化的因素对元胞状态转换的影响；θ 是元胞状态转移的判断条件。元胞的状态转换规则与元胞所处的环境和功能机制相关。在5G工业系统的脆弱性评估研究中，当元胞被成功攻击的概率满足元胞状态转换所需的最小被成功攻击概率时，元胞由正常状态转为脆弱状态。一般地，对于信息元胞 j，假设它的邻居元胞 i 的状态为脆弱状态，那么元胞 i 在每个离散时刻以 a_{ij}/c_{ij} 的概率接触信息元胞 j，并试图将其作为下一步攻击目标。在这种情况下，元胞 j 在 $t+1$ 时刻被成功攻击的概率 $P_j(t+1)$ 为

$$P_j(t+1) = 1 - \prod_{i\in N_j}(1 - a_{i_a j}S_{i_a}(t))(1 - c_{i_c j}S_{i_c}(t)) \tag{7-33}$$

式中，$S_{i_a}(t)$和$S_{i_c}(t)$分别为信息元胞邻居和物理元胞邻居在t时刻的状态。

对于物理元胞的状态转换规则和信息元胞的类似，这里不再进行详细说明。

2. 系统动态脆弱性评估

基于5G工业系统的元胞自动机模型，采用模型动态推演方法，在一定的仿真时间内模拟攻击作用下的系统元胞状态演化过程，最终根据不同时刻的所有元胞状态，结合脆弱性评估指标，揭示系统动态脆弱性特征。具体来说，基于元胞自动机模型的系统动态脆弱性评估分为三步：评估指标体系确定、模型动态推演和脆弱性量化表征。

（1）评估指标体系确定

工业信息安全脆弱性是网络攻击和系统安全防护攻防博弈作用下，工业系统结构和功能上抵御信息安全攻击的能力。对于攻击者而言，5G工业系统抵抗攻击的能力可以反映当前攻击者的攻击难易程度，这是系统脆弱程度的一种表征，且抵抗性越低，脆弱性越高。具体来说，影响其抵抗性的主要因素包括攻击向量、攻击复杂性和元胞状态。对于防御者而言，威胁事件发生可能性及其对系统造成的危害影响也是系统脆弱性的表现，且危害越大，系统脆弱性越高。影响其危害性的主要因素包括被攻击概率、元胞价值和元胞状态。从攻防视角分别分析系统的脆弱程度，最终得到综合脆弱值。影响5G工业系统的脆弱性的因素包括抵抗性和危害性两方面，评估指标体系如图7-8所示。

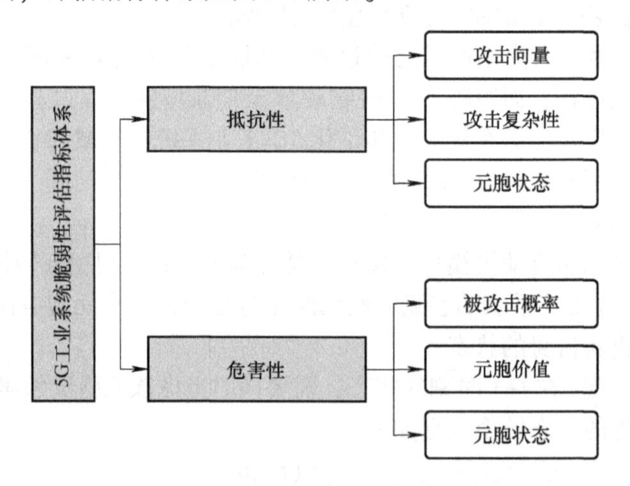

图7-8 5G工业系统脆弱性评估指标体系

（2）模型动态推演

基于元胞自动机模型，结合攻击知识，模拟系统攻击，分析在一定时间内的系统元胞演化过程，具体推演流程如图7-9所示。在推演初始阶段，收集可能危害系统的攻击知识，包括攻击行为、攻击目标和攻击源节点等。接着，初始化模型参数，如元胞状态赋值、仿真时间设置等。完成上述工作，即可进行模型动态推演，通过攻击模拟注入，结合元胞邻居和元胞状态转换规则，分别更新信息元胞和物理元胞在下一时刻的状态。基于上述过程反复迭代，直至到达仿真步长或者系统元胞全部处于脆弱状态，输出系统所有元胞节点的状态演化情况，为后期脆弱性评估做准备。

（3）脆弱性量化表征

根据脆弱性评估指标体系，结合基于元胞自动机的动态推演模型，可以在每一步仿真中评估系统当前时刻的脆弱性，最终得到攻击传播下的动态脆弱性变化。下面详细介绍攻防视角下的系统抵抗性和危害性的计算方法，定义系统脆弱性的量化公式，实现系统动态脆弱性表征。

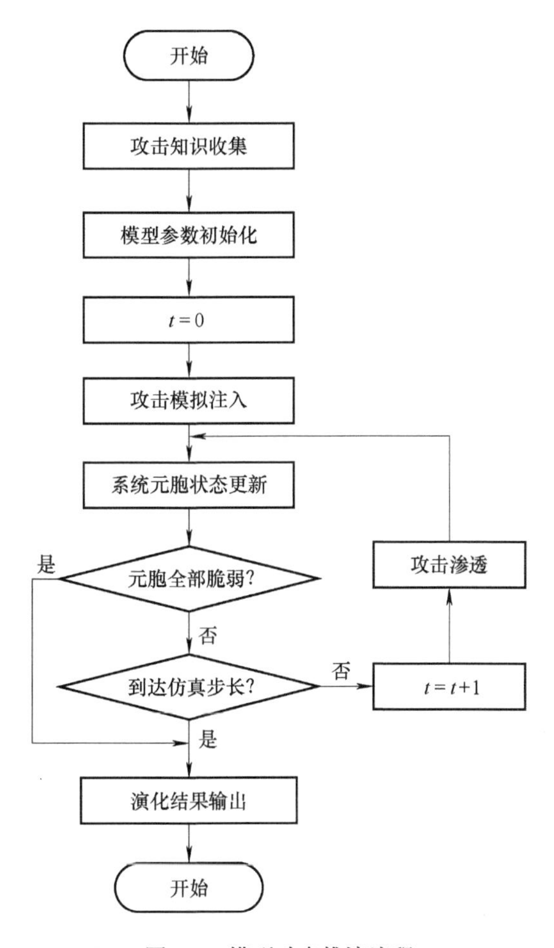

图 7-9　模型动态推演流程

系统抵抗性指标反映了攻击的难易程度，抵抗性越高，攻击难度越大。具体来说，它包括攻击向量、攻击复杂性和元胞状态三个影响因素。

攻击向量

对于 5G 工业系统来说，系统信息域的元胞脆弱状态演化是攻击者不断利用漏洞入侵，造成系统中元胞状态发生变化的过程。系统物理域的元胞脆弱状态演化是某一物理拓扑节点失效引发相邻拓扑节点级联失效的过程。由前期的 5G 工业系统攻击场景分析可知，系统信息攻击主要分为面向传统工业系统的攻击和面向 5G 网络的攻击两种类型。其中，前者是一种基于攻击权限提升的方式，后者是基于拓扑关联的入侵渗透方式。物理域的级联失效就是一种基于运行联动的攻击传播过程。从攻击难度来看，不同类型的攻击，即不同的攻击向量，其攻击难度上存在差异化。下面分别用不同的常量来描述相应攻击向量的难度量级。

对于任一元胞 i，邻居元胞 j 对其的攻击向量量化表征均可由 cav_{ji} 表示如下：

$$cav_{ji}=\begin{cases}Acyber & \text{如果 } j\in N_C\\ Acomm & \text{如果 } j\in N_{5G}\text{，同时 } attack \text{ 为 } true\\ Anone & \text{如果 } j\in N_{5G}\text{，同时 } attack \text{ 为 } false\\ Aphy & \text{如果 } j\in N_P\end{cases} \tag{7-34}$$

式中，*Acyber* 和 *Aphy* 分别表示面向传统工业系统的攻击向量和级联失效攻击向量；*Acomm* 和 *Anone* 表示面向 5G 网络的攻击向量，且 *Anone* 是针对 5G 网络的攻击只渗透网络域的攻击行为。

攻击复杂性

对于任一 t 时刻的元胞 i 来说，邻居元胞 j 对元胞 i 的攻击复杂性由元胞 j 的攻击概率决定。那么，在 t 时刻，邻居元胞 j 对元胞 i 的攻击复杂性 $cac_{ji}(t)$ 可表示为

$$cac_{ji}(t)=\frac{\sum_{k\in N_j}1-S_k(t)}{sum(N_j)} \tag{7-35}$$

式中，$S_k(t)$ 表示 t 时刻元胞 k 的状态；N_j 表示元胞 j 的邻居元胞集合；$sum(N_j)$ 表示元胞 j 的邻居元胞总数目。

元胞状态

元胞状态能够反映元胞是否被成功入侵。正常状态的元胞存在被攻击的可能，而脆弱元胞表明已经遭受攻击影响。若元胞 i 当前处于脆弱状态，攻击者无需采取恶意行为即可实现对元胞节点的入侵。反之，攻击者需要考虑其对元胞 i 的攻击向量和攻击复杂性。

在任一 t 时刻，系统的抵抗性由系统所有元胞节点当前的脆弱状态决定，即对于任一时刻 t 来说，系统抵抗性用 $sys_{resis}(t)$ 表示为

$$sys_{resis}(t)=\sum_{i=0}^{n}rs_i(t) \tag{7-36}$$

且对于任一元胞节点 i 来说，t 时刻元胞的抵抗性 $rs_i(t)$ 可表示为

$$rs_i(t)=\frac{\sum_{j\in N_i}cav_{ji}\times cac_{ji}(t)\times(1-S_j(t))\times(1-S_i(t))}{sum(N_i)} \tag{7-37}$$

危害性一般是指系统节点遭受攻击后对系统造成的后果，危害性越高，系统遭受的风险越高。影响系统危害性的因素包括被攻击概率、元胞价值和元胞状态。

被攻击概率

对于任一时刻 t 的元胞 i 来说，其被攻击的概率由其处于脆弱状态的邻居元胞的规模决定。对于任一元胞 i 在 t 时刻的被攻击概率由公式（7-33）可得 $w_i(t)$。

元胞价值

元胞价值是指元胞遭受攻击后其自身影响对系统脆弱程度的影响。定义节点自身影响为元胞拓扑价值。具体来说，系统拓扑节点在结构中的重要性在一定程度上反映了该节点在系统的关键程度。同时，针对任一节点的攻击动作也将对其邻居节点造成一定的影响。那么，在 t 时刻元胞 i 的价值 $cellular^i_{tvalue}(t)$ 将综合考虑该元胞和邻居元胞的拓扑重要性，具体为

$$ctp_i(t)=\alpha\cdot B_i(t)+\beta\cdot\sum_{j\in Neighbor[i]}B_j(t) \tag{7-38}$$

式中，$B_i(t)$ 表示 t 时刻元胞 i 的中介中心性，它能有效表征节点在系统拓扑的关键程度；

α 和 β 为权重指标。

元胞状态

元胞状态的定义与抵抗性指标影响因素中的元胞状态一致。

那么，在任一演化时刻 t，系统的危害性 $sys_{hazard}(t)$ 可表示为

$$sys_{hazard}(t) = \sum_{i=0}^{n} w_i(t) \times ctp_i(t) \times (1 - S_i(t)) \tag{7-39}$$

式中，$ctp_i(t)$ 表示 t 时刻元胞 i 的价值；$w_i(t)$ 是 t 时刻元胞 i 的被攻击概率；$S_i(t)$ 是 t 时刻元胞 i 的状态。

系统脆弱性是攻防视角下的系统抵御攻击的能力。为此，结合系统抵抗性和危害性，得到二者综合比值来描述系统的脆弱程度。t 时刻系统脆弱性 $vulratio(t)$ 定义为

$$vulratio(t) = \frac{sys_{hazard}(t) - sys_{resis}(t)}{sys_{hazard}(t) + sys_{resis}(t)} \times 100\% \tag{7-40}$$

当 $vulratio(t)>0$ 时，说明系统虽然抵抗性下降幅度较小，但引发的系统危害很高，这种情况下应该采取应急式安全防护策略；当 $vulratio(t)<0$ 时，说明系统抵抗能力下降幅度较高，而此时对系统进一步的危害变化不明显，这种情况下应该采取一些安全预防控制，来保障未来系统的安全运行；而当 $vulratio(t)\sim 0$ 时，表明两种因素变化幅度相当，系统可按照反应式安全防护策略进行防护。

7.4 案例研究

7.4.1 实验设计与模型参数

在第 5 章和第 6 章的案例研究基础上，本节开展 5G 离散数字化车间的脆弱性评估实验。除了第 5 章和第 6 章提供的系统拓扑结构、拓扑节点信息等，表 7-3 进一步列举了 5G 离散数字化车间系统各类拓扑节点，如仓库、机器人、加工机床等，在同一周期内上传数据信息的类型、规模、有效时间以及采样频率等，为系统静态脆弱性评估中业务关联度分析提供数据支持。

表 7-3 系统模型参数定义

物理节点类型	数据大小/B			数据有效时间/min			采样频率/Hz
	运行数据	故障数据	维修数据	运行时间	平均故障时间	平均维修时间	
仓库	12	160	184	12.5	9.39×10^{-4}	6.26×10^{-4}	2
机器人	60	160	184	0.5	2.37×10^{-3}	3.96×10^{-3}	5
无人小车	70	160	184	1	2.95×10^{-3}	5.89×10^{-3}	5
生产机床	84	160	184	4	7.00×10^{-3}	4.55×10^{-2}	5
加工机床	84	160	184	3	6.60×10^{-3}	2.64×10^{-2}	5

在模型参数初始化基础上，即可开展系统静态与动态脆弱性评估实验。详细的评估实验流程如图 7-10 所示。

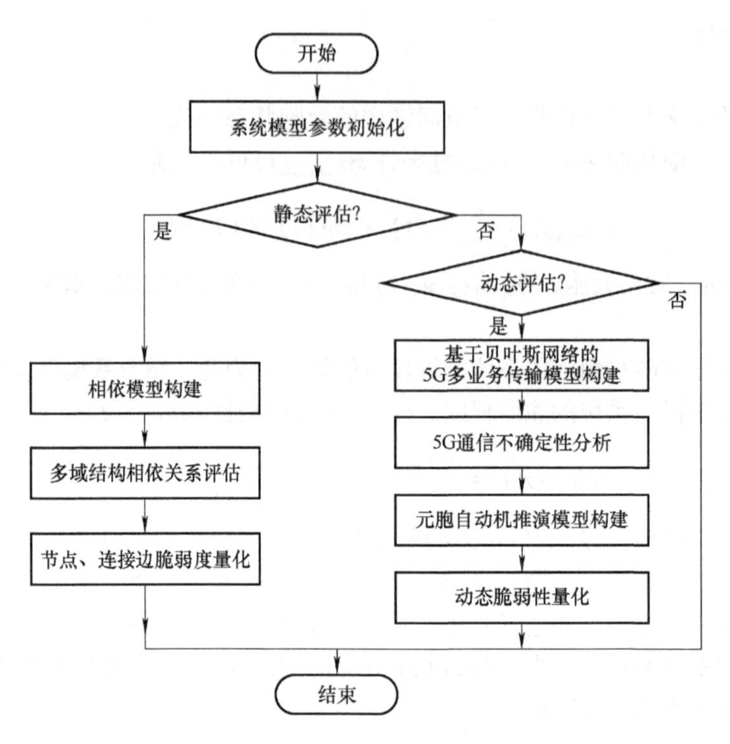

图 7-10　脆弱性评估实验流程

7.4.2　静态脆弱性评估

1. 多域结构相依关系评估

构建的5G离散数字化车间系统相依关系模型结构如图7-11所示。该模型结构与系统拓扑类似。特别地，图中红色节点标识了系统信息域和物理域间的跨域节点对，包括 n_9 和 n_{15}，n_9 和 n_{16}，n_9 和 n_{17}，n_9 和 n_{18}。在此基础上，结合结构相依计算公式，量化系统多域结构相依关系。图7-12和图7-13依次展示了实验对象中信息域和物理域跨域节点对间的结构相依关系。信息域控制指令的下发都需要经过防火墙节点，由5G网络下发至物理域的网关节点，包括 $n_{15},n_{16},n_{17},n_{18}$。类似地，物理域拓扑节点的状态信息上传至信息域的控制中心，仍需要经过这些节点进行反馈。也就是说，四项跨域节点对共同构成系统信息域和物理域间的双向交互通道。根据仿真对象可知，节点 n_{17} 负责车间生产区的数据与系统信息空间进行交互。生产区包括加工机床、操作机器人等，实时操作以及按需控制操作要求这些设备与信息域控制中心频繁地交互。因此，跨域节点对 n_9-n_{17} 和 $n_{17}-n_9$ 的业务数据量大且连接密度更高，故其相依程度相较于其他跨域节点对最高。节点 n_{15},n_{16},n_{17} 依次负责仓库区、物流区和检测区的信息交互。来自物理域的设备节点需要周期性上传自身状态信息，方便系统进行实时监控，而上层对于这三个区域设备的控制相对较少。因此，这些跨域节点间物理域至信息域的相依程度高于信息域至物理域。

2. 静态脆弱性评估

结合多域结构相依关系，依据连通脆弱度和业务重要度，可分别讨论节点、连接边的静态脆弱性评估。以节点脆弱度评估为示例，给出实验结果如图7-14所示。从图中可以看出，节点连通度（node connectivity）、业务重要度（service importance）以及节点静态脆弱性（static vulnerability）三者的分布趋势一致，验证基于连通性与业务的节点静态脆弱性评估具有一定合理性。由于节点连通度只考虑节点在系统中的物理连接关系，而这种连接特征并不能直接说明节点承载的通信业务量规模的大小。相反，节点支持的业务数据类型和业务量与其连通性没有直接关系。为此，结合节点连通特性和业务特征开展节点静态脆弱性评估，实验结果更具有公平性和均衡性。类似地，基于这种方法，可以进一步探究系统连接边和系统的静态脆弱性，这里不再进行赘述。

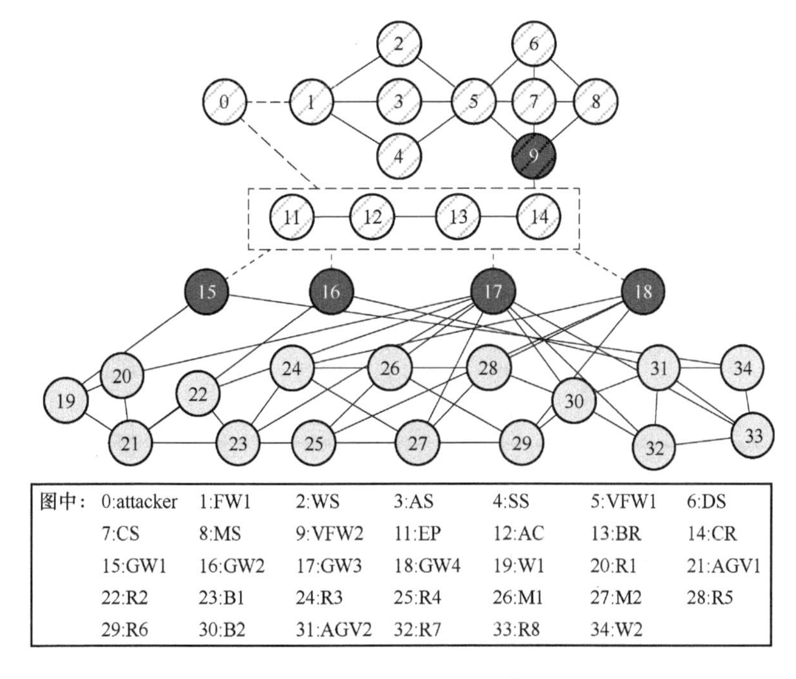

图 7-11　5G 离散数字化车间系统相依关系模型结构

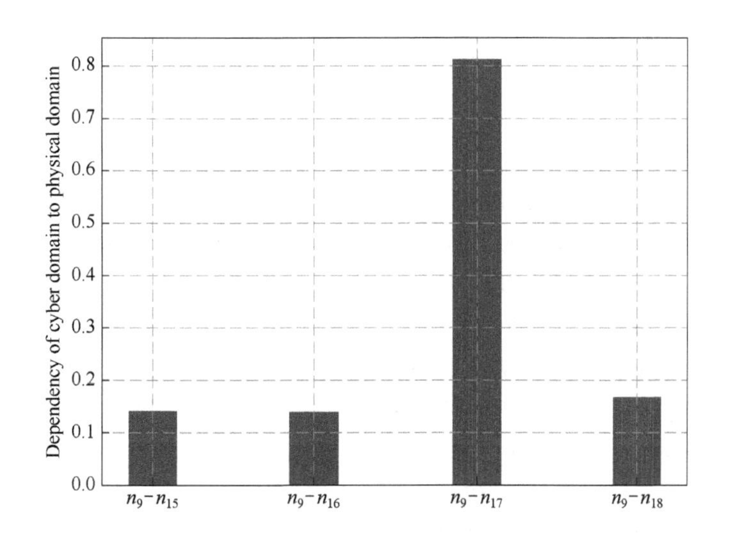

图 7-12　信息域至物理域相依关系量化值

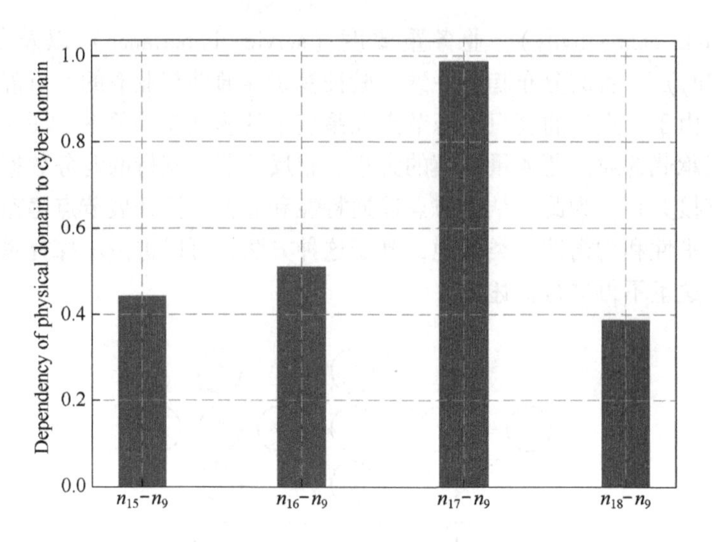

图 7-13　物理域至信息域相依关系量化值

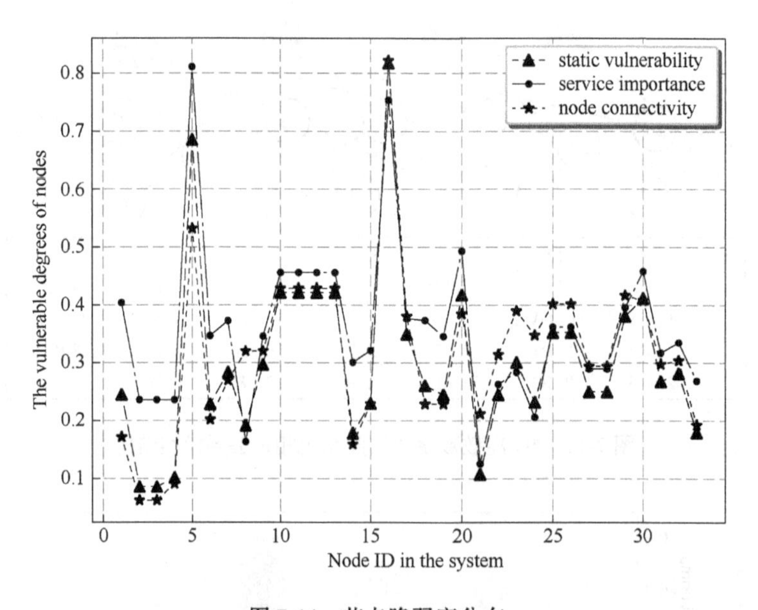

图 7-14　节点脆弱度分布

相依边所连接节点承载的通信业务总量与节点自身功能，以及节点在相依网络中的位置有关。相依边失效对系统业务量的影响越大，说明信息-物理节点间的相互依赖关系越强。通过依次移除脆弱度最高的相依边，以系统连通子图规模为评估指标分析相依边失效对系统业务量的影响，具体如图 7-15 所示。由图 7-15 和图 7-14 可以看出，在基于网间连通性（based on network connectivity）、基于业务关联度（based on service relevance）和二者结合（based on both）的三种评估方法下，系统业务量的变化趋势一致，说明基于网间连通性与业务关联性的结构相依关系评估方法合理可行。度数-度数指标是一种仅考虑网间连通性因素的评估指标，该指标局限于系统的物理连接特征。然而，具有较高度数的节点并不能直接说明其承载的通信业务量高。在这种情况下，基于度数-度数结构相依关系评估结果依次移除模型相依边时，系统业务量下降速度最慢，说明该方法对网间结构相依关系的评估不够准确。基于业务关联度和二者结合的结构相依关系评估方式，在根据评估结果移除各相依边时，系统业务量变化情况重合度较高，但基于网间连通性和业务关联度的结构相依关系评估下的系统业务量下降更快。上述结果证明基于网间连通性与业务关联度的结构相依关系评估方法能够更好地反映信息-物理节点间的相依关系，在相依关系评估上更具优势。

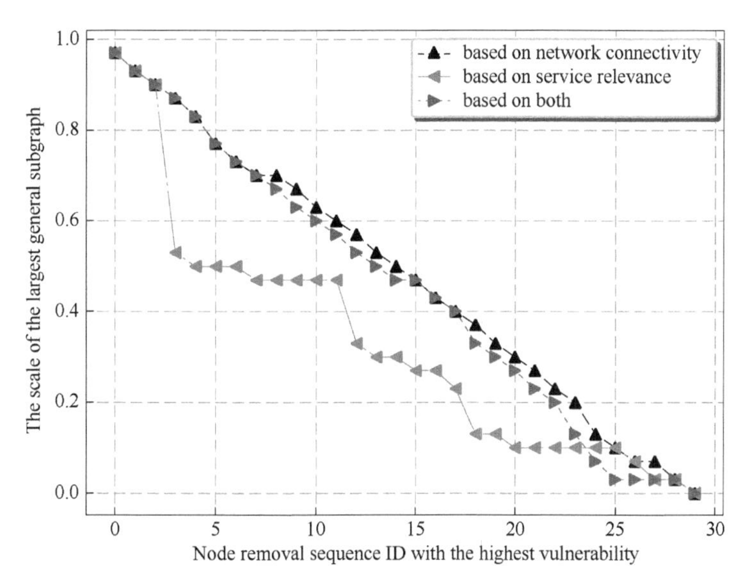

图 7-15　相依边失效对系统业务量的影响分析

7.4.3　动态脆弱性评估

1. 元胞脆弱状态演化曲线

根据系统拓扑结构和多域特征可知，系统主要分为信息域和物理域两个部分。其中信息域包括 10 个信息组件节点和 4 个 5G 通信网络的拓扑节点，信息组件节点通过 5G 通信网络的拓扑节点与物理域中节点交互。物理域包括 20 个设备节点，如网关、传感器、机器人和自动导向车等。那么，针对 5G 工业系统的元胞状态集合可表示为

$$cellularset(t) = [cybercellular(t), phycellular(t)] \tag{7-41}$$

式中，t 时刻的信息域的元胞状态为 $cybercellular(t) = [S_1(t), \cdots, S_n(t)]$ 且 $n=14$。相应地，t 时刻的物理域的元胞状态为 $phycellular(t) = [S_1(t), \cdots, S_m(t)]$ 且 $m=20$。

图 7-16 展示了仿真过程中系统所有元胞脆弱状态演化曲线。在 $t=0$ 时，由于系统不存在潜在安全风险，故所有的元胞均处于正常状态。随着时间推进，攻击者极有可能利用信息域节点脆弱性实施信息安全攻击，并通过 5G 网络实现跨域渗透。然而，由于 5G 工业系统存在开放的攻击面，安全漏洞种类繁多，攻击者针对同一个目标可以选择不同的路径实现入侵渗透。那么，基于不同的攻击意图，如最大攻击收益（漏洞危害性最大）、最高攻击成功率（漏洞可利用性最高）或最低攻击成本（攻击路径最短），不同的攻击入侵路径致使系统中元胞的可生存状态变化有些许差异。从图中可以看出，基于最低攻击成本意图，系统可生存元胞数目下降最快。这是由于在这种攻击作用下，能够实现最短路径下的快速攻击过程。相反，基于最大攻击收益意图的攻击者倾向于尽可能最大程度破坏系统节点安全性。因此，

虽然相较于前者花费更多入侵步数，但是实现攻击目标时系统仅存的正常元胞数目最小。基于最高攻击成功率的攻击作用影响介于二者之间。

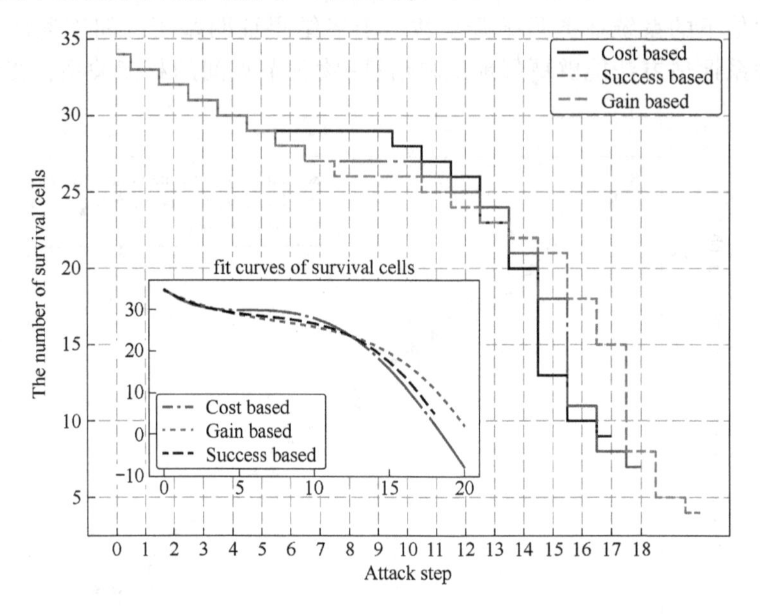

图 7-16 元胞脆弱状态演化曲线

2. 系统抵抗性与危害性对比

为了揭示攻击作用下的5G离散数字化车间的系统脆弱特征，可以从攻击者和防御者两个视角分别探讨系统的脆弱性。对于攻击者来说，其对系统攻击难度可以衡量系统当前的脆弱程度。若攻击难度高，说明系统脆弱程度相对较低，反之亦然。从图 7-17 中可以看到，三条实线分别表示了三种攻击意图下的系统攻击难度变化趋势。从整体来看，随着攻击的持续入侵（攻击步数增加)，系统抵抗性持续下降，这表明针对系统的攻击难度减小。进一步地，结合系统多域特征和不同攻击意图下的入侵路径来看，针对信息域攻击的攻击难度下降最快，而当完成跨域攻击传播后，三种意图下的系统抵抗性骤然下降至一定水平，并持续平

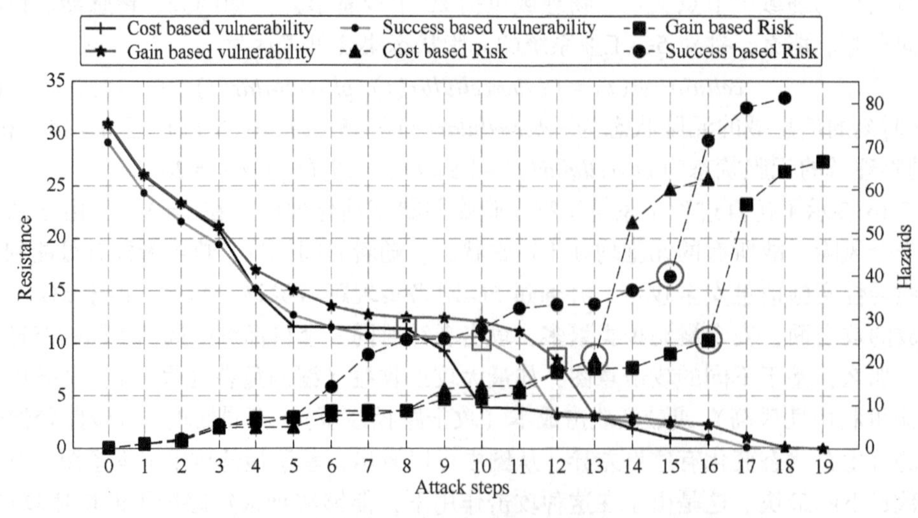

图 7-17 系统脆弱性量化曲线

缓变化。在实际系统中，信息空间的设备组件往往具有智能化特征，攻击者对这类组件的入侵需要耗费一定精力和资源来获取组件的控制权限。所以，在面向系统信息域的攻击入侵中，每成功控制一个组件节点，其对于该目标系统的恶意控制能力就越强，攻击难度下降幅度相对较高，且系统更易遭受攻击。在基于5G网络的跨域阶段，一些恶意攻击者常通过攻击5G网络从而进一步加强对5G工业系统的攻击力度，然而这种方式在当下仅造成了对5G网络的危害，未能威胁至系统的物理运行。由仿真结果可知，其体现的是当前路径下的危害性。那么，完成针对5G网络的攻击后，一旦攻击传播至系统物理域的控制设备等，由于资源或运行机理的约束，这些物理组件就容易发生级联失效反应，加强了对系统的危害影响，造成系统抵抗性进一步降低。

为了直观反映系统不同脆弱程度表现和信息安全响应措施间的关系，需要进一步探究不同时刻的系统各脆弱因素变化程度。分别将基于最小攻击成本、最高攻击成功率和最大攻击收益的渗透路径视为case 1、case 2和case 3三种情况，得到不同攻击路径下，系统综合脆弱性比值和基于系统脆弱程度的针对性防护措施间的关系，结果如图7-18所示。从图中可以看出，三种攻击意图下不同的攻击时刻均存在差异化的安全防护需求。在攻击入侵的初始阶段，攻击者尝试利用一些攻击动作渗透至系统内部，此时距离攻击目标较远且对系统危害性较小，但可能已经使得系统抵抗攻击的能力降低。在这种情况下，系统更多需要反应式安全防护或安全预防控制策略来保障系统正常运行。然而，随着攻击不断深入，一旦攻击者非法控制危害性较高的系统组件，如控制器，这将造成不可预估的影响。在这种情况下，为了避免更多组件遭受安全危害，需要采取一些应急式安全防护策略来尽可能保证系统正常运行。

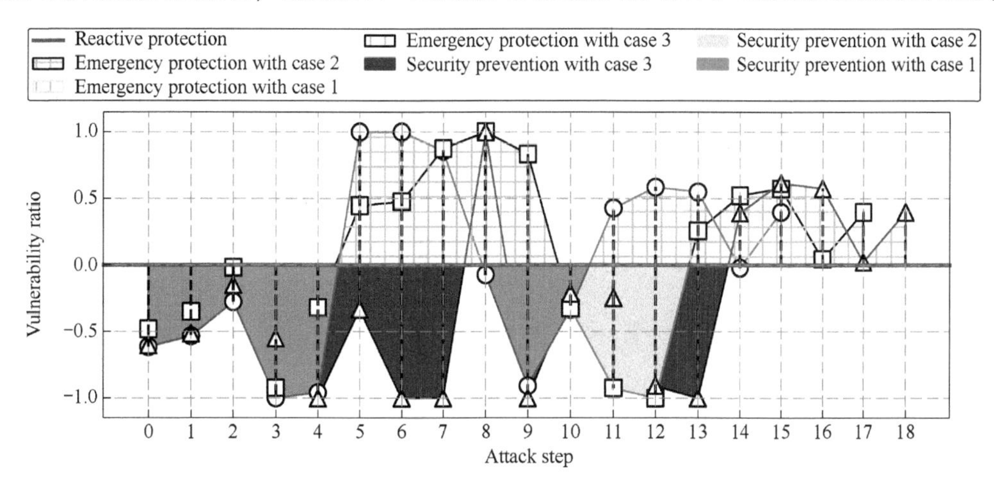

图7-18　系统综合脆弱性比值

根据上述工作和安全防护策略类别，对系统综合脆弱性进行分级，具体见表7-4。

表7-4　5G工业系统脆弱性状态指标等级划分

脆 弱 等 级	取 值 范 围	安全防护建议
1级	$vulratio[t]<0$	安全预防控制
2级	$vulratio[t]\sim 0$	反应式防护
3级	$vulratio[t]>0$	应急式防护

7.5 小结

本章完成了5G工业系统脆弱性评估的最后一步，即研究信息安全漏洞被利用后对系统的影响。围绕系统结构和功能特征，采用相依网络、复杂网络、贝叶斯网络和元胞自动机方法，分别实现了系统静态和动态脆弱性评估，得到攻防视角下的系统综合脆弱性量化程度，可为系统安全风险评估和安全防护提供更针对性且有效的建议。

参考文献

[1] COLOMBO A W, KARNOUSKO S, KAYNAK O, et al. Industrial Cyber physical Systems: A Backbone of the Fourth Industrial Revolution[J]. IEEE Industrial Electronics Magazine, 2017, 11 (1): 6-16.

[2] ZHOU C J, HU B W, SHI Y, et al. A Unified Architectural Approach for Cyberattack-Resilient Industrial Control Systems[J]. Proceedings of the IEEE, 2021, 109 (4): 517-541.

[3] 阿克曼. 工业控制系统安全[M]. 北京: 机械工业出版社, 2020.

[4] 李璇. 工业控制系统主动入侵反应的若干关键技术研究[D]. 武汉: 华中科技大学, 2018.

[5] CONTI M, DONADEL D, TURRIN F. A Survey on Industrial Control System Testbeds and Datasets for Security Research[J]. IEEE Communications Surveys & Tutorials, 2021, 23 (4): 2248-2294.

[6] CHEMINOD M, DURANTE L, VALENZANO A. Review of Security Issues in Industrial Networks[J]. IEEE Transactions on Industrial Informatics, 2013, 9 (1): 277-293.

[7] 秦元庆, 周纯杰, 王芳. 工业控制网络技术[M]. 北京: 机械工业出版社, 2021.

[8] 王振力, 孙平, 刘洋. 工业控制网络[M]. 北京: 人民邮电出版社, 2012.

[9] LU C Y, SAIFULLAH A, LI B, et al. Real-Time Wireless Sensor-Actuator Networks for Industrial Cyber-Physical Systems[J]. Proceedings of the IEEE, 2016, 104 (5): 1013-1024.

[10] 中国信息通信研究院华东分院. 5G+智能制造白皮书[R/OL]. (2019-09-04)[2022-09-11]. https: //www. sheitc. sh. gov. cn/sjxwxgwj/20191204/0020-684348. html.

[11] 中国移动, 中兴通讯, 中国信息通信研究院, 等. 5G+工业互联网安全白皮书[R/OL]. (2020-11-03)[2022-09-11]. https: //www. zte. com. cn/china/about/news/20201102C1. html.

[12] 谭仕勇, 倪慧, 张万强, 等. 5G 标准之网络架构[M]. 北京: 电子工业出版社, 2020.

[13] 张进财. 5G+九大垂直领域的 5G 智慧赋能[M]. 北京: 化学工业出版社, 2021.

[14] 杨峰义, 谢伟良, 张建敏. 5G 无线网络及关键技术[M]. 北京: 人民邮电出版社, 2017.

[15] 张东星, 杨军, 徐亭. 5G 赋能智能制造[M]. 北京: 人民邮电出版社, 2021.

[16] KEKKI S, FEATHERSTONE W, FANG Y, et al. MEC in 5G networks[J]. ETSI white paper, 2018, 28: 1-28.

[17] J NAVARRO, ROMERO P, SENDRA S, et al. A Survey on 5G Usage Scenarios and Traffic Models[J]. IEEE Communications Surveys & Tutorials, 2020, 22 (2): 905-929.

[18] 华为技术有限公司. 5G 智慧港口白皮书[R/OL]. [2022-09-13]. https: //www. digitalelite. cn/h-nd-3825. html? fromMid=3&groupId=279.

[19] 工业互联网产业联盟. 5G+智慧炼钢系统[R/OL]. (2021-09-06)[2022-09-13]. http: //www. aii-alliance. org/index/c150/n2495. html.

[20] 南方电网, 中国移动, 华为技术有限公司. 5G 助力智能电网应用白皮书[R/OL]. (2018-06-27)[2022-09-13]. http: //www. sasac. gov. cn/n2588025/n2588124/c9178312/content. html.

[21] 肖建荣. 工业控制系统信息安全[M]. 北京: 电子工业出版社, 2015.

[22] 尹丽波. 工业信息安全概论[M]. 北京: 电子工业出版社, 2019.

[23] 张莹. 切断美燃油“大动脉”的黑客攻击来自哪[N]. 新华每日电讯, 2021-05-14 (009).

[24] 安芯网盾科技有限公司. 能源巨头壳牌公司遭受 Accelion 黑客攻击[EB/OL]. (2021-03-26)[2022-09-13]. https: //zhuanlan. zhihu. com/p/360133076.

[25] 朱朝阳. 委内瑞拉大停电事故的背后[J]. 国家电网, 2019 (5): 72-74.

[26] LIANG G, WELLER S R, ZHAO J, et al. The 2015 Ukraine Blackout: Implications for False Data Injection Attacks[J]. IEEE Transactions on Power Systems, 2017, 32 (4): 3317-3318.

[27] 工业互联网产业联盟．工业互联网安全漏洞态势分析（2020 年）[EB/OL]．(2021-12-16)[2022-09-13]. https：//www. landui. com/help/ishow-10909. html.

[28] 国家工业国信息安全发展中心．2021 年工业信息安全态势报告[EB/OL]．(2022-02-11)[2022-09-13]. http：//www. hljgxfzzx. org. cn/userfiles/admin/files/20220211/2021%E5%B9%B4%E5%B7%A5%E4%B8%9A%E4%BF%A1%E6%81%AF%E5%AE%89%E5%85%A8%E6%80%81%E5%8A%BF%E6%8A%A5%E5%91%8A_$1644545262405013645. pdf.

[29] 中国信息安全测评中心．2022 上半年网络安全漏洞态势观察[EB/OL]．(2022-09-27)[2022-11-03]. http：//www. itsec. gov. cn/zxxw/202209/t20220902_112723. html.

[30] 绿盟科技．工业控制系统面临的十大安全问题[EB/OL]．(2021-12-22)[2022-09-13]. https：//mp. weixin. qq. com/s/g-fRCFRCoMu2vnuAMEb6Og? scene=25#wechat_redirect.

[31] 工业和信息化部，等. 工业互联网安全标准体系[R/OL]．(2021-12-22)[2022-09-14]. https：//www. miit. gov. cn/ztzl/rdzt/gyhlw/gzdt/art/2021/art_ 52d120b9266242dc8418d3f822979b8a. html.

[32] SAHLI N，BENMOHAMED M，BOURENNANE E B. Security for Industrial Automation and Control Systems[C]. Conception et Production Intégrées/Integrated Desing and Production (CPI'13). 2013：40-46.

[33] 欧阳劲松，丁露．IEC 62443 工控网络与系统信息安全标准综述[J]．信息技术与标准化，2012 (3)：24-27.

[34] 蔡皖东．信息系统安全等级保护原理与应用[M]．北京：电子工业出版社，2014.

[35] 工业互联网产业联盟．工业互联网安全框架[R/OL]．(2018-12-11)[2022-09-13]. http：//www. aii-alliance. org/index. php/index/c319/n76. html.

[36] 张伟丽，冯伟，刘权．美国增强关键基础设施网络安全框架解析[J]．保密科学技术，2015 (2)：48-50；1.

[37] 工业和信息化部．工业控制系统信息安全防护指南[R/OL]．(2016-10-17)[2022-09-13]. https：//baike. baidu. com/item/%E5%B7%A5%E4%B8%9A%E6%8E%A7%E5%88%B6%E7%B3%BB%E7%BB%9F%E4%BF%A1%E6%81%AF%E5%AE%89%E5%85%A8%E9%98%B2%E6%8A%A4%E6%8C%87%E5%8D%97/20402315? fr=aladdin.

[38] 雷立柏．拉丁语汉语简明词典[M]．北京：世界图书出版公司，2011.

[39] P TIMMERMAN. Vulnerability，Resilience and the Collapse of Society[M]. Toronto：Institute for Environmental Studies University of Toronto，1981.

[40] 沈珍瑶，杨志峰，曹瑜．环境脆弱性研究述评[J]．地质科技情报，2003 (3)：91-94.

[41] 石先武，国志兴，张尧，等．风暴潮灾害脆弱性研究综述[J]．地理科学进展，2016，35 (07)：889-897.

[42] 李花，赵雪雁，王伟军．社会脆弱性研究综述[J]．灾害学，2021，36 (02)：139-144.

[43] BLAIKIE，CANON P-T，IDAVIS. At Risk：Natural Hazards，People's Vulnerability and Disasters[M]. London：Routledge，1994.

[44] 赵雪雁．地理学视角的可持续生计研究：现状、问题与领域[J]．地理研究，2017，36 (10)：1859-1872.

[45] XIAO L，MORIMOTO T. Spatial Analysis of Social Vulnerability to Floods Based on the MOVE Framework and Information Entropy Method：Case Study of Katsushika Ward，Tokyo[J]. Sustainability，2019，11 (2)：1-19.

[46] 黄建毅，刘毅，马丽，等．国外脆弱性理论模型与评估框架研究评述[J]．地域研究与开发，2012，31 (5)：1-5.

[47] FOUAD A A，ZHOU Q，VITTAL V. System Vulnerability as a Concept to Assess Power System Dynamic Security[J]. IEEE Transactions on Power Systems，1994，9 (2)：1009-1015.

[48] 林涛，范杏元，徐遐龄．电力系统脆弱性评估方法研究综述[J]．电力科学与技术学报，2010，25 (4)：20-24.
[49] 冯杰，于振，周飞．电网脆弱性模型评估方法及应用[M]．北京：中国电力出版社，2022.
[50] 林攀，吴佳毅，黄涛，等．电力系统脆弱性评估综述[J]．智慧电力，2021，49 (1)：22-28.
[51] STERPU S，LU W，BESANGER Y，et al. Power Systems Security Analysis[C]. IEEE Power Engineering Society General Meeting. 2006：5-10.
[52] 赵桂久．生态环境综合整治与恢复技术研究取得重大成果[J]．中国科学院院刊，1996 (4)：289-292.
[53] NICHOLLS R J，BRANSON J. Coastal Resilience and Planning for an Uncertain Future：an Introduction[J]. The Geographical Journal，1998，164 (3)：255-258.
[54] 张学玲，余文波，蔡海生，等．区域生态环境脆弱性评价方法研究综述[J]．生态学报，2018，38 (16)：5970-5981.
[55] EINARSSON S，RAUSAND M. An Approach to Vulnerability Analysis of Complex Industrial Systems[J]. Risk Analysis，1998，18 (5)：535-546.
[56] 郭涛，吴世忠，刘晖．信息安全漏洞分析基础[M]．北京：科学出版社，2013.
[57] 赖英旭，刘静，刘增辉，等．工业控制系统脆弱性分析及漏洞挖掘技术研究综述[J]．北京工业大学学报，2020，46 (6)：571-582.
[58] 王秋艳．通用安全漏洞评级研究[D]．西安：西安电子科技大学，2008.
[59] 郭丽华．基于 CVSS 的网络安全关联评估与漏洞库设计研究[D]．北京：北京邮电大学，2016.
[60] SHI W，ZENG W，ZHANG L. Modeling the Vulnerability of an Industrial System：An Ideal System of a Simplified Reactor Vessel[J]. Safety Science，2013，59：193-199.
[61] 陈秀真，李建华．信息系统安全检测与风险评估[M]．北京：机械工业出版社，2021.
[62] 唐一鸿，杨建军，王惠莅．SP800-82《工业控制系统 (ICS) 安全指南》研究[J]．信息技术与标准化，2012 (Z1)：44-47.
[63] STOUFFER K，FALCO J，SCARFONE K. Guide to Industrial Control Systems (ICS) security[R/OL]. (2015-06-03)[2022-09-22]. https：//www. nist. gov/publications/guide-industrial-control-systems-ics-security? pub_id=918368.
[64] LIU X，LI D，MA M，et al. Network Resilience[J]. Physics Reports，2022，971：1-108.
[65] NIST US Department Of Commerce. NIST Special Publication 800-53 Revision 3 Recommended Security Controls for Federal Information Systems and Organizations[M]. CreateSpace，2012.
[66] NOLETTI P，NOORI N S. Cyber-resilience of Critical Cyber Infrastructures：Integrating Digital Twins in the Electric Power Ecosystem[J]. Computers & Security，2022，112：102507-102518.
[67] LINKOV I，EISENBERG D A，PLOURDE K，et al. Resilience Metrics for Cyber Systems[J]. Environment Systems and Decisions，2013，33 (4)：471-476.
[68] PAUL S，DING F，UTKARSH K，et al. On Vulnerability and Resilience of Cyber-Physical Power Systems：A Review[J]. IEEE Systems Journal，2022，16 (2)：2367-2378.
[69] HAQUE M A，SHETTY S，KRISHNAPP B. Modeling Cyber Resilience for Energy Delivery Systems Using Critical System Functionality[C]. 2019 Resilience Week (RWS). 2019：33-41.
[70] HAQUE M A，SHETTY S，KRISHNAPP B. ICS-CRAT：A Cyber Resilience Assessment Tool for Industrial Control Systems[C]. The 4th IEEE International Conference on Intelligent Data and Security. 2019：273-281.
[71] 汤亚锋，徐艳丽，李纪莲．太空体系弹性评估方法综述[J]．装备学院学报，2017，28 (03)：74-80.
[72] BASOZ N I. Risk Assessment for Highway Transportation Systems[M]. Stanford University，1996.
[73] BARTELL S M. Biomarkers，Bioindicators，and Ecological Risk Assessment—A Brief Review and Evaluation

[J]. Environmental Bioindicators, 2006, 1 (1): 60-73.
[74] AVEN T. Risk Assessment and Risk Management: Review of Recent Advances on Their Foundation[J]. European Journal of Operational Research, 2016, 253 (1): 1-13.
[75] SENDI S A, BARZEGAR A R, CHERIET M. Taxonomy of Information Security Risk Assessment (ISRA) [J]. Computers & Security, 2016, 57 (3): 14-30.
[76] KAPLAN S, GARRICK B J. On the Quantitative Definition of Risk[J]. Risk Analysis, 1981, 1 (1): 11-27.
[77] FATURECHI R, MILER E. Measuring the Performance of Transportation Infrastructure Systems in Disasters: A Comprehensive Review[J]. Journal of Infrastructure Systems, 2015, 21 (1): 1-15.
[78] 吴哲辉. Petri 网导论[M]. 北京:机械工业出版社, 2006.
[79] 江志斌. Petri 网及其在制造系统建模与控制中的应用[M]. 北京:机械工业出版社, 2004.
[80] 袁崇义. Petri 网原理与应用[M]. 北京:电子工业出版社, 2005.
[81] 林闯. 随机 Petri 网和系统性能评价[M]. 北京:清华大学出版社, 2000.
[82] 叶子维, 郭渊博, 王宸东, 等. 攻击图技术应用研究综述[J]. 通信学报, 2017, 38 (11): 121-132.
[83] 李崇美, 邱美康. 信息物理系统强化学习网络安全示例[M]. 北京:机械工业出版社, 2021.
[84] NAEEM M, RIZVI S T H, CORONATO A. A Gentle Introduction to Reinforcement Learning and its Application in Different Fields[J]. IEEE Access, 2020, 8: 209320-209344.
[85] 袁凡. 基于强化学习的容迟网络路由算法的研究[D]. 南京:南京邮电大学, 2020.
[86] 袁莎, 白朔天, 唐杰. 强化学习(微课版)[M]. 北京:清华大学出版社, 2021.
[87] 郭景峰, 陈晓, 张春英. 复杂网络建模理论与应用[M]. 北京:科学出版社, 2020.
[88] WEI X G, GAO S B, HUANG T, et al. Complex Network-Based Cascading Faults Graph for the Analysis of Transmission Network Vulnerability[J]. IEEE Transactions on Industrial Informatics, 2019, 15 (3): 1265-1276.
[89] 汪小帆, 李翔, 陈关荣. 复杂网络理论及其应用[M]. 北京:清华大学出版社, 2006.
[90] 王竣德, 汤俊, 阮逸润. 网电空间中相依网络健壮性研究[M]. 北京:电子工业出版社, 2020.
[91] 王佳伟. 网络中边重要性度量方法及相依系统攻击鲁棒性研究[D]. 天津:天津理工大学, 2021.
[92] CHEN Z, DU W B, CAO X B, et al. Cascading Failure of Interdependent Networks with Different Coupling Preference under Targeted Attack[J]. Chaos Solitons & Fractals the Interdisciplinary Journal of Nonlinear Science & Nonequilibrium & Complex Phenomena, 2015, 80: 7-12.
[93] Ji X P, Wang B, Liu D C, et al. Improving Interdependent Networks Robustness by Adding Connectivity Links[J]. Physica A Statistical Mechanics & Its Applications, 2016, 444: 9-19.
[94] 王双成. 贝叶斯网络学习、推理与应用[M]. 上海:立信会计出版社, 2010.
[95] 高晓光, 陈海洋, 符小卫, 等. 离散动态贝叶斯网络推理及其应用[M]. 北京:国防工业出版社, 2016.
[96] TOFFOLI T, MARGOLUS N. Cellular Automata Machines[J]. Complex Systems, 1987, 1 (5): 967-993.
[97] 叶夏明. 电力信息物理系统通信网络性能分析及网络安全评估[D]. 杭州:浙江大学, 2015.
[98] 段晓东, 王存睿, 刘向东. 元胞自动机理论研究及其仿真应用[M]. 北京:科学出版社, 2012.
[99] 荷乔纳斯·彼得斯, 德多米尼克·扬辛. 因果推理 基础与学习算法[M]. 北京:机械工业出版社, 2021.
[100] LALLIE H S, DEBATTISTA K, BAL J. An Empirical Evaluation of the Effectiveness of Attack Graphs and Fault Trees in Cyber-Attack Perception[J]. IEEE Transactions on Information Forensics and Security, 2018, 13 (5): 1110-1122.
[101] 张凯, 刘京菊. 一种基于知识图谱的威胁路径生成方法[J]. 计算机仿真, 2022, 39 (4): 350-356.

[102] 机械工业仪器仪表综合技术经济研究所，华为技术有限公司，中国移动通信集团有限公司 . 5G 工业应用白皮书[R/OL].（2020-09016）[2022-09-27]. https：//baike. baidu. com/item/5G%E5%B7%A5%E4%B8%9A%E5%BA%94%E7%94%A8%E7%99%BD%E7%9A%AE%E4%B9%A6/53755471? fr = aladdin.

[103] IMT-2020（5G）推进组 . 5G 网络安全需求与架构白皮书[R/OL].（2017）[2022-09-27]. https：//www. docin. com/p-2470657433. html.

[104] MA L，WEN X M，WANG L H，et al. An SDN/NFV Based Framework for Management and Deployment of Service Based 5G Core Network[J]. China Communications，2018，15（10）：86-98.

[105] LIANG X D，QIU X F. A Software Defined Security Architecture for SDN-based 5G Network[C]. IEEE International Conference on Network Infrastructure and Digital Content（IC-NIDC）. 2016：17-21.

[106] 中通服中睿科技有限公司 . 5G 垂直行业专网设计及部署白皮书[R/OL].（2021-04）[2022-09-27]. http：//www. chuangze. cn/attached/file/20210419/20210419152342544254. pdf.

[107] 中国信科，大唐移动 . 工业园区 5G 专网部署白皮书[R].（2021）[2022-09-27]. http：//www. yitianzixun. com/yitianzixun/products/23203754. html.

[108] GUO Q R，YIN J，GUO W B，et al. Analysis and Design of 5G Virtual Private Network for Electric Power Industry in China[C]. IEEE 6th Information Technology and Mechatronics Engineering Conference（ITOEC）. 2022：1985-1988.

[109] YAN W，SHU Q，GAO P. Security Risk Prevention and Control Deployment for 5G Private Industrial Networks[J]. China Communications，2021，18（9）：167-174.

[110] 曹国彦，潘泉，刘勇，等 . 工业控制系统信息安全[M]. 西安：西安电子科技大学出版社，2019.

[111] 解晓青，余晓光，余滢鑫，等 . 5G 网络安全渗透测试框架和方法[J]. 信息安全研究，2021，7（09）：795-801.

[112] GONZALEZ D，ALHENAKI F，MIRAKHORLI M. Architectural Security Weaknesses in Industrial Control Systems（ICS）an Empirical Study Based on Disclosed Software Vulnerabilities[C]. IEEE International Conference on Software Architecture（ICSA）. 2019：31-40.

[113] 唐士杰，袁方，李俊，等 . 工业控制系统关键组件安全风险综述[J]. 网络与信息安全学报，2022，8（3）：1-17.

[114] 黄昭文 . 5G 网络安全实践[M]. 北京：人民邮电出版社，2020.

[115] 王晋东，等 . 信息系统安全风险评估与防御决策[M]. 北京：国防工业出版社，2017.

[116] MATTHEW M. 网络攻击与漏洞利用安全攻防策略[M]. 北京：清华大学出版社，2017.

[117] 刘哲理，李进，贾春福 . 漏洞利用及渗透测试基础[M]. 北京：清华大学出版社，2019.

[118] 刘嘉勇，韩家璇，黄诚 . 源代码漏洞静态分析技术[J]. 信息安全学报，2022，7（4）：100-113.

[119] 张之睿，王志强，孟苏陇 . 基于词法分析的 DICOM 开源库漏洞检测工具实现[J]. 北京电子科技学院学报，2021，29（03）：27-36.

[120] 叶志斌，严波 . 符号执行研究综述[J]. 计算机科学，2018，45（S1）：28-35.

[121] 张雄，李舟军 . 模糊测试技术研究综述[J]. 计算机科学，2016，43（5）：1-8.

[122] 时志伟，李小军 . 基于信息流分析的源代码漏洞挖掘技术研究[J]. 信息网络安全，2011（11）：75-77.

[123] PARKS R C，ROGERS E. Vulnerability Assessment for Critical Infrastructure Control Systems[J]. IEEE Security & Privacy，2008，6（6）：37-43.

[124] ZOLANVARI M，TEIXEIRA M A，GUPTA L，et al. Machine Learning-Based Network Vulnerability Analysis of Industrial Internet of Things[J]. IEEE Internet of Things Journal，2019，6（4）：6822-6834.

[125] UPADHYAY D，SAMPALLI S. SCADA（Supervisory Control and Data Acquisition）Systems：Vulnerability

Assessment and Security Recommendations[J]. Computers & Security, 2020, 89 (2): 101661-101666.

[126] 熊琦，彭勇，伊胜伟，等．工控网络协议 Fuzzing 测试技术研究综述[J]．小型微型计算机系统，2015，36（03）：497-502.

[127] 李文轩．工控系统网络协议安全测试方法研究综述[J]．单片机与嵌入式系统应用，2019，19（9）：18-21.

[128] 张亚丰，洪征，吴礼发，等．基于状态的工控协议 Fuzzing 测试技术[J]．计算机科学，2017，44（5）：132-140.

[129] DAVID R. Modeling of Hybrid Systems Using Continuous and Hybrid Petri Nets[C]. IEEE International Workshop on Petri Nets & Performance Models. 1997: 47-58.

[130] LI X G, HU X Y, ZHANG R Q, et al. A Model-Driven Security Analysis Approach for 5G Communications in Industrial Systems[J]. IEEE Transactions on Wireless Communications, 2022, 22 (2): 889-902.

[131] CAPKOVIC F. Modelling and Control of Complex Flexible Manufacturing Systems by Means of Petri Nets[C]. IEEE 18th International Symposium on Computational Intelligence and Informatics (CINTI). 2018: 125-130.

[132] HU H S, ZHOU M C. A Petri Net-Based Discrete-Event Control of Automated Manufacturing Systems with Assembly Operations[J]. IEEE Transactions on Control Systems Technology, 2015, 23 (2): 513-524.

[133] LI Z W, WU N Q, ZHOU M C. Deadlock Control of Automated Manufacturing Systems Based on Petri Nets—A Literature Review[J]. IEEE Transactions on Systems, Man, and Cybernetics, Part C (Applications and Reviews), 2012, 42 (4): 437-462.

[134] YOHANANDHAN R V, ELAVARASAN R M, MANOHARAN P, et al. Cyber-Physical Power System (CPPS): A Review on Modeling, Simulation, and Analysis with Cyber Security Applications[J]. IEEE Access, 2020, 8: 151019-151064.

[135] FENG Y, SUN G, LIU Z, et al. Attack Graph Generation and Visualization for Industrial Control Network [C]. IEEE 39th Chinese Control Conference (CCC). 2020: 7655-7660.

[136] KAYNAR K, SIVRIKAYA F. Distributed Attack Graph Generation[J]. IEEE Transactions on Dependable & Secure Computing, 2016, 13 (5): 519-532.

[137] GHAZO A, KUMAR R. Identification of Critical-Attacks Set in an Attack-Graph[C]. IEEE 10th Annual Ubiquitous Computing, Electronics & Mobile Communication Conference (UEMCON). 2019: 716-722.

[138] ZHANG Y, WANG B, WU C, et al. Attack Graph-Based Quantitative Assessment for Industrial Control System Security[C]. Chinese Automation Congress (CAC). 2020: 1748-1753.

[139] SAHU A, DAVIS K. Structural Learning Techniques for Bayesian Attack Graphs in Cyber Physical Power Systems[C]. IEEE Texas Power and Energy Conference (TPEC). 2021: 1-6.

[140] DAI F, ZHENG K, LUO S, et al. Towards a Multiobjective Framework for Evaluating Network Security under Exploit Attacks[C]. IEEE International Conference on Communications (ICC). 2015: 7186-7191.

[141] LIU N, ZHANG J H, ZHANG H, et al. Security Assessment for Communication Networks of Power Control Systems Using Attack Graph and MCDM[J]. IEEE Transactions on Power Delivery, 2010, 25 (3): 1492-1500.

[142] 付亮．基于概率攻击图模型的渗透测试方法研究[D]．上海：东华理工大学，2019.

[143] 周余阳，程光，郭春生．基于贝叶斯攻击图的网络攻击面风险评估方法[J]．网络与信息安全学报，2018，4（06）：11-22.

[144] XIE A, ZHANG L, HU J, et al. A Probability-Based Approach to Attack Graphs Generation[C]. 2009 Second International Symposium on Electronic Commerce and Security. IEEE, 2009: 343-347.

[145] 滕翠，梁川，梁碧珍．基于攻击路径图的网络攻击意图识别技术研究[J]．现代电子技术，2016，39（07）：93-96.

[146] SUTTON R-S，BARTO A G. Reinforcement Learning：An Introduction [M]. Cambridge，Mass. MIT Press，1998.

[147] 黄炳强．强化学习方法及其应用研究[D]．上海：上海交通大学，2007.

[148] 李凯江．基于 Q-learning 机制的网络安全动态防御研究[D]．郑州：中原工学院，2018.

[149] 李腾，曹世杰，尹思薇，等．应用 Q 学习决策的最优攻击路径生成方法[J]．西安电子科技大学学报，2021，48（1）：160-167.

[150] 赵海妮，焦健．基于强化学习的渗透路径推荐模型[J]．计算机应用，2022，42（06）：1689-1694.

[151] YOUSEFI M，MTETWA N，ZHANG Y，et al. A Reinforcement Learning Approach for Attack Graph Analysis[C]. IEEE International Conference on Trust，Security and Privacy in Computing and Communications (IEEE TrustCom-18). 2018：212-217.

[152] 刘萍，冯桂莲．图的深度优先搜索遍历算法分析及其应用[J]．青海师范大学学报（自然科学版），2007（3）：41-44.

[153] 周泰．图的深度优先遍历算法及运用[J]．电脑编程技巧与维护，2011（16）：93-94.

[154] 方锡康．基于陷阱技术的电力调度自动化系统防御方法研究[D]．武汉：华中科技大学，2020.

[155] KANG T Y，LIU K Y，YE X S，et al. Joint Modeling and Risk Simulation Analysis Based on Cyber-Physical System in Distribution Network[C]. IEEE 8th International Conference on Advanced Power System Automation and Protection（APAP). 2019：1754-1758.

[156] 汤奕，王琦，邰伟，等．基于 OPAL-RT 和 OPNET 的电力信息物理系统实时仿真[J]．电力系统自动化，2016，40（23）：15-21.

[157] 谭玉东．复杂电力系统脆弱性评估方法研究[D]．长沙：湖南大学，2013.

[158] WATTS D J，STROGATZ S H. Collective Dynamics of ‘Small-World’ Networks. [J]. Nature，1998，393 (6684)：440.

[159] HAN S，PENG L. Vulnerability Assessment of Navigation Station Equipment Network Based on Complex Network Theory [C]. Annual Conference of the IEEE Industrial Electronics Society (IECON). 2017：6940-6945.

[160] 王佳伟．网络中边重要性度量方法及相依系统攻击鲁棒性研究[D]．天津：天津理工大学，2021.

[161] 高晗星．电力通信网脆弱性分析及攻击策略研究[D]．保定：华北电力大学，2019.

[162] 雷霆，余镇危．基于复杂网络理论的计算机网络拓扑研究[J]．计算机工程与应用，2007（6）：132-135.

[163] 彭兴钊，姚宏，杜军，等．负荷作用下相依网络中的级联故障[J]．物理学报，2015，64（4）：355-362.

[164] WANG C，GUO J，SHEN A，et al. Research on Robustness Simulation of Interdependent Networks[C]. IEEE International Conference on Computer Science and Management Technology (ICCSMT). 2020：245-248.

[165] WATANABE S，KABASHIMA Y. Cavity-based Robustness Analysis of Interdependent Networks：Influences of Intranetwork and Internetwork Degree-degree Correlations[J]. Physical Review E，2014，89（1）：12808.

[166] 马斐．基于相依网络理论的电力信息-物理系统鲁棒性优化研究[D]．南昌：华东交通大学，2019.

[167] 方锡康，周纯杰．基于细胞自动机的电力 CPS 安全风险预测方法[J]．信息技术，2020，44（10）：7-11.

[168] 杨嘉湜，黄林，刘捷，等．基于元胞自动机的电力信息物理系统连锁故障仿真分析[J]．电工电能新技术，2018，37（9）：33-41.

[169] 叶夏明．电力信息物理系统通信网络性能分析及网络安全评估[D]．杭州：浙江大学，2015.
[170] 李从东，李文博，曹策俊，等．面向级联故障的相依网络鲁棒性分析[J]．系统仿真学报，2019，31(3)：538-548.
[171] 杨斌．工业机器人的可靠性分配方法研究[D]．成都：电子科技大学，2019.
[172] 杨子渊．基于业务风险的电力光网络路由优化方法研究[D]．保定：华北电力大学，2018.
[173] AKPAKWU G A，SILVA B J，HANCKE G P. A Survey on 5G Networks for the Internet of Things：Communication Technologies and Challenges[J]. IEEE Access，2018，6：3619-3647.